高等职业院校精品教材系列

模拟电子电路
分析与调试

朱彩莲 主 编

甘 伟 郑晓东 副主编

電子工業出版社·

Publishing House of Electronics Industry

北京·BEIJING

内 容 简 介

本书根据教育部最新的职业教育教学改革要求，在多年专业课程改革实践基础上进行编写，改变传统模拟电子技术课程教学方式，采用基于"项目引导、任务驱动"的项目化教学方式，融实践和理论于一体，体现"做中学、学中做"，"教、学、做"一体化的教学理念。全书梳理模拟电子技术的教学内容，设计 7 个实践项目来引导教学，内容上侧重于电路的分析与调试。每部分的教学内容，通过实践项目的制作与调试，让学生掌握电路的结构、仪表的使用、相关的理论知识以及电路的调试和故障排查技巧等。全书内容丰富全面，实用性强，易于安排教学。

本书为高等职业院校电子信息类、通信类、计算机类、自动化类、机电类等专业模拟电子技术课程的教材，也可作为开放大学、成人教育、自学考试、中职学校和培训班的教材，以及电子工程技术人员的参考书。

本书配有电子教学课件、习题参考答案等，详见前言。

图书在版编目（CIP）数据

模拟电子电路分析与调试 / 朱彩莲主编. —北京：电子工业出版社，2016.1（2023.01 重印）

全国高等职业院校规划教材. 精品与示范系列

ISBN 978-7-121-26777-2

Ⅰ. ①模…　Ⅱ. ①朱…　Ⅲ. ①模拟电路－高等职业教育－教材　Ⅳ. ①TN710

中国版本图书馆 CIP 数据核字（2015）第 170484 号

策划编辑：陈健德（E-mail:chenjd@phei.com.cn）
责任编辑：徐　萍
印　　刷：北京七彩京通数码快印有限公司
装　　订：北京七彩京通数码快印有限公司
出版发行：电子工业出版社
　　　　　北京市海淀区万寿路 173 信箱　邮编　100036
开　　本：787×1 092　1/16　印张：17.5　字数：448 千字
版　　次：2016 年 1 月第 1 版
印　　次：2023 年 1 月第 5 次
定　　价：49.50 元

凡所购买电子工业出版社图书有缺损问题，请向购买书店调换。若书店售缺，请与本社发行部联系，联系及邮购电话：（010）88254888，88258888。

质量投诉请发邮件至 zlts@phei.com.cn，盗版侵权举报请发邮件至 dbqq@phei.com.cn。

本书咨询联系方式：chenjd@phei.com.cn。

职业教育　继往开来（序）

　　自我国经济在 21 世纪快速发展以来，各行各业都取得了前所未有的进步。随着我国工业生产规模的扩大和经济发展水平的提高，教育行业受到了各方面的重视。尤其对高等职业教育来说，近几年在教育部和财政部实施的国家示范性院校建设政策鼓舞下，高职院校以服务为宗旨、以就业为导向，开展工学结合与校企合作，进行了较大范围的专业建设和课程改革，涌现出一批示范专业和精品课程。高职教育在为区域经济建设服务的前提下，逐步加大校内生产性实训比例，引入企业参与教学过程和质量评价。在这种开放式人才培养模式下，教学以育人为目标，以掌握知识和技能为根本，克服了以学科体系进行教学的缺点和不足，为学生的顶岗实习和顺利就业创造了条件。

　　中国电子教育学会立足于电子行业企事业单位，为行业教育事业的改革和发展，为实施"科教兴国"战略做了许多工作。电子工业出版社作为职业教育教材出版大社，具有优秀的编辑人才队伍和丰富的职业教育教材出版经验，有义务和能力与广大的高职院校密切合作，参与创新职业教育的新方法，出版反映最新教学改革成果的新教材。中国电子教育学会经常与电子工业出版社开展交流与合作，在职业教育新的教学模式下，将共同为培养符合当今社会需要的、合格的职业技能人才而提供优质服务。

　　近期由电子工业出版社组织策划和编辑出版的"全国高等职业教育规划教材·精品与示范系列"，具有以下几个突出特点，特向全国的职业教育院校进行推荐。

　　（1）本系列教材的课程研究专家和作者主要来自于教育部和各省市评审通过的多所示范院校。他们对教育部倡导的职业教育教学改革精神理解得透彻准确，并且具有多年的职业教育教学经验及工学结合、校企合作经验，能够准确地对职业教育相关专业的知识点和技能点进行横向与纵向设计，能够把握创新型教材的出版方向。

　　（2）本系列教材的编写以多所示范院校的课程改革成果为基础，体现重点突出、实用为主、够用为度的原则，采用项目驱动的教学方式。学习任务主要以本行业工作岗位群中的典型实例提炼后进行设置，项目实例较多，应用范围较广，图片数量较大，还引入了一些经验性的公式、表格等，文字叙述浅显易懂。增强了教学过程的互动性与趣味性，对全国许多职业教育院校具有较大的适用性，同时对企业技术人员具有可参考性。

　　（3）根据职业教育的特点，本系列教材在全国独创性地提出"职业导航、教学导航、知识分布网络、知识梳理与总结"及"封面重点知识"等内容，有利于老师选择合适的教材并有重点地开展教学过程，也有利于学生了解该教材相关的职业特点和对教材内容进行高效率的学习与总结。

　　（4）根据每门课程的内容特点，为方便教学过程对教材配备相应的电子教学课件、习题答案与指导、教学素材资源、程序源代码、教学网站支持等立体化教学资源。

　　职业教育要不断进行改革，创新型教材建设是一项长期而艰巨的任务。为了使职业教育能够更好地为区域经济和企业服务，殷切希望高职高专院校的各位职教专家和老师提出建议和撰写精品教材（联系邮箱:chenjd@phei.com.cn，电话:010-88254585），共同为我国的职业教育发展尽自己的责任与义务！

中国电子教育学会

　　模拟电子技术这门课程具有很强的理论性，同时又具有很强的实践性，它要求学生不仅要很好地掌握理论知识，更重要的是要有很强的实践能力，并在实践中培养分析问题、解决问题的能力。这门课程最重要的特点就是理论和实践是一体的，根据多年的专业课程改革与教学实践经验，如果把这门课程的理论和实践分开，即使在教学过程中安排一定的实验和实训，学生也很难学好这门课程。

　　本书在经过教学改革实践经验总结和内容优化的基础上，改变传统模拟电子技术理论教学+实验验证的教学方式，采用基于"项目引导、任务驱动"的项目化教学方式，融实践和理论于一体编写而成，体现了"做中学、学中做"，"教、学、做"一体化的教学理念。全书梳理了模拟电子技术的教学内容，设计了7个实践项目来引导教学，内容上侧重于电路的分析与调试。每部分的教学内容通过实践项目的制作与调试，让学生掌握电路的结构、仪表的使用、相关的理论知识以及电路的调试和故障排查技巧等。

　　项目1是直流稳压电源分析与调试，通过这个项目的制作与调试，掌握二极管、整流、滤波和稳压等相关知识；项目2是单管放大电路分析与调试，通过这个项目的制作与调试，掌握三极管、放大电路工作原理、电路的静态分析和动态分析等相关知识；项目3是多级负反馈放大电路分析与调试，通过这个项目的制作与调试，掌握多级放大电路、负反馈放大电路等相关知识；项目4是集成运放应用电路分析与调试，通过集成运放音频放大电路的制作与调试，掌握集成运放应用电路的分析方法，然后再进一步对集成运放的其他应用电路进行分析；项目5是功率放大电路分析与调试，通过一个音频功率放大电路的制作与调试，掌握功率放大电路的组成和工作原理等相关知识；项目6是正弦波振荡电路分析与调试，通过 RC 正弦波振荡电路的制作与调试，掌握振荡电路的组成和电路振荡的条件，然后再进一步对其他形式的振荡电路进行分析；项目7是音响放大电路分析与调试，这是一个综合性的项目，通过这个项目的制作与调试，掌握音响放大电路各部分电路功能与电路的联调，这个项目可培养学生综合分析调试的能力。

　　本课程的教学学时数推荐为 90 学时+1 周实训（见下表），各院校教师可根据实际教学环境在教学过程中进行适当调整。

参考教学学时分配表

序　号	授 课 内 容	学 时 分 配
项目 1	直流稳压电源分析与调试	16
项目 2	单管放大电路分析与调试	16
项目 3	多级负反馈放大电路分析与调试	14
项目 4	集成运放应用电路分析与调试	16
项目 5	功率放大电路分析与调试	14
项目 6	正弦波振荡电路分析与调试	14
项目 7	音响放大电路分析与调试	1 周
合计		90 学时+1 周

本书由东莞职业技术学院朱彩莲担任主编，甘伟、郑晓东担任副主编。朱彩莲提出了本书的编写思路，设计了本书的总体结构，规划了本书编写的项目，指导了全书的编写，对全书进行了统稿，并编写了项目 4。甘伟编写了项目 2，协助了全书的统稿工作并指导了部分项目的编写工作；郑晓东编写了项目 1，协助了全书的统稿校稿工作；熊丽萍编写了项目 5 和项目 7；王志兵编写了项目 6；高爽编写了项目 3。本书的编写得益于多所国家示范高职院校在教学改革上经验成果的推广，在编写过程中，编者还参阅了许多同行专家的著作，在此对同行专家表示致敬和真诚感谢！

　　由于水平有限，加上时间太仓促，书中疏漏及错误之处在所难免，恳请广大师生批评指正。

　　为方便教学，本书配有免费的电子教学课件、习题参考答案，请有需要的教师登录华信教育资源网（http://www.hxedu.com.cn）免费注册后进行下载，如有问题请在网站留言或与电子工业出版社联系（E-mail: hxedu@phei.com.cn）。

编　者

目 录

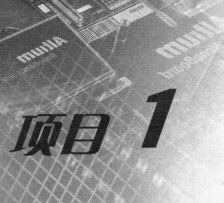

项目 1

直流稳压电源分析与调试

教学导航

教	知识重点	1. 直流稳压电源的组成及工作原理 2. 整流电路组成及工作原理 3. 三端集成稳压器 4. 二极管的构成及应用
	知识难点	1. 整流电路组成及工作原理 2. 三端集成稳压器的选择与使用
	推荐教学方式	将直流稳压电路分解为不同模块的电路，通过制作与测试，让学生掌握仪器设备的使用方法和元器件的识别方法，并通过测试结果引入理论分析，然后通过理论学习指导学生调试电路中出现的问题，加深对理论的认识
	建议学时	16 学时
学	推荐学习方法	从简单任务入手，通过器件的检测与识别、直流稳压电源各组成电路的制作、测试与调试，逐步掌握直流稳压电源各部分的工作原理，最终学会直流稳压电源的相关知识，并能根据输出电压要求选择合适的器件
	必须掌握的理论知识	1. 直流稳压电源电路的组成及工作原理 2. 二极管的特性及应用 3. 三端集成稳压器
	必须掌握的技能	1. 万用表、示波器等仪器的使用 2. 二极管、变压器、电解电容和集成稳压器的识别与检测 3. 直流稳压电路各部分电路的分析与调试

项目描述

一般电子设备都采用直流供电，将交流电转变为直流电的设备称为直流稳压电源。本项目制作一个输出电压为+12 V 的直流稳压电源，原理图如图 1-1 所示，制作完成的电路如图 1-2 所示。

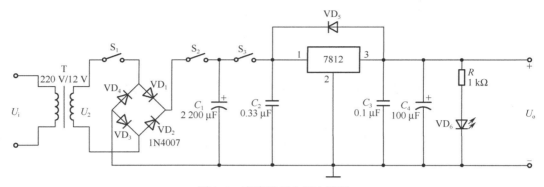

图 1-1　直流稳压电源电路图

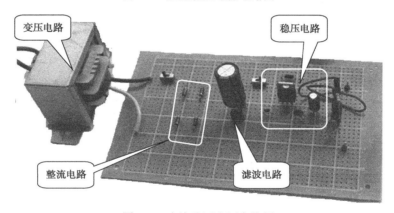

图 1-2　直流稳压电源实物图

项目所用的元件清单见表 1-1 所示。

表 1-1　直流稳压电源元件清单

序　号	元件代号	名　称	型号及参数	功　能
1	CT	电源输入线	5A/250 V	220 V 交流电输入
2	T	变压器	220V/12 V	变压：220 V 变为 12 V 交流电
3	VD_1、VD_2、VD_3、VD_4	二极管	1N4007	构成桥式整流电路：将 12 V 交流电变换为脉动直流电
4	C_1	电解电容	2200μF/50 V	滤波：滤除脉动直流电中高频交流成分
5	IC	三端集成稳压器	L7812C V	稳压：将平滑直流电变换为稳定直流电
6	C_2	瓷介电容	0.33 μF	滤波：滤除脉动直流电中高频交流成分

续表

序 号	元件代号	名 称	型号及参数	功 能
7	C_3	瓷介电容	0.1 μF	滤波：减小输出端电压波动
8	C_4	电解电容	100 μF/25 V	滤波：减小输出端电压波动
9	R	电阻	1 kΩ	负载。限流：保护发光二极管
10	VD_5	二极管	1N4007	保护：防止过压，导致稳压器损坏
11	VD_6	发光二极管	LED-ϕ3	状态指示
12	S_1、S_2、S_3	单刀单掷开关		控制电路的通、断，便于调试
13	排针、排母、杜邦线			引出作为测试点，便于替换元器件

◆ 项目分析

本书后续各个项目的电路中都需要直流稳压电源供电，而发电厂、变电站输送的是交流电，这就需要将交流电变成直流电。本项目制作的是一种单相小功率直流稳压电源，能够将交流电转换成直流电。该直流稳压电源由变压电路、整流电路、滤波电路、稳压电路四部分构成，在制作和调试过程中按照信号流向，从二极管的识别与检测、整流电路制作与分析、滤波电路制作与分析，到稳压电路制作与分析，逐步完成直流稳压电源的制作。在此过程中，对直流稳压电源电路各部分的工作原理、参数计算、元件选取与识别、电路调试等方面进行讲解和介绍。

◆ 知识目标

（1）理解直流稳压电源的基本组成、工作原理和电路中各元器件的作用；
（2）掌握二极管的结构、符号、分类和作用；
（3）理解单相整流电路的组成及工作原理；
（4）理解滤波电路的组成及工作原理；
（5）熟悉常见集成稳压器特性及应用电路。

◆ 能力目标

（1）能使用万用表检测变压器、二极管、电解电容、整流桥堆等元器件；
（2）会查阅二极管、稳压器等器件用户手册资料，并根据要求选取适当的器件；
（3）能按电路图安装、制作和调试直流稳压电源；
（4）能对电源参数进行测量；
（5）能对直流稳压电路典型故障进行分析、判断和处理。

直流稳压电源简介

单相小功率直流稳压电源一般由变压、整流、滤波、稳压四部分组成，如图1-3所示。220 V/50 Hz的交流电经过变压器降压到一定的大小后，通过整流电路将其输出的交流电转变为脉动的直流电，然后通过滤波电路将脉动的直流电转变为较平滑的直流电，最后通过稳压电路，将平滑的直流电转变为稳定的直流电输出。

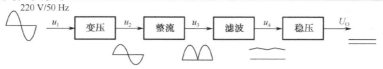

图 1-3　直流稳压电源组成框图

1．变压电路

将 220 V/50 Hz 的交流电转换为适当大小的交流电，一般采用降压变压器电路。

2．整流电路

将极性变化的交流电转变为极性单一的脉动直流电，常采用二极管整流电路。

3．滤波电路

滤除整流后脉动电压中的交流成分，将脉动的直流电转变为平滑的直流电，常采用电容、电感及其组合电路。

4．稳压电路

将平滑的直流电转变为稳定的直流电，使其基本不受电网电压波动和负载电阻变化的影响，小功率稳压电源常采用集成三端稳压器电路。

1.1　二极管识别与检测

在直流稳压电源的整流电路中，实现整流功能的器件是二极管。在分析和测试整流电路之前，先学习二极管相关的知识。

1.1.1　器件认知与测试

1．二极管器件认知

半导体二极管又称晶体二极管，简称二极管。根据功能和结构分为不同的类型，常用二极管器件的外形及封装形式如图 1-4 所示。

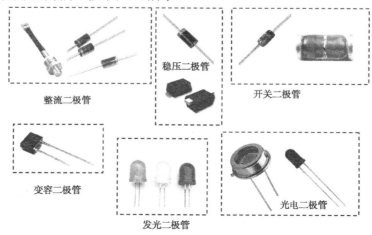

图 1-4　常用的二极管

由于功能不同，二极管外形各异，但内部结构基本相同，二极管结构示意图如图 1-5（a）所示。将 PN 结用外壳封装起来，并在两端加上电极引线就构成了半导体二级管。其中，从 P 区引出的电极称为阳极（或正极），用"a"表示（或用"+"表示），从 N 区引出的电极称为阴极（或负极），用"k"表示（或用"-"表示）。其电路符号如图 1-5（b）所示。

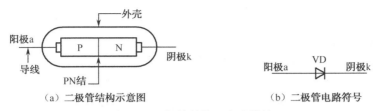

（a）二极管结构示意图　　　　　　　　　（b）二极管电路符号

图 1-5　二极管结构及电路符号

2. 二极管极性识别与质量检测

二极管极性的识别可通过以下三种方法来判断。

1）通过标记来识别极性

如果外壳上有二极管的符号标记，则标有三角形箭头的一端为阳极，另一端为阴极。如果二极管有色环或色点标志，则色环或色点的一端为阴极，另一端为阳极，如图 1-6 所示。该方法简单，但是无法判断二极管的质量好坏。

图 1-6　二极管识别

2）用数字式万用表判断极性与好坏

将数字式万用表测量挡位选择"二极管"挡（万用表的使用方法可以参照本章附录），将红、黑表笔分别接二极管的两个引脚。若显示为"1."或"0 L"（溢出），如图 1-7（b）所示，说明测的是反向特性。交换测试笔再次测试，则应出现数值，此数值是以小数表示的二极管正向压降值，如图 1-7（a）所示。由此，可判断二极管的极性和二极管的材料。显示正向压降值时红表笔所接引脚为二极管的阳极，黑表笔所接引脚为二极管的阴极，正向压降为 0.2 V 左右为锗二极管，0.7 V 左右为硅二极管。若正、反向测量所得压降值均显示"0 V"，说明二极管内部短路；若正、反向测量所得压降值均显示"1."，说明二极管开路失效。测试你当前所用的二极管相关值并填入表 1-2 中。

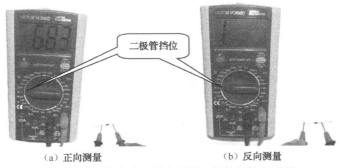

（a）正向测量　　　　　　　　　　　（b）反向测量

图 1-7　用数字式万用表判别二极管极性与质量

表1-2 二极管检测数据

型号 ＼ 电压	正 向 压 降	反 向 压 降	材料判断（硅/锗）	质 量 判 断
1N4007				

3）用指针式万用表判断极性与好坏

将指针式万用表置于电阻挡的 $R×100$ 或者 $R×1k$ 挡位（指针式万用表的使用方法可以参照本章附录），两表笔交换测量二极管的电阻值。如果二极管性能良好，则两次测量电阻值必然出现一大一小的显著区别，且大的一次趋于无穷大，小的为正向电阻，大的为反向电阻。由此可断定二极管两端的极性，即当测得阻值较小时，黑表笔接的那一端为二极管的正极（注意：指针式万用表电阻挡的红表笔接内电池的负极，黑表笔接内电池的正极），如图1-8 所示。如果测得的二极管正、反向电阻都很小，说明二极管已经失去了单向导电作用。如果正、反向电阻都很大，则说明二极管内部已经断路。将测试数据填入表1-3 中。

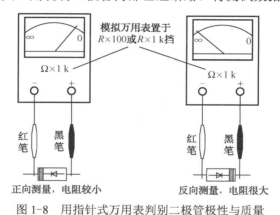

图1-8 用指针式万用表判别二极管极性与质量

表1-3 二极管检测数据

型号 ＼ 阻值	正 向 电 阻	反 向 电 阻	电 阻 挡 位	质 量 判 断
1N4007				

3. 二极管特性测试

1）单向导电性测试电路

首先按照前面所讲的方法对本次测试所用的二极管的极性和质量进行判断，然后在万能板上按图 1-9（a）原理图进行电路焊接。为了按直流稳压电源四部分电路逐步增加完成，在焊接前要注意电路的布局，二极管与电阻之间的距离要远一些，为滤波电路和稳压电路预留空间，并通过使用排母和排针来增加电路板的扩展性，方便串入或并入万用表，测量电流或电压。具体测试电路实物如图1-9（b）所示，因杜邦线连接排针，故电阻 R_L 引脚插入排母中。

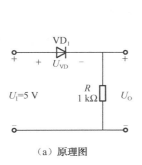

（a）原理图

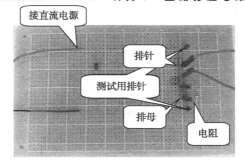

（b）测试电路实物图

图 1-9　二极管特性测试电路图

2）二极管单向导电性测试

（1）打开直流电源，设置电源输出为 5 V，关闭电源。用杜邦线连接图 1-9（b）中的两个排针，然后将直流电源输出端接到测试电路输入端，再接通电源。此时 U_I =5 V，二极管两端所加的电压为正向电压，用万用表直流电压挡测量输出电压的大小 U_O=_____ V，测量二极管两端的电压 U_{VD}=_____ V。

结论：当二极管两端所加电压为正向电压时，二极管将_____（导通/截止）。

（2）保持步骤（1），关闭电源，将电源反接到电路输入端，即电源正极接电路的负极输入端，电源负极接电路正极输入端，再打开电源。此时二极管两端所加的电压为反向电压 U_I=−5 V，用万用表测得 U_O=_____V，U_{VD}=_____V。

从以上测试结果知：当二极管两端所加电压为正向电压时，二极管将_____（导通/截止）；当二极管两端所加电压为反向电压时，二极管将_____（导通/截止）；

二极管具体_____性，且正向导通时，导通电压降约为_____V。

> 思考：
> （1）二极管的导通与截止状态与开关器件有何异同？
> （2）二极管为什么具有单向导电性？
> （3）利用该焊接完成的电路能否测量二极管的伏安特性？

1.1.2　二极管相关知识

在前面的测试中我们可以得出二极管具有单向导电性的结论，即二极管阳极接电源正极，阴极接电源负极，此时二极管导通，反之，二极管截止。二极管为何有这个特性？这要从制造二极管的材料开始讲起。

1. 半导体基础知识

二极管由半导体材料构成。半导体是导电性能介于导体与绝缘体之间的一类物质。半导体具有热敏性、光敏性和掺杂性。常用的半导体材料有硅（Si）、锗（Ge）、硒（Se）和砷化镓（GaAs）等，半导体可以分为本征半导体和杂质半导体。

1）本征半导体

纯净的具有晶体结构的半导体称为本征半导体。当温度上升或受到光照时，部分价电子获得足够的能量，从而挣脱共价键的束缚变成自由电子，电子带负电。与此同时，失去价电子的原子在该共价键上留下一个空位，这个空位称为空穴，空穴带正电。在"热激发"条件下，本征半导体中的电子和空穴是成对产生的；当电子和空穴相遇"复合"时，也成对消失；电子和空穴均能自由移动，电子和空穴都是载流子，如图1-10所示。

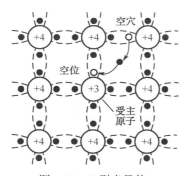

图1-10 本征半导体结构图

2）杂质半导体

在本征半导体中掺入少量合适的杂质元素，使其导电性能发生显著变化后所形成的半导体称为杂质半导体。根据掺入杂质元素的不同，杂质半导体可分为P型半导体和N型半导体。

（1）P型半导体

P型半导体是在本征半导体中掺入微量的三价元素（如硼、铟等）形成的。P型半导体的示意图如图1-11所示。由于杂质的掺入，使得空穴的数目远大于自由电子数目，成为多数载流子（简称多子），自由电子则为少数载流子（简称少子）。

（2）N型半导体

N型半导体是在本征半导体中掺入微量的五价元素（如磷、砷等）形成的。N型半导体的示意图如图1-12所示。由于杂质的掺入，使得自由电子的数目远大于空穴数目，成为多数载流子，空穴为少数载流子。

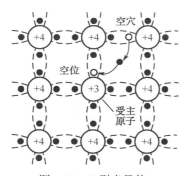

图1-11 P型半导体

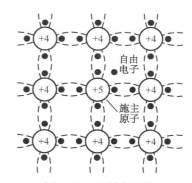

图1-12 N型半导体

半导体中多子的浓度取决于掺入杂质的多少，掺入杂质越多，浓度越高，导电性能越强，少子的浓度与温度密切相关。

3）PN结

单纯的一块P型半导体或N型半导体，只能作为一个电阻元件。但如果采用不同的掺杂工艺，将P型半导体和N型半导体制作在同一块硅片上，在它们的交界面就形成PN结。PN结具有单向导电性，二极管的核心就是一个PN结。

（1）PN 结的形成

P 区和 N 区中的多数载流子存在一定的浓度差，浓度差使多子向另一边扩散，如图 1-13（a）所示；扩散中当电子与空穴相遇时，会发生复合而消失，必然在交界面两侧留下不能移动的正、负电荷区，从而产生了内电场；内电场将阻止多子扩散而促进少子漂移；当扩散与漂移达到动态平衡时，交界面上就会形成稳定的空间电荷区（或势垒区、耗尽层），PN 结就形成了，如图 1-13（b）所示。

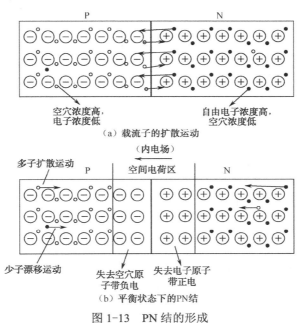

图 1-13　PN 结的形成

（2）PN 结单向导电性

如图 1-14（a）所示，P 区接高电位，N 区接低电位，称为正向偏置，此时空间电荷层变窄，内电场变弱，扩散运动大于漂移运动，正向电流很大（多子扩散形成），PN 结呈现为低电阻，称为正向导通。

如图 1-14（b）所示，P 区接低电位，N 区接高电位，称为反向偏置，此时空间电荷层变宽，内电场增强，漂移运动大于扩散运动，反向电流很小（少子漂移形成），PN 结呈现为高电阻，称为反向截止。反偏电压在一定范围内，反向电流基本不变（也称反向饱和电流）。

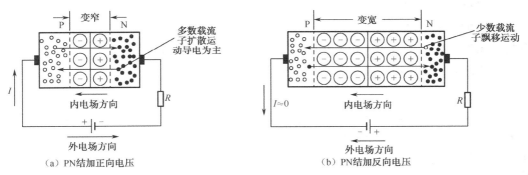

图 1-14　PN 结的单向导电性

在 PN 结的的两端引出金属电极，外加玻璃、金属或用塑料封装，就做成了二极管，所以二极管具有单向导电性。

2. 二极管的伏安特性

二极管的伏安特性就是流过二极管的电流 I 与加在二极管两端的电压 U 之间的关系曲线，用 I-U 直角坐标系描述出来，就是二极管的伏安特性曲线，普通二极管的伏安特性曲线如图 1-15 所示。

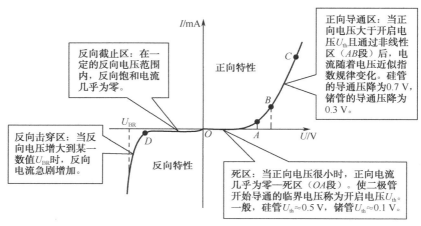

图 1-15　二极管伏安特性曲线

在二极管的伏安特性曲线图中，可以分为正向特性和反向特性。其中正向特性分为两个区间，即死区和正向导通区；反向特性分为两个区间，即反向截止区和反向击穿区。

在反向击穿区二极管会失去单向导电性，如果二极管没有因电击穿而引起过热，则单向导电性不一定会被永久破坏，在撤除外加电压后，其性能仍会恢复。但是，如果对反向击穿后的电流不加限制，PN 结会因过热而烧坏，这种情况称为热击穿，热击穿后二极管将不能再使用。

综上所述，二极管的伏安特性是非线性的，因此二极管是一种非线性器件。在外加电压取不同值时，就可以使二极管工作在不同的区域，从而充分发挥二极管的不同作用。

3. 二极管的等效电路

二极管的伏安特性具有非线性，这给二极管应用电路的分析带来了一定困难。为了便于分析，常在一定的条件下，用线性元件所构成的电路来近似模拟二极管的特性。能够模拟二极管特性的电路称为二极管的等效电路。

1）理想模型

将二极管理想地等效为一个开关，导通时，管压降为 0 V，相当于开关闭合；截止时，电阻无穷大，电流为 0，相当于开关断开，伏安特性及等效电路如图 1-16 所示，其中虚线表示实际二极管的伏安特性。在实际的电路中，当电源电压远大于二极管的管压降时，利用此法进行近似分析是可行的。

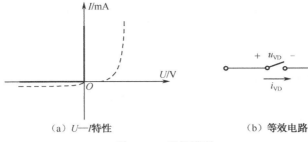

（a）U—I特性　　　　　　　　　　　（b）等效电路

图 1-16　理想模型

2）恒压降模型

将实际二极管等效为一个开关和一个 0.7 V 的直流电压串联，该模型如图 1-17 所示。即导通时认为其管压降 U_{VD} 是恒定的，且不随电流而变，典型值为 0.7 V，此时可等效为 0.7 V 的直流电压。不过，这只有当二极管的电流近似等于或大于 1 mA 时才是可行的，截止时等效为开关断开。该模型提供了合理的近似，因此应用较广。

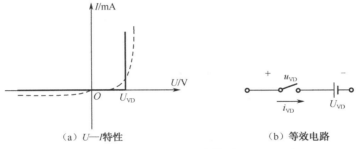

（a）U—I特性　　　　　　　　　　　（b）等效电路

图 1-17　恒压降模型

实例 1-1　一个简单的二极管电路如图 1-18 所示，$R=10$ kΩ，$V_{DD}=5$ V，分别用理想模型、恒压降模型，求电路的 I_D 和 V_D 的值。

解：① 使用理想模型：

$$V_D = 0 \text{ V}$$

$$I_D = V_{DD}/R = 5\text{ V}/10\text{ k}\Omega = 0.5 \text{ mA}$$

② 使用恒压降模型：

$$V_D = 0.7 \text{ V}$$

$$I_D = \frac{V_{DD} - V_D}{R} = \frac{5\text{ V} - 0.7\text{ V}}{10\text{ k}\Omega} = 0.43 \text{ mA}$$

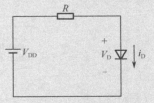

图 1-18　实例 1-1 电路图

4. 二极管的主要参数

对于任何一个器件，不仅要知道它是什么、有什么功能以及工作原理，还需要会选用不同型号的器件，选择器件的一个重要依据是看它的参数是否满足设计要求。二极管的参数是定量描述二极管的质量和性能指标，只有正确理解这些参数的意义，才能合理、正确地选择和使用二极管。

1）最大整流电流 I_F

最大整流电流是指管子长期运行时，允许通过的最大正向平均电流。因为电流通过 PN

结时会引起管子发热，电流太大，发热量超过限度，PN 结将烧坏。例如，二极管 1N4007 的 $I_F = 1.0\ A$，说明通过 1N4007 的正向平均电流不能持续超过 1 A，否则器件将烧坏。

2）最高反向工作电压 U_R

反向击穿电压是反向击穿时的电压值。一般手册上给出的最高反向工作电压是反向击穿电压的一半，以确保二极管安全工作。例如，2AP1 型二极管的最高反向工作电压规定为 20 V，实际的反向击穿电压为 40 V。

3）反向电流 I_R

其指在室温下，二极管两端加上规定的反向电压时的反向电流，也叫反向饱和电流。反向电流越小，管子的单向导电性越好。由于温度上升，反向电流会急剧增加，因而在使用二极管时要注意环境温度的影响。

此外二极管还有结电容和最高工作频率等许多参数。二极管的参数是正确使用二极管的依据，上面所讲的二极管参数都可以在二极管的技术文档中查到，技术文档可在网上获取。在使用时应特别注意最大整流电流和最高反向工作电压，如何选择不合适，二极管很容易损坏。

1.1.3　特殊二极管简介

二极管的种类非常丰富，可以满足不同的功能需求，下面介绍几种常用的特殊二极管。

1. 稳压二极管

稳压二极管简称稳压管，其结构与普通二极管相同，但是采用特殊的工艺制造。在反向击穿区，稳压管电流变化很大而电压基本不变，利用这一特性可实现电压的稳定。由于它工作在反向击穿区的电击穿区，所以在规定的电流范围内使用时，不会形成破坏性的击穿。稳压管的伏安特性及电路符号如图 1-19 所示。

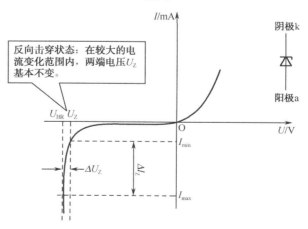

图 1-19　稳压管的伏安特性及电路符号

稳压管的主要参数如下。

① 稳定电压 U_Z：稳压二极管在起作用的范围内，其两端的反向电压值称为稳定电压。

② 稳定电流 I_Z：也称最小稳压电流，即保证稳压管具有正常稳压性能的最小工作电

流，如图 1-19 中的 I_{min}。

③ 最大耗散功率 P_M：稳压管的稳定电压 U_Z 和最大稳定电流 I_{max} 的乘积。超过 P_M 或 I_{max} 时，稳压管会因过热而损坏。

稳压管在电路中的主要作用是稳定电压。在使用稳压管时要满足两个条件：一是管子工作于反向击穿状态，即稳压管阳极接电源的负极，阴极接电源的正极；二是要有限流电阻配合使用，保证流过管子的电流在允许范围内（不超过 I_{max}）。

2. 发光二极管

发光二极管（LED）是一种光发射器件，能把电能直接转化为光能，它由镓（Ga）、砷（As）、磷（P）等元素的化合物制成。由这些材料构成的 PN 结在加上正向电压时，就会发光，光的颜色主要取决于制造所用的材料，目前有红、黄、蓝、绿等颜色。如图 1-20 所示是发光二极管的电路符号。

图 1-20　发光二极管电路符号

发光二极管工作在正偏状态，也具有单向导电性。它的导通电压比普通二极管要大，一般在 1.7～2.4 V，工作电流一般为 5～20 mA。应用时，应加上正偏电压，且一定要串接上限流电阻。发光二极管的应用主要是信息指示与显示、光源等。发光二极管的检测与普通二极管相似，用数字式万用表正向测试时显示导通压降，并且会发出微弱的光，反向测试时，显示"1."（溢出）。

3. 光电二极管

光电二极管是将光信号变成电信号的半导体器件。目前广泛应用在自动探测、控制和光电转换等装置中，它的结构和符号如图 1-21 所示。光电二极管的封装一般采用透明材料，有的管壳上开有一个透明的窗口，使外部光线能够照射到 PN 结上，PN 结型光电二极管充分利用了 PN 结的光敏特性。

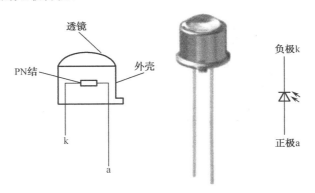

图 1-21　光电二极管结构与电路符号

光电二极管与稳压管一样，都在反向电压下工作，在无光照射时，它呈现很大的反向电阻，因而通过它的电流很小。当管中 PN 结受到光照时，光能被 PN 结吸收而产生反向电流，其反向电流随着光照强度增大而增大，从而将光信号转换成电信号。

1.2 整流电路分析调试

整流电路是构成直流稳压电源的重要环节，它利用具有单向导电性能的整流元器件，将正负交替的交流电压变成单方向的脉动电压。

1.2.1 电路制作与测试

本次制作与调试的整流电路的电路图如图1-22所示。

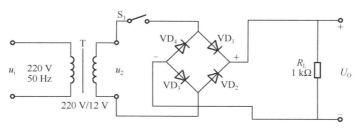

图1-22 桥式整流电路原理图

1. 元器件识别与检测

1）二极管的检测

用万用表测量新增的二极管 $VD_2 \sim VD_4$ 的极性与好坏。方法参照1.1.1节所述方法进行。

2）变压器的检测

变压器的作用是将220 V的交流电变为12 V的交流电。电压变压器的质量及性能可以通过测量电阻和上电后测量输出电压来确定。设初级线圈的两个引脚为A、B，次级线圈的两个引脚为C、D，如图1-23所示，将万用表调到合适的电阻挡位，测量变压器四个引脚的电阻值，并记录：

① 初级线圈A、B间的电阻为＿＿＿＿＿＿＿＿＿。

② 次级线圈C、D间的电阻为＿＿＿＿＿＿＿＿＿。

③ A、C或B、D之间的电阻为＿＿＿＿＿＿＿＿＿。

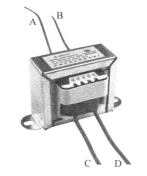

图1-23 测试所用变压器

通常测得的A、B间的电阻较大，表明初级线圈的匝数多或使用的导线细。C、D间的电阻较小，表明次级线圈的匝数少或使用的导线粗。A、C或B、D间的正常电阻应该为无穷大，表明两个线圈相互绝缘。

根据上面的测试数据对比变压器正常时的数据，可判断你当前所用的这个变压器是＿＿＿＿＿＿＿＿（正常/不正常）。如果不正常请更换变压器并重新进行测量。

在判定变压器没有断路或短路的问题后，可以上电测试其输出的电压值是否与标称值一致。将变压器初级线圈的引脚与电源插头连接好，并用绝缘胶带封好，检测无误后将插头插到电源插座接入220 V交流电。使用数字式万用表的交流电压挡，根据输出电压值的大小选择合适挡位，分别将万用表的红、黑表笔接变压器的次级输出引脚，并记录：

变压器次级线圈引脚输出的电压值为＿＿＿＿＿V，是否与变压器铭牌上标写的基本一致

_____（是/否）。

3）桥堆的识别与检测

整流电路可以由四个二极管构成，也可以用整流桥堆来实现。整流桥堆由四只整流硅芯片作桥式连接，外用绝缘塑料或金属封装而成。常见的整流桥堆如图 1-24 所示。

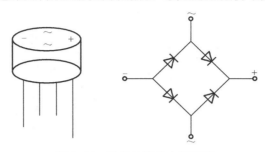

图 1-24　桥堆外形及内部电路

（1）引脚的识别与判断

整流桥堆由四个二极管组成，有四个引脚。两只二极管负极的连接点是全桥直流输出端的"正极"，两只二极管正极的连接点是全桥直流输出端的"负极"。大多数的整流全桥上，均标注有"+"、"−"、"～"、"AC"符号（其中"+"为整流后输出电压的正极，"−"为输出电压的负极，"～"或"AC"为交流电压输入端），桥堆引脚标识与内部电路的关系如图 1-24 所示，通过标识可确定出桥堆各个引脚。

此外，有些整流桥堆的 4 个引脚是长短不一的，通常整流输出"+"极的引脚最长，"−"极的次之，交流输入引脚最短；而方形封装的整流桥一般有一个缺口，缺口对应的引脚通常为"+"极。如果没有标记或标记模糊不清，可根据整流桥堆结构，用数字式万用表来判断。将数字式万用表打到二极管挡，通过测量二极管正向导通压降来判断。

（2）整流桥堆好坏的判断

根据整流桥的结构，在已知各个引脚的极性后，利用数字式万用表的二极管挡，分别测量正向导通压降和反向导通压降：首先将红表笔接"−"极，黑表笔分别接其他三个引脚，与交流输入引脚"～"之间的正向导通压降为 0.5 V 左右，与"+"极的正向导通压降为 1.0 V 左右；然后黑表笔接"+"极，红表笔分别接其他三个引脚，测得反向导通压降均显示为溢出，表明该整流桥堆是良好的。如果测得数据与上述数据偏差较大，该整流桥堆可能损坏。

2. 电路焊接

（1）在二极管单向导电性测试电路的基础上，进行电路布局与走线，为了方便后续滤波和整流电路的焊接，负载与整流输出之间要适当离得远一点，可参照图 1-25。

（2）按图 1-22 进行器件装配与电路焊接，注意修改输入电源电路。

（3）检查电路板。检查内容包括：

① 检查元器件有无错装、漏装，连线是否正确，连线方向是否与电路图一致，特别是电源输入电路，不能直接在 1.1.1 节电路的基础上加变压器，需要对焊接电路进行调整。

② 检查焊点是否焊接牢靠，有无虚焊、缺焊、脱焊。

③ 检查元器件的安装情况，主要检查变压器的初级与次级是否接反，四个二极管的极性是否接错，元器件引脚之间有无短路、接触不良。短路或断路情况可以利用数字式万用表二极管挡的蜂鸣器检查。

上电前，仔细检查电源线与稳压器之间的连线是否牢靠以及绝缘胶布是否完全包裹接线处，没有问题后按图 1-25 所示连接进行相关的测试。

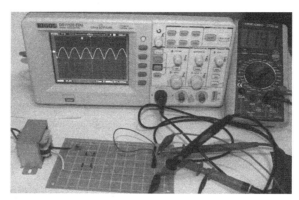

图 1-25　测试连接指示图

3．测试内容

使用示波器分别观察桥式整流电路的输入电压和输出电压波形，并记录在表 1-4 中：

（1）观察波形，输出电压是_____（双极性/单极性），且是_____（全波/半波）波形。

（2）桥式整流电路输入电压的正弦波频率为_____Hz，桥式整流电路输出电压的脉动频率为_____Hz。

（3）用数字式万用表交流电压挡测量变压器输出电压的有效值 $U_2=$_____V，选择数字式万用表的直流电压挡，测量负载 R_L 两端输出电压 $U_O=$_____V。

表 1-4　二极管整流输出波形

整流类型	输入电压波形 u_2	输出电压波形 U_O
桥式整流		

?　思考：
　桥式整流电路如何将极性正、负变化的交流电变为极性单一的脉动电压？

1.2.2　整流电路相关知识

1．半波整流电路

1）电路组成和工作原理

最简单的整流电路是半波整流电路，电路如图 1-26（a）所示。由变压器 T、一个整流

二极管 VD 以及负载电阻 R_L 构成。

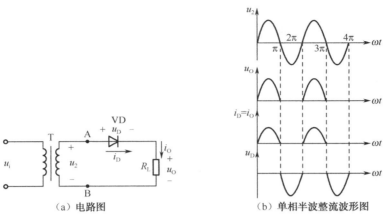

（a）电路图　　　　（b）单相半波整流波形图

图 1-26　单相半波整流电路

设变压器次级交流电压为 $u_2 = \sqrt{2}U_2\sin\omega t$，其中，$U_2$ 是有效值，u_2 波形如图 1-26（b）所示。

当 u_2 处于正半周时，变压器的次级绕组 A 端为正，B 端为负。二极管 VD 因承受正向电压而导通，有电流流过二极管和负载，并且 $i_O=i_D$，忽略二极管导通时的正向压降（通常小于 1 V），则 $u_O=u_2$。

当 u_2 处于负半周时，变压器的次级绕组 A 端为负，B 端为正。二极管 VD 因反向偏置而截止，电路中电流为零，这时在 R_L 上的输出电压 $u_O=0$。此时，u_2 全部加在二极管上，$u_D=u_2$。电路的电流和电压如图 1-26（b）所示。由于流过负载的电流和加在负载两端的电压只有半个周期的正弦波，故称半波整流。

2）电路的指标参数

（1）整流输出电压的平均值 $U_{O(AV)}$（输出电压 u_O 在一个周期内的平均值）。

$$U_{O(AV)} = \frac{1}{2\pi}\int_0^\pi \sqrt{2}U_2 \sin\omega t \, \mathrm{d}(\omega t) \approx 0.45U_2 \qquad (1-1)$$

（2）输出电压的波动系数（基波峰值电压与平均电压之比）。

$$D = \frac{\sqrt{2}U_2/2}{0.45U_2} \approx 1.57 \qquad (1-2)$$

（3）二极管正向平均电流。是指一个周期内通过二极管的平均电流，二极管的正向平均电流与流过负载的电流相等，故

$$I_D=I_O=\frac{U_{O(AV)}}{R_L} \approx \frac{0.45U_2}{R_L} \qquad (1-3)$$

（4）二极管最大反向工作电压。是指二极管不导通时在它两端承受的最大反向电压。

$$U_{RM} = \sqrt{2}U_2 \qquad (1-4)$$

2. 桥式整流电路

半波整流电路结构简单，使用元件少，但负载上只有半个周期的正弦电压，整流效率

模拟电子电路分析与调试

低，为了提高整流的效率，采用四个二极管组成的电桥来进行整流，电路如图 1-27（a）所示。它是由电源变压器 T，四个整流二极管 VD_1、VD_2、VD_3、VD_4 以及负载 R_L 组成。在本节的测试中，观察到全波整流电路的输出波形与图 1-27（b）相似，为何整流电路的输出波形是全波呢？我们来看一下桥式整流的工作原理。

1）工作原理

当 u_2 处于正半周期时，VD_1 和 VD_3 正偏导通，VD_2 和 VD_4 反偏截止，视为开路。电流按图 1-27（a）实线所示路线，由 A 端通过 VD_1 流过负载 R_L，再通过 VD_3 回到 B 端，R_L 上形成至上而下的电流 i+（图中实线）流过，R_L 上的电压 $u_O = u_2$。

当 u_2 处于负半周期时，VD_1 和 VD_3 反偏截止，视为开路，VD_2 和 VD_4 正偏导通。电流按图 1-27（a）虚线所示路线，由 B 端通过 VD_2 流过负载 R_L，再通过 VD_4 回到 A 端，R_L 上形成至上而下的电流 i-（图中虚线）流过，R_L 上的电压 $u_O = -u_2$。可见在整个周期中，4 个二极管分两组轮流导通，使负载上总有电流流过，可画出整流波形如图 1-27（b）所示。

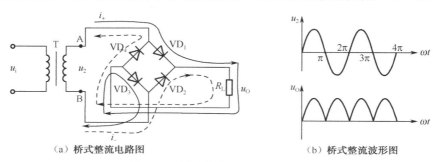

（a）桥式整流电路图　　　　　　　　（b）桥式整流波形图

图 1-27　桥式整流电路图与波形图

2）电路的指标参数

（1）整流输出电压的平均值（平均电压）

$$U_{O(AV)} = \frac{1}{2\pi} \int_0^{2\pi} \sqrt{2} U_2 \sin \omega t \, d(\omega t) \approx 0.9 U_2 \qquad (1-5)$$

（2）输出电压的波动系数

$$D \approx 0.67 \qquad (1-6)$$

（3）二极管正向平均电流。是指每一个二极管上流过的平均电流，是流过负载的平均电流的一半。

$$I_D = \frac{1}{2} I_O = \frac{1}{2} \frac{U_{O(AV)}}{R_L} \approx \frac{0.45 U_2}{R_L} \qquad (1-7)$$

（4）二极管最大反向工作电压

$$U_{RM} = \sqrt{2} U_2 \qquad (1-8)$$

3）整流二极管的选择

整流电路在选择整流二极管时，必须满足以下两个条件：

（1）二极管的额定反向电压应该大于其承受的最高反向工作电压，即 $U_R > U_{RM}$。

（2）二极管的额定整流电流应大于二极管的平均电流，即 $I_F > I_D$。

实例 1-2　在桥式整流电路中，要求直流输出电压 $U_O = 50$ V，负载为 $R_L = 25$ Ω。现有二极管 2CZ56B，试判断该电路中能否用 2CZ56B 作为整流二极管。

解：

$$U_O \approx 0.9U_2$$

$$U_2 = \frac{U_O}{0.9} = \frac{50}{0.9} = 55.6(V)$$

$$U_{RM} = \sqrt{2}U_2 = \sqrt{2} \times 55.6 = 78.6(V)$$

$$I_D = \frac{1}{2}I_O = 0.45\frac{U_2}{R_L} = 0.45 \times \frac{55.6}{25} \approx 1(A)$$

查阅资料可知，2CZ56B 的最大整流电流为 3 A，最高反向工作电压为 50 V。由于该二极管的最高反向工作电压不能满足电路要求的最低 78.6 V，因此，此二极管不能作为该桥式整流电路的整流元件。

1.2.3　整流电路故障调试

在测试过程中不可避免地会出现各种各样的故障，所以检查和排除故障是电子工程人员必备的技能。面对一个电路，要从大量的元器件和线路中迅速、准确地找出故障，要求掌握正确方法。一般来说，故障诊断过程是：从故障现象出发，通过不同的方法找到故障点，根据所掌握的知识做出分析判断，最终找出故障原因并修复。

1．检查排除故障常用的基本方法

（1）观测法：通电前检查元器件引脚接线，有无错接、短路、接反、断线等情况，通电后观察元器件有无发烫、冒烟、焦糊味等情况。

（2）信号跟踪法：在调试电路的输入端接入适当幅度与频率的信号，利用示波器或万用表按信号的流向，从前至后逐步观察电压波形及幅值变化情况。

（3）对比法：怀疑某一电路存在问题，可将此电路参数和工作状态与相同的正常电路进行对比，从中分析故障原因。

（4）部件替换法：利用与故障电路同类型的电路部件、元器件来替换故障电路被怀疑的部分，问题改善即可确认故障点。

2．典型故障分析与排除

变压后的交流电在经过整流电路后输出的电压波形应该是如图 1-27（b）所示的全波形，但由于某些原因一般会出现以下几种故障：输出端无波形、输出端为半波波形、输出端电压值不正常。下面根据所讲知识结合故障排除的技巧和方法来分析故障可能产生的原因。

1）输出端无任何波形

若没有任何波形输出，可先采用信号跟踪法，从变压电路到整流电路依次排查，排查中主要使用数字式万用表和示波器来定位故障。排查的步骤可参考图 1-28。

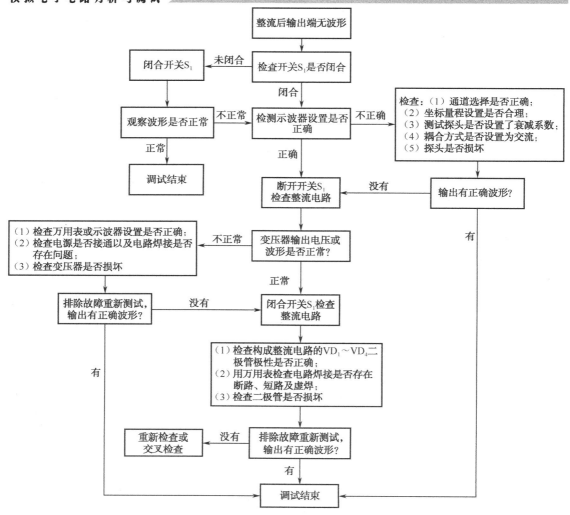

图 1-28　全波整流无波形输出故障排查流程图

2）输出端为半波波形

整流桥的四个二极管在输入波形的正负半周是交替导通的，即在正半周 VD$_1$ 和 VD$_3$ 导通，在负半周 VD$_2$ 和 VD$_4$ 导通。因此，首先观察当前是输出半波波形是正半周还是负半周，如果只输出正半周，则检查二极管 VD$_2$ 和 VD$_4$ 的极性是否焊接错误，然后检查电路焊接是否正确，如果没有错误则断电后，用万用表分别检测二极管是否损坏并更换。如果是仅输出负半周，则检查 VD$_1$ 和 VD$_3$。

另外可能是用了示波器的两个通道同时观察输入波形和整流后的输出波形导致的，因为两个通道同时测试会由于共地的原因使得输入信号的负半周电流并没有流经负载电阻，尝试用单通道重新进行测试。

3）整流输出电压不正常

桥式整流后输出电压的平均值为 $U_O=0.9U_2$，测量值应与理论值相差不大。如果出现较大差距，可从以下几个方面排查。首先，检查当前输出的波形是否为全波波形，如果是半

波波形则输出电压的平均值 $U_O=0.45U_2$；其次，公式中 U_2 是有效值而不是最大值，用数字式万用表交流挡测量变压器的输出 U_2 即是有效值，检查测量电压时挡位选择是否正确，测量 U_2 时选择的是交流电压挡，测量 U_O 时选择的是直流电压挡。

1.2.4　二极管的其他应用

二极管除具有整流作用外，还有其他方面的应用，最典型的如下。

1. 开关作用

利用二极管两端所加电压的大小和极性，像开关一样控制着电路的通、断。用做开关的二极管称为开关二极管。开关二极管要求正向导通压降小，反向恢复时间短，不同于一般的普通二极管和整流二极管。图 1-29 所示是一个 LC 并联谐振电路，当开关 S_1 断开时，二极管 VD 截止，此时，振荡频率由 L 和 C_1 决定；当开关 S_1 闭合时，二极管 VD 导通，此时，振荡谐振频率由 L、C_1 和 C_2 决定。

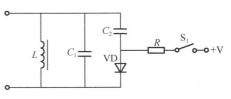

图 1-29　二极管开关应用电路

2. 检波作用

将低频信号从高频调幅信号上分离出来的过程，称为检波。检波电路一般由检波二极管、检波电容和检波负载电阻组成。检波电路利用二极管的单向导电性，只让正半周的高频调幅信号通过，再利用电容和电阻构成的高频滤波电路，将高频载波信号旁路，留下直流分量和低频信号输出，如图 1-30 所示。

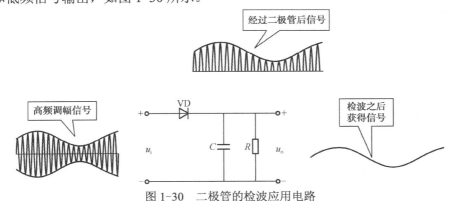

图 1-30　二极管的检波应用电路

3. 限幅作用

利用二极管导通后压降很小且基本保持不变的特性，可以构成信号限幅电路，使输出电压幅度限制在某一个电压值内，如图 1-31 所示。

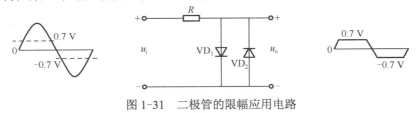

图 1-31　二极管的限幅应用电路

当输入信号 u_i 较小时，不足以让二极管 VD_1 或 VD_2 导通，输出信号 u_o 等于输入信号。当输入信号 u_i 超过二极管导通压降时，二极管 VD_1 或 VD_2 导通且保持导通电压（硅管为 0.7 V），输出信号 u_o 的幅度被限制在导通电压上。如果限幅的电压值较大，可以通过多个二极管串联实现，例如要将高低电平限制在 $-2.1\sim+2.1$ V，此时可以在图 1-31 中正向串联三个硅二极管，反向串联三个硅二极管。

1.3 滤波电路分析调试

整流电路的输出电压中含有较大的脉冲成分，一般不能作为电源为电子电路供电，必须采取措施减少输出电压中的交流成分，使输出电压接近理想的直流电压。这种措施就是采用滤波电路。滤波电路由具有储能作用的电抗性元件构成，常用的储能元件有电容和电感。

1.3.1 电路制作与测试

本次制作与调试的整流电路的电路图如图 1-32 所示。

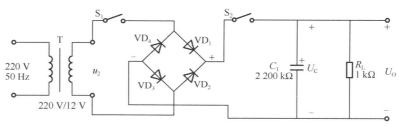

图 1-32　电容滤波测试电路

1. 元器件识别与检测

1）电解电容识别

电容器按极性的有无可以分为有极性电容和无极性电容两种。有极性电容一般为容量较大的电解电容，正常的有极性电容在外壳上有很清晰的极性标志符号，如图 1-33 所示，标有"−"的一侧引脚为电解电容负极。使用时，正极性接高电位，负极性接低电位，不可接反。无极性电容引脚接法任意。

图 1-33　电解电容

当标志不清时，用指针式万用表测量电容器两端的正、反向电阻值，当表针返回稳定时，比较两次所测电阻值读数大小。在阻值较大的一次测量中，黑表笔所接为电容器的正极，红表笔所接是电容器负极。

2）检测方法

外观判别：从外观判别电容器的好坏，是指损坏特性较明显的电容器，如爆裂、电解质渗出、引脚锈蚀等情况，可以直接观察到损坏特征。

万用表判别：一般情况下，可以用指针式万用表电阻挡测试，对有极性电容器的质量进行判别。根据电解电容器容量大小，选择指针式万用表合适的电阻挡位。通常，1~2.2 μF

电解电容器用 $R×10$ kΩ 挡，4.7～22 μF 的用 $R×1$ kΩ 挡，47～220 μF 的用 $R×100$ kΩ 挡，470～4 700 μF 的用 $R×10$ kΩ 挡，大于 4 700 μF 的用 $R×1$ kΩ 挡。将万用表红表笔接负极，黑表笔接正极，在刚接触的瞬间，万用表指针即向右偏转较大角度，接着逐渐向左回转，直到停在某一位置。此时的阻值便是电解电容的正向漏电阻，此值略大于反向漏电阻。在测试中，若正向、反向均无充电的现象，即表针不动，则说明容量消失或内部断路；如果所测阻值很小或为零，说明电容漏电大或已击穿损坏，不能再使用。

注意：在每次调整万用表挡位后要调零，同时电解电容要放电。根据上述方法对本次所用电解电容的质量进行判断，测试数据填入表 1-5 中。

表 1-5 电解电容测试记录表

序号	正向电阻 挡位：$R×$_____	反向电阻 挡位：$R×$_____	质量判决
1			
2			

2. 电路制作及测试

1）电路焊接

（1）电路布局与走线，为了方便后面稳压电路的焊接，负载与滤波输出之间要有适当空间，同时为了观察电容容量对滤波效果的影响，电解电容不直接焊接在万能板上，而是插在焊好的排母上，焊接的布局可参考图 1-34 所示的电路板。

（2）电路板检查。检查内容包括：插在排母上的电解电容极性是否正确以及新增连线是否存在短路、断路等问题。

2）电路测试

（1）按图 1-34 接好测试仪器。上电后，先远距离观察一下是否有电容爆裂、冒烟等异常现象，如果出现异常现象，立刻断电，并查找问题原因，解决后重新上电。

 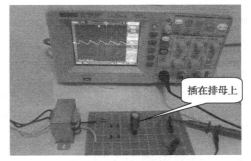

（a）观测滤波输出波形和电压　　　　　（b）观测电容滤波波形图

图 1-34 滤波电路测试图

（2）用示波器观察电容滤波电路的输出电压波形。将示波器的测试通道的耦合方式设置为"直流"，将输出波形记录在图 1-35（a）中。为了便于观察到电容的充放电过程（即电路的纹波电压），将示波器的通道的耦合方式设置为"交流"，并记录在图 1-35（b）中。

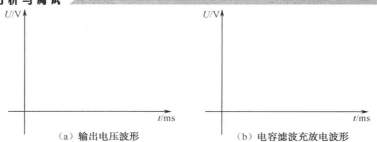

（a）输出电压波形　　　　　　　　　　（b）电容滤波充放电波形

图 1-35　电容滤波输出电压波形图

（3）观察该电路的输出电压波形，并记录：滤波后输出电压直流分量为_____V，纹波电压峰-峰值（用示波器测量）为_____mV。输出电压纹波仍存在，但滤波后的纹波要比滤波前_____（大得多/小得多）。

说明：纹波电压，是指叠加在输出电压上的交流电压分量。

（4）保持负载电阻不变，利用焊接的排母，更换电解电容 C_1，观察波形，并在表 1-6 中记录测得的直流电压和纹波电压。

（5）保持电解电容不变，利用焊接的排母，更换负载电阻 R_L，观察波形，并在表 1-7 中记录测得的直流电压和纹波电压。

表 1-6　电容 C_1 变化的影响（R_L=1 kΩ）

	C_1=2 200 μF	C_1=1 000 μF	C_1=470 μF
直流分量/V			
纹波电压/mV			

表 1-7　负载电阻 R_L 变化的影响（C_1=2 200 μF）

	R_L=500 kΩ	R_L=2 kΩ	R_L=5 kΩ
直流分量/V			
纹波电压/mV			

结论：电容 C 越大，输出电压纹波_____（越大/越小）；负载电阻 R 越大，输出电压纹波_____（越大/越小）。

🔔 思考：

（1）为何经过滤波电路后，输出的直流电压变得较为平滑？

（2）电容和电阻的值为何会影响到电压纹波分量的大小？

1.3.2　滤波电路相关知识

在前面的电容滤波电路的测试中，观察到整流后输出的脉动电压在经过滤波后其输出的直流电压变得较为平滑，并且发现改变电容和电阻的值会对滤波效果产生影响。那么，为什么脉动电压经过电容滤波电路后会变得较为平滑？电容滤波电路中的电容和电阻对滤波效果有何影响？

1. 电容滤波

1）电路组成

电路由桥式整流电路、大容量电容 C_1 和负载 R_L 组成，如图 1-32 所示。其中电容和负载并联，利用电容两端的电压不能突变的特性来实现滤波。在下面的分析中不考虑二极管的导通电压。

2）工作原理

当设备刚上电时，u_2 处于正半周并且数值大于电容两端的电压 U_C 时，二极管 VD_1 和 VD_3 导通，VD_2 和 VD_4 截止，电流一路流经负载电阻 R_L 给负载电阻供电，另一路对电容 C_1 充电，因为在理想情况下，变压器无损耗，二极管导通压降为零，所以电容两端电压 U_C（U_O）与 u_2 相等，输出电压 U_O 如图 1-36 中的 OA 段所示。

u_2 到达峰值后开始下降，电容通过负载电阻 R_L 缓慢放电，当 $U_C > u_2$ 时，导致 VD_1 和 VD_3 也截止，u_c 按指数规律缓慢下降，如图 1-36 中的 AB 段所示；当 u_2 处于负半周幅值变化到恰好大于 U_C 时，VD_2 和 VD_4 因加正电压变为导通状态，u_2 再次对 C_1 充电，如图 1-36 中 BC 段所示，U_C 上升到 u_2 的峰值后又开始下降；下降到一定数值时，VD_2 和 VD_4 变为截止，C_1 对 R_L 放电，U_C 按指数规律下降；放电到一定数值时，VD_1 和 VD_3 变

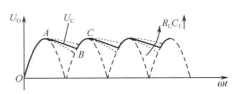

图 1-36 单相全波桥式整流电路电容滤波波形图

为导通，重复上述过程，波形如图 1-36 所示。在 u_2 的不断作用下，电容上不断充、放电，从而使得负载上得到一个近似锯齿波的电压，使负载的纹波大为减小。

电容充电时，回路电阻为整流电路的内阻，即变压器内阻和二极管的导通电阻之和，其数值很小，因而充电时间常数很小。电容放电时，回路电阻为负载 R_L，放电时间常数为 $R_L C_1$，通常远大于充电的时间常数。因此，滤波效果取决于放电时间。电容越大、负载电阻越大，滤波后输出电压越平滑，并且其平均值越大，脉动越小。

3）主要参数

① 输出电压平均值 U_O。经过滤波后的输出电压平均值得到提高，在工程上，一般按下式估算 U_O 与 U_2 的关系：

$$U_O \approx 1.2U_2 \tag{1-9}$$

② 二极管的选择。由于电容在开始充电瞬间电流很大，所以二极管在接通电源瞬间流过较大的冲击尖峰电流，所以在实际应用中要求：

二极管的额定电流为

$$I_F = (2 \sim 3)\frac{U_O}{2R}$$

二极管的最高反向电压为

$$U_{RM} \geqslant \sqrt{2}U_2$$

③ 电容器的选择。负载上的直流电压平均值及其平滑程度与放电时间常数 $\tau = R_L C$ 有关。τ 越大，放电越慢，输出电压平均值越大，波形也越平滑。实际应用中一般取

$$\tau = R_L C = (3\sim5)\frac{T}{2} \qquad (1\text{-}10)$$

式中，T 为交流电源周期，$T=1/50\,\text{Hz} = 0.02\,\text{s}$。由上式可以估算电解电容的电容值。

电容的耐压值为

$$U_C \geqslant \sqrt{2}U_2$$

电容滤波电路简单，输出直流电压较高，纹波较小，但是外特性较差，适用于负载电压较高、负载电流较小且负载变动不大的场合。

实例 1-3 在单相桥式整流电容滤波电路中，交流电源频率为 50 Hz，负载电阻 $R_L=200\,\Omega$，要求输出电压 $U_O=24\,\text{V}$，试选择整流二极管及滤波电容。

解： ① 整流二极管的选择：

$$I_D = \frac{1}{2}I_O = \frac{1}{2}\times\frac{U_L}{R_L} = \frac{1}{2}\times\frac{24}{200} = 0.06\,\text{A} = 60\,\text{mA}$$

二极管承受的最高反向工作电压为 $U_{RM}=\sqrt{2}U_2$，而 $U_O \approx 1.2U_2$，则

$$U_{RM}=\sqrt{2}U_2 = \sqrt{2}\frac{U_O}{1.2} = \sqrt{2}\times\frac{24}{1.2} \approx 28.3\,\text{V}$$

根据二极管额定电流 $I_F = (2\sim3)I_D$，二极管最高反向压降 $U_{RM} \geqslant \sqrt{2}U_2$，通过查手册可以选用 1N4001、2CP1A 等二极管。

② 滤波电容的选择：

根据 $R_L C = (3\sim5)\frac{T}{2}$，取 $R_L C = 5\times\frac{T}{2}$，则

$$C = \frac{1}{R_L}\times5\times\frac{T}{2} = \frac{1}{200}\times5\times\frac{0.02}{2} = 250\,\mu\text{F}$$

电容的耐压值

$$U_C \geqslant \sqrt{2}U_2 = 28.3\,\text{V}$$

可选用 330 μF，耐压值为 50 V 的电解电容器。

2. 其他滤波电路

1）电感滤波电路

桥式整流电路的电感滤波电路如图 1-37 所示。电感 L 串联在 R_L 回路中，利用电感中的电流不能突变的特性来实现滤波。由于电感的直流电阻很小，交流阻抗很大，因此直流分量经过电感后基本上没有损失，而交流分量大部分降在电感上，所以减小了输出电压中的脉动成分，负载 R_L 上得到了较为平滑的直流电压。在忽略滤波电感 L 的内阻时，输出直流电压为

$$U_O = 0.9U_2 \qquad (1\text{-}11)$$

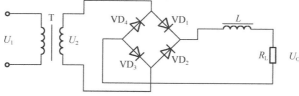

图 1-37 电感滤波电路

电感滤波的优点是输出波形比较平坦，而且电感 L 越大，负载 R_L 越小，输出电压的脉动越小，适用于电压低、负载电流较大的场合。其缺点是体积大、成本高、有电磁干扰。

2）复式滤波电路

为了进一步提高滤波效果，可以将电感、电容和电阻组合起来，构成复式滤波电路。常见的有 LC 元件构成的倒 L 型滤波电路和由 RC 构成的 π 型滤波电路，如图 1-38 所示。

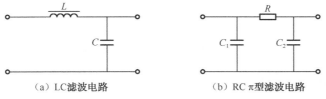

（a）LC 滤波电路　　　　　　　（b）RC π 型滤波电路

图 1-38　其他复式滤波电路

1.3.3　滤波电路故障调试

通过前面的知识讲解，知道了电容滤波如何将脉动电压变成交流成分较小的直流电压，下面来看一下在测试中可能出现的错误以及调试的方法。在调试过程中依然按照信号流向来逐步分析和解决问题。常见的故障现象如下。

1. 滤波后观察不到电容充放电过程的波形

① 检查示波器设置，为了便于直观地观察到电容的充放电过程，须将通道耦合方式设置为"交流"，同时需要设置坐标轴合理的挡位，通常幅度设为 200 mV 挡，时间设为 5 ms 挡。

② 然后确认开关 S_1 和 S_2 是否闭合。

③ 用示波器观察整流桥之间的输出波形是否为全波输出，如果不是，则按照 1.2 节中调试的方法查找问题；如果正常，则检查电解电容的极性是否安装正确；如果正确，则检查负载电阻是否可靠连接，不接负载不能观察到电容的充放电过程。

2. 输出波形脉动成分依然很大

由于滤波电路的主要作用是减小交流成分，保留直流成分。因此出现输出波形脉动成分与滤波电路的参数有关。首先检查电解电容焊接是否可靠，如果电容没有连接则起不到滤波作用；然后检查电解电容、电阻的值是否与要求的一致，如果放电时间常数 RC 较小的话，脉动仍会很大，则需要调整电容 C_1 或负载电阻 R_L 的值。

1.4　稳压电路分析调试

虽然整流滤波电路能将正弦交流电压变成较为平滑的直流电压，但是，整流滤波电路的输出电压会随着电网电压的波动和负载电阻的改变而变动。因此为了获得稳定性好的直流电压，需要在整流、滤波电容后加上稳压电路，使输出直流电压在上述两种变化条件下保持稳定，如图 1-39 所示。

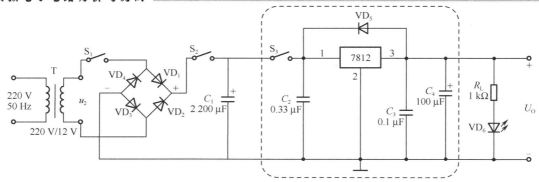

图 1-39　直流稳压电路图

1.4.1　电路制作与测试

1. 元器件识别与检测

1）集成稳压器识别

将线性串联稳压电源和各种保护电路集成在一小块硅片上，就得到了集成稳压器。集成稳压器的体积小、重量轻，而且大大提高了电路的可靠性，减少了组装和调试的工作量，因此在实际中得到了广泛的应用。集成稳压器种类很多，以三端式集成稳压器应用最为普遍。三端式集成稳压器有三个引脚：输入端、输出端和公共端。本次所用的集成稳压器为L7812CV，其封装、引脚及功能如图 1-40 所示。

2）集成稳压器的检测

集成稳压器的识别可根据其外形及其标称型号进行识别。集成稳压器的检测分外观检测与电性能检测两部分。外观检测主要是观察其体表是否有损伤、划痕，金属部分是否氧化、锈蚀，标

图 1-40　三端集成稳压器 L7812CV 引脚及功能

识是否清晰等。电性能检测一般需要相应的仪器、设备在电路中测试其参数是否符合要求。

通常采用测量集成稳压器的输出稳压值的方法。测量时，在集成稳压器的电压输入端与接地端之间加上一个直流电压（正极接输入端），如图 1-41 所示。输入电压应比被测稳压器的标称输出电压高 3 V 以上（例如，被测集成稳压器是 7812，输入的直流电压至少为 +15 V），但不能超过其最大输入电压。若测得集成稳压器输出端与接地端之间的输出电压值稳定，且在集成稳压器标称稳压值的±5%范围内，则说明该集成稳压器性能良好。

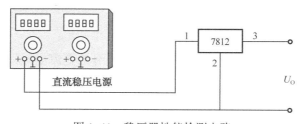

图 1-41　稳压器性能检测电路

调整直流电源的输入电压值，并测试稳压器的输出电压值，填入表 1-8 中。

表 1-8　稳压器检测数据表

输入电压 U_I	12 V	15 V	18 V	20 V	30 V
输出电压 U_O					

从上面的测试中可以观察到：当输入电压大于_____时，稳压器 7812 才输出标称的稳压值 12 V，当输入电压继续增大时，稳压器的输出电压_____（基本保持不变/线性增大）。

结论：如果在输入电压增大时，稳压器的输出电压基本不变，那么我们可以判定该稳压器性能良好。

2. 电路焊接

（1）判断所用器件的极性以及质量的好坏。

（2）按照电路图 1-39 并参照图 1-42 完成电路焊接，焊接过程中器件按照电路信号流向进行布局。

（3）焊接完成后对照电路图进行检查，重点检查新增器件（稳压器、二极管、电解电容）焊接是否正确，利用数字式万用表的蜂鸣挡判断电路是否有短路或断路，检查无误后进行通电测量。

图 1-42　稳压电路测试示意图

3. 测试内容

参照图 1-42 进行仪器设备的连接，然后闭合开关 S_1、S_2 和 S_3，调整负载电阻 R_L 的电阻值，用万用表测量输出电压 U_O 的值，同时用示波器测量输出的纹波电压，将数据记录到表 1-9 中。

表 1-9　稳压电路的数据测试

R_L	稳压后输出电压 U_O/V	输出纹波电压/mV
1 kΩ		
2 kΩ		
5 kΩ		
10 kΩ		

结论：当负载发生改变时，直流稳压电源输出的电压值_____（变化很大/基本不变），稳压电路_____（可以/不可以）实现稳压。

1.4.2　稳压电路相关知识

集成稳压器由于自身特点在实际中得到了广泛的应用，集成稳压器种类很多，以三端式集成稳压器应用最为普遍。按输出电压极性有正、负三端集成稳压器之分，按输出电压是否可调有固定式和可调式三端集成稳压器之分。

1. 固定式三端集成稳压器

1）固定式三端集成稳压器介绍

固定式三端集成稳压器是指变压器输出电压是固定的，此类稳压器有正、负之分，其中常用的 78 系列为输出固定正电压的稳压器，79 系列是输出固定负电压的稳压器，输出电压由具体型号中的后两位数字代表，有 5 V、6 V、8 V、9 V、12 V、18 V、24 V 等，输出电流以 78（或 79）后面所加字母来区分：L 表示 0.1 A，M 表示 0.5 A，无字母表示 1.5 A，如 78L05 表示输出电压/电流为 5 V/0.1 A，如图 1-43 所示。

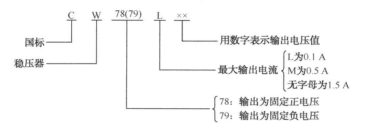

图 1-43　固定式三端集成稳压器型号及意义

2）固定式三端集成稳压器的应用

电路组成如图 1-44 所示。C_2 的作用是抵消输入线较长时的电感效应，以防止电路中产生自激振荡，其容量较小，一般小于 1 μF。电容 C_3 的用于消除输出电压中的高频干扰，可取小于 1 μF，以便输出较大的脉冲电流。C_4 是电解电容，以减小稳压电源输出端由输入电源引入的低频干扰。VD 是保护二极管，当输入端短路时，给电容器 C_4 一个放电通路，防止 C_4 两端电压作用于稳压器，造成稳压器的损坏。

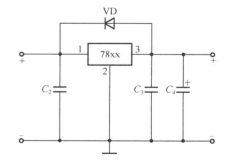

图 1-44　典型 78xx 稳压器直流稳压电路

CW7812 型三端稳压器的最大输出电流为 1.5 A，最大输入电压允许到 35 V，最小输入电压为 14 V，此时输出电压总为 12 V，完全适应电网电压变化的需要。当输入电压低于 14 V 时，输出电压随之从 12 V 下降，此时稳压作用消失。正常工作时，稳压器的输入、输出电压差为 2～3 V。

3）具有正、负电压输出的稳压电源

79 系列稳压器芯片是一种输出负电压的固定式三端稳压器，输出电压有-5 V、-6 V、-9 V、

–12 V、–15 V、–18 V、–24 V 等，输出电流也有 1.5 A、0.5 A 和 0.1 A 三种，使用方法与 78 系列稳压器相同，只是要特别注意输入电压和输出电压的极性。78 系列和 79 系列相配合，可以得到正、负输出的稳压电路，如图 1-45 所示。

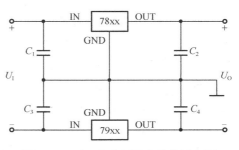

图 1-45　正、负电压输出的稳压电源

2. 可调式三端集成稳压器

可调式三端集成稳压器克服了固定式三端稳压器输出电压不可调的缺点，继承了固定式三端稳压器的诸多优点。其可调输出电压也有正、负之分，如输出正电压的 CW117、CW217、CW317 系列和输出负电压的 CW137、CW237、CW337 系列，其型号及意义如图 1-46 所示。

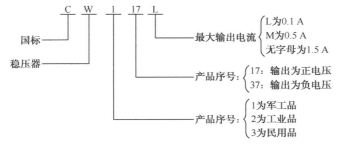

图 1-46　可调式三端集成稳压器型号及意义

以 CW117 为例说明可调式三端稳压器的基本应用电路，如图 1-47 所示。图中 C_1 和 C_O 的作用与图 1-44 固定式三端稳压器电路中 C_2、C_3 的作用一样，C_2 用于减小输出纹波电压，外接电阻 R_1 和 RP 构成电压调整电路。为了保证集成稳压电路空载时也能正常工作，要求 R_1 上的电流不小于 5 mA，故取 $R_1 = U_{REF}/5\ mA = 0.25\ k\Omega$，$U_{REF}$ 是集成稳压器输出端与调整端之间固定的参考电压，为 1.25 V，实际应用中 R_1 取标称值 240 Ω。忽略调整端（ADJ）的输出电流 I_A，则 R_1 和 RP 是串联关系，因此改变 RP 的大小即可调整输出电压 U_O。该电路的输出电压为

$$U_O = \frac{U_{REF}}{R_1}(R_1 + RP) + I_A R_2$$

由于 $I_A = 50\ \mu A$，可以略去，又 $U_{REF} = 1.25\ V$，所以有

$$U_O \approx 1.25 \times \left(1 + \frac{RP}{R_1}\right)$$

图 1-47　可调式三端集成稳压器典型应用电路

1.4.3 稳压电路故障调试

交流电在经过整流、滤波和稳压后可以得到输出电压稳定的直流电压，并且输出的直流电压为 12 V。在稳压电路焊接后可能出现的故障现象如下。

1. 示波器观察不到输出波形

即当前观察到的输出电压为零。首先测量稳压器的输入电压（即 1 号引脚处）是否为零，如果为零则说明前面的整流或滤波电路存在问题，按照前面任务的调试方法进行调试；如果稳压器输入电压不为 0，则检查稳压电路部分，先检查集成稳压器的引脚是否错误，然后检查焊接的线路是否存在断路。

2. 接通电源后，输出电压过大，超过 12 V

通常原因是由于稳压电路中起保护作用的二极管接反导致的，检查二极管 VD_5 的极性是否接反。

3. 输出电压过小

对于集成稳压器，如果输入电压过小将起不到稳压作用，因此，首先检测稳压器输入端的电压值是否大于 14 V，如果是，则怀疑稳压器损坏，如果不是，则逆向检测滤波后的输出电压值、整流后电压值以及变压后电压值，导致电压值低的原因可能是滤波电容断路、整流桥中的二极管极性错误或者损坏。

1.4.4 其他类型的稳压电路

前面我们介绍了集成稳压器的特点、分类和典型电路。下面我们来介绍一下分立元件构成的稳压电路。

1. 并联型稳压电路

并联型稳压电路又称稳压管稳压电路，是一种利用稳压二极管的稳压特性来稳定输出电压的简单稳压电路。由调压电阻 R 和稳压二极管 VZ 构成，如图 1-48（a）所示。

电路稳压原理如图 1-48（b）所示。

（a）电路图   （b）稳压原理

图 1-48 并联稳压电路

电路特点：电路简单，但稳定性较差，输出电压不易调节，一般适用于输出电流较小、稳定性要求不高的场合。

2. 串联型稳压电路

1）简单串联型稳压电路

图 1-49（a）所示电路为一个简单的串联型稳压电路，其中 VT 为三极管，利用其电流

放大作用来调整电路的输出电压，又称电压调整管；VZ 为稳压二极管，与电阻 *R* 一起，稳定 VT 的基极（b 极）电压，并作为稳压电路的基准电压；R_L 为外接负载，还作为 VT 的发射极（e 极）电阻。

电路稳压原理如图 1-49（b）所示。

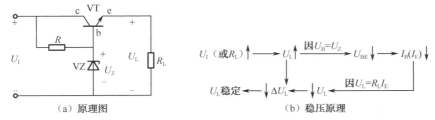

图 1-49　简单的串联型稳压电路

电路特点：电路简单，输出电流较大，但稳定性较差，输出电压不易调节。

2）带放大环节串联型稳压电路

图 1-50（b）所示为电路图。电路图中 VT_1 为电压调整管；VZ 为稳压二极管，与电阻 R_3 一起为比较放大管 VT_2 的发射极提供基准电压 U_{REF}，R_1、RP 和 R_2 组成取样电路，将输出电压的一部分 U_O' 送到比较放大管 VT_2 的基极进行比较；比较放大管 VT_2 将取样电压·U_O' 与基准电压 U_{REF} 的差值进行放大后，控制调整管 VT_1 的工作状态，使输出电压 U_O 保持不变。

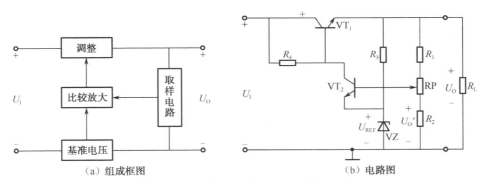

图 1-50　带放大环节的串联型稳压电路

电路稳压原理如下：

$$U_I（或R_L）\uparrow \rightarrow U_O\uparrow \rightarrow U_O'\uparrow \xrightarrow{U_{E2}=U_{REF}} U_{BE2}\uparrow \rightarrow U_{C2}\downarrow$$

$$U_O稳定 \leftarrow \downarrow\Delta U_O \leftarrow U_O\downarrow \xleftarrow{U_O=U_I-U_{CE1}} U_{CE1}\uparrow \leftarrow U_{B1}\downarrow$$

电路特点：带放大环节串联型稳压电路输出电压便于调节，稳定性较好，输出电流较大，是一些中、小功率的电源电路中常采用的电路形式。但是该类型的稳压电路中调整管 c、e 极间电压较大，消耗大量的输入功率，因而电路的效率较低。

3. 开关式稳压电路

前面所讲的线性稳压电路具有结构简单、调节方便、输出电压稳定性强、纹波电压小等优点。但是，调整管始终工作在放大状态，自身功耗较大，故效率低，甚至仅为 30%～40%。而且，为了解决调整管散热问题，必须按装散热器，这就必然增大整个电源设备的体积、重量和成本。

如果调整管工作在开关状态，那么当其截止时，因电流很小（为穿透电流）而管耗很小；当其饱和时，因管压降很小（为饱和管压降）而管耗也很小；这将可以大大提高电路的效率。开关型稳压电路中的调整管正是工作在开关状态，并因此而得名，其效率可达 70%～95%。

随着开关电源技术的不断突破，其应用范围也越来越广，在微型计算机、通信设备和音像设备中得到广泛应用。其种类也越来越多：按照调整管与负载的连接方式可分为串联型和并联型，按稳压的控制方式可分为脉冲宽度调制型（PWM）、脉冲频率调制型（PFM）和混合调制（即脉宽—频率调制）型，按调制管是否参与振荡可分为自激式和他激式，按使用开关管的类型可分为晶体管、VMOS 管和晶闸管型。下面以串联型开关式稳压电路来介绍开关稳压电路的稳压原理。

串联型开关式稳压电路的组成框图如图 1-51 所示。其工作原理为：调整管 VT_1 受脉冲信号控制工作在开关状态，当 VT_1 的基极为高电平时，c、e 极之间的电压压降约为零，相当于开关闭合，输入电压 u_i 通过 VT_1 对储能元件 L、C 和负载 R_L 提供电能。当 VT_1 的基极为低电平时，c、e 极之间的电流为零，相当于开关断开，L 中存储的电能通过续流二极管 VD 提供给电容 C 和负载 R_L，同时电容 C 也向负载提供电能。由于调整管 VT_1 工作在高频开关状态，使负载 R_L 两端电压 U_O 较为稳定。另一方面，取样电路产生的取样电压和基准电压电路产生的基准电压相比较，其差值经比较放大器放大后，控制开关脉冲发生器产生的脉冲宽度或频率，即改变存储在 L、C 上电能的多少，达到使输出的电压 U_O 保持稳定的目的。

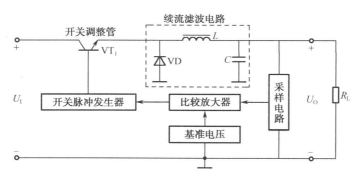

图 1-51　串联型开关式稳压电路组成框图

1.4.5　直流稳压电源关键器件的选择

在前面电路的制作中，直接列出了各个电路中所用器件的型号或参数值。如果给出了单相固定输出直流稳压电压其他固定输出电压的设计要求，该如何确定电路中相关器件的型号或参数呢？如果不满足设计要求，该如何调整元器件参数呢？下面以一个实例来说明电路中关键器件的选择。

1．本次设计指标要求

（1）输出电压 U_O=15 V；

（2）最大输出电流为 I_{omax}=0.8 A；

（3）输出纹波峰–峰值小于 20 mV。

2．设计内容

单相固定输出的直流稳压电源原理图如图 1-52 所示，下面我们使用前面任务中所讲的相关知识来学习如何根据设计要求来确定原理电路图中相关元器件的型号和参数。这个设计过程与前面说讲的信号流向相反：先从最右边的直流电压输出部分开始，向左推导、设计电路。

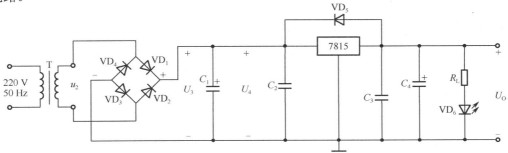

图 1-52　单相固定输出直流稳压电源原理图

1）三端稳压器

由于要求输出直流稳定电压为 15 V，最大电流为 0.8 A，故三端集成稳压器可考虑选择 L7815CV，其输出电压和电流均满足指标要求。

2）电容 C_2、C_3 和 C_4

电容 C_2、C_3 和 C_4 的值见表 1-1，其中，C_2、C_3 一般为瓷介电容，C_4 一般为电解电容，耐压值可取 25 V（大于输出电压的 1.5 倍）。

3）电压 U_2 和 U_4

U_2 和 U_4 的取值最终决定了相关元器件及参数的选择。一般情况下，U_4 应比 U_O 大 3 V 左右，所以可取 U_4 = 18 V，考虑电网电压 10%的波动，最终取 U_4 = 19.8 V。

由式（1-9）可得变压器次级电压有效值 U_2 为

$$U_2 = \frac{U_4}{1.2} = \frac{19.8}{1.2} = 16.5(\text{V})$$

4）变压器选择

变压器的效率为 $\eta=P_2/P_1$，其中 P_2 是变压器副边功率，P_1 为变压器原边功率。一般小型变压器的效率见表 1-10。

表 1-10　小型变压器效率

次级功率 P_2/W	<10	10～30	30～80	80～200
效率 η	0.6	0.7	0.8	0.85

由于 L7815CV 的输入电压范围为 17～35 V，由公式（1-9）知稳压器副边电压有效值 U_2 的取值范围为 14.2～29.2 V，选用 18 V 变压器，即 U_2 =18 V，电流为 $I_2 > I_{omax}$，取 I_2=1 A，则 $P_2 = U_2 \times I_2$=18 W。由表 1-10 可得 P_1=18 W/0.7 = 25.7 W。因此，我们可以选取功率为 50 W，副边电压为 18 V，电流有效值为 1 A 的变压器。

5）滤波电容 C_1

由式（1-19）$\tau = R_L C_1 = (3 \sim 5)\dfrac{T}{2}$ 可暂定 $R_L C_1 = 5T/2$，则

$$C_1 = \frac{5T}{2R_L}$$

式中，T 为市电交流电源的周期，T=20 ms；R_L 为 C_1 右边的等效电阻，应取最小值，由于 I_{omax}=0.8 A，因此，$R_{Lmin} = \dfrac{U_4}{I_{omax}} = \dfrac{19.8}{0.8} = 24.75 \ \Omega$ 。所以取

$$C_1 = \frac{5T}{2R_{Lmin}} = \frac{5 \times 20 \times 1\,000}{2 \times 24.75} = 2\,020.2(\mu F)$$

可见，C_1 容量较大，应选电解电容，受规格限制，实际容量应选为 2 200 μF，其耐压值可取 25 V。

6）整流二极管

整流二极管的参数应满足：

最大整流电流

$$I_F > I_D = \frac{1}{2} I_{omax} = 0.4 \text{ A}$$

最大反向电压

$$U_R > \sqrt{2} U_2 = \sqrt{2} \times 16.5 = 23.3 \text{ V}$$

特别要指出的是，电容滤波使得电路被接通的一瞬间整流管的实际电流远远大于 I_{omax}（成为浪涌电流），如果 I_F 较小，很可能在电路被接通时就已经损坏了，因此，一般取

$$I_F > 5I_D = 2(A)$$

查手册可选定整流二极管，可选小功率二极管 1N4007。

在确定了器件的参数后，根据要求选择元器件，在选择时要注意留有一定的余量。接下来进行电路的装配、焊接与调试，最后进行电路性能检测，判断完成的电路是否满足设计指标要求。

项目评价与小结

1. 项目评价

考核类型	考核项目	评分内容与标准	分值	自评	教师考核
技能	元器件的识别与检测	能够识别和检测二极管	5		
		能够识别和检测电解电容	5		
		能够识别和检测三端集成稳压器	5		

续表

考核类型	考核项目	评分内容与标准	分值	自评	教师考核
技能	元器件的识别与检测	能够识别和检测整流桥堆	5		
	仪器的使用	能够正确操作信号源产生要求的波形	5		
		能够正确使用示波器进行测试	5		
		能够正确使用万用表测试	5		
知识	理论知识	本征半导体、杂质半导体的概念,PN 结形成的过程,二极管的基本特性和伏安特性,二极管的参数选择等	5		
		能描述直流稳压电源的组成及每部分的作用	5		
		能计算不同整流电路的参数并画出输出波形	5		
		能计算滤波电路输出电压	5		
		集成稳压器的分类与选择	5		
	调试知识	能够根据异常现象制定调试计划	5		
		能够根据错误分析原因	10		
职业素养	装配与工艺	器件布局合理	5		
		焊点光滑无虚焊	5		
		器件安装遵循工艺要求	5		
	工作态度	积极主动、协助他人、遵循6S规范	10		

2. 项目小结

(1)直流稳压电源的作用是将 220 V/50 Hz 的交流电转换为大小一定的稳定直流电。

(2)直流稳压电源一般由变压、整流、滤波和稳压四部分电路构成。

(3)二极管具有单向导电性,即正向导通、反向截止。二极管的主要参数有最大整流电流 I_F、最高反向工作电压 U_{RM}、反向电流 I_R,这些参数是选择二极管的重要依据。

(4)整流电路一般利用二极管的单向导电性,将交流电转变为脉动直流电。常见的整流方法有单相半波整流、单相全波整流和单相桥式整流电路,每种整流电路的输出电压波形以及相关电路特性是选择器件的方法和依据。

(5)滤波电路一般利用电容、电感等储能元件的储能特性单独或复合构成,减小电流中的波动成分,将脉动直流电转变为平滑直流电。

(6)为保证输出电压不受电网电压、负载和温度的变化而产生波动,可接入稳压电路。稳压电路一般利用稳压管、三极管等元件按一定的方式构成,作用是将平滑、不太稳定的直流电转变为稳定的直流电。

(7)集成稳压电路具有体积小、重量轻、性能稳定可靠等优点。其中三端稳压器是最常用的,三端稳压器包括输出固定式(78xx 系列和 79xx 系列)和输出可调式(CW117、CW137 等)。

课后习题

1．填空题

（1）直流稳压电源的作用就是将_____转换为_____。

（2）直流稳压电源一般由_____、_____、_____、_____四部分电路构成。

（3）N型半导体中的多数载流子是_____，少数载流子是_____。

（4）P型半导体中的多数载流子是_____，少数载流子是_____。

（5）二极管具有_____性，加_____电压导通，加_____电压截止。

（6）二极管除了可用于整流外，还具有_____、_____、_____等功能。

（7）把直流电中_____滤除，获得较为平滑的直流电压，这种电路叫_____电路，常用的滤波电路有_____、_____和_____。

（8）衡量直流稳压电源的质量指标主要有_____、_____、_____、_____。

（9）用集成电路的形式制造的稳压电路称为_____，三端固定式稳压器常用的有_____系列和_____系列。

2．判断题

（1）在半导体内部，只有电子是载流子。 （   ）

（2）硅二极管两端加上正向电压时立即导通。 （   ）

（3）当二极管两端正向偏置电压大于死区电压时，二极管才导通。 （   ）

（4）稳压二极管正常工作时必须反偏，且反偏电流必须大于稳定电流 I_Z。 （   ）

（5）普通二极管的正向伏安特性也具有稳压作用。 （   ）

（6）在直流稳压电源中滤波电路所用的电容越大，滤波后输出电压越平滑，并且其平均值越大，脉动越小。 （   ）

（7）电容滤波适用于小负载电流，而电感滤波适用于大负载电流。 （   ）

（8）一般情况下，开关型稳压电路的效率要比线性稳压电路效率要高。 （   ）

（9）在单相半波整流电路中，输出直流电压平均值 $U_O=0.9U_2$。 （   ）

（10）全波整流电路中，流经二极管的平均电流与流经负载的电流相等。 （   ）

（11）稳压电路使直流输出电压不受电网电压波动或负载变化的影响。 （   ）

3．选择题

（1）半导体中参与导电的载流子有（   ）。

    A．电子   B．空穴   C．电子和空穴

（2）杂质半导体中多数载流子的浓度取决于（   ）。

    A．温度   B．杂质浓度   C．电子空穴对数

（3）稳压二极管的正常工作状态是（   ）。

    A．导通状态   B．截止状态   C．反向击穿状态   D．任意状态

（4）在图1-22中，如果一个二极管接反了，则输出（   ）。

    A．只有半波波形   B．全波波形

C．无波形，且变压器和整流管可能烧坏

（5）在图 1-22 中，如果一个二极管开路了，则输出（　　）。

    A．半波波形　　　　　　B．全波波形　　　　　　C．无波形

（6）滤波电路的主要作用是（　　）。

    A．变交流电为直流电　　　　　　　　　　B．将正弦交流电变脉冲信号

    C．将高频变为低频　　　　　　　　　　　D．去掉脉动直流电中的脉动成分

（7）在单相半波整流电路中，如果电源变压器次级电压为 100 V，则负载电压是（　　）。

    A．100 V　　　　　B．45 V　　　　　C．90 V　　　　　D．120 V

（8）若桥式整流电路中的一个二极管开路，则（　　）。

    A．引起电源短路　　　　　　　　　　　　B．形成稳压电路

    C．形成半波整流电路　　　　　　　　　　D．仍为桥式整流电路

（9）CW7815 集成稳压器输出电压是（　　）。

    A．+5 V　　　　　B．-5 V　　　　　C．+15 V　　　　　D．-15 V

4．在图 1-53 所示电路中，分析各二极管是导通还是截止？并求出 AO 两端电压 V_{AO}。假设 VD 为理想二极管。

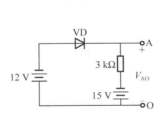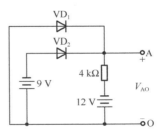

图 1-53　4 题图

5．现有两个稳压管，它们的稳定电压分别是 4 V 和 6 V，正向导通压降为 0.7 V，请问：

    ① 将它们串联起来，则可以得到几种稳压值？各为多少？

    ② 将它们并联起来，则可以得到几种稳压值？各为多少？

6．单相桥式整流电路，设二极管为理想器件，变压器的原、副边绕组匝数比 $n=N_1/N_2=11$，变压器损耗不计，$v_1=V_{1m}\sin\omega t=220\sqrt{2}\sin100\pi t$。试回答下列问题：

    ① 画出 U_2 和 U_O 的波形；

    ② 求负载 R_L 上的直流电压和直流电流；

    ③ 求二极管的平均电流和最大反向电压。

7．分析图 1-54 所示桥式整流电路中的二极管 VD_2 或 VD_4 断开时负载电压的波形。如果 VD_2 或 VD_4 接反，后果如何？

8．已知全波整流滤波电路如图 1-55 所示，$U_2=20$ V，负载 $R_L=100$ kΩ。

    ① 求输出电压平均值 $U_{O(AV)}$。

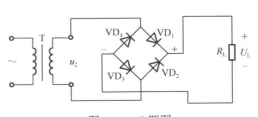

图 1-54　7 题图

② 根据表 1-11 所给的二极管参数，确定电路中二极管的型号。

③ 当用万用表测得负载电压 U_L 分别为 U_L =18 V 和 U_L = 20 V 时，试分析电路工作是否正常。如有故障，故障可能出在什么地方？

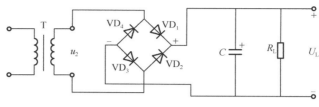

图 1-55　8 题图

表 1-11　8 题表

参数型号	I_F/mA	U_{RM}/V
2AP9	100	35
2CZ50A	300	25
2CZ50B	300	50

9. 按以下要求设计一直流稳压电源，并画出电路图，表明各器件型号和量值。

① 输出电压 U_O=24±0.5 V；

② 最大输出电流为 I_{Omax}=1 A；

③ 输出纹波电压（峰-峰值）小于 10 mV；

④ 其他指标同三端集成稳压器。

10. 参照图 1-56，使用集成稳压器设计制作一个 1.5～30 V 可调直流稳压电源。

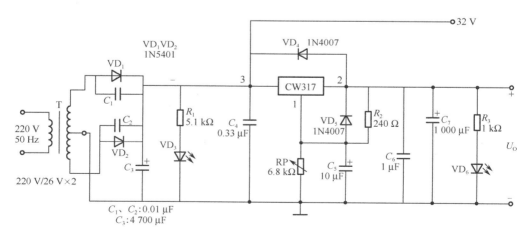

图 1-56　10 题图

万用表的使用

万用表是用来测量交直流电压、交直流电流、电阻、电容、二极管、三极管、通断等的仪表。常用的万用表有数字式万用表和指针式万用表。

1. 数字式万用表的使用

以胜利牌 VC890D 型号为例，介绍数字式万用表的面板和基本使用。

1）操作面板说明（图 1-57）

（1）型号栏。

（2）液晶显示器：显示仪表测量的数值。

（3）背光灯、自动关机开关及数据保持键。

（4）三极管测试座：测试三极管输入口。

（5）发光二极管：通断检测时报警用。

（6）旋钮开关：用于改变测量功能、量程以及控制开关机。

（7）20 A 电流测试插座。

（8）200 mA 电流测试插座正端。

（9）电容"–"极插座及公共地。

（10）电压、电阻、二极管"+"极插座。

图 1-57　数字式万用表
VC890D 面板

2）数字式万用表的测量

（1）直流电压测量

① 将黑表笔插入"COM"插座，红表笔插入"VΩ-||-"插座。

② 将量程开关旋转至相应的直流电压量程上（V--），然后将测试表笔跨接在被测电路上，红表笔所接的该点电压与极性显示在屏幕上。

注意：

① 在测量前应预先估计测量电压值的大小，然后选择合适的量程。如果事先对被测电压范围没有概念，应将量程开关旋转到最高的挡位，然后根据显示值转至相应挡位上。

② 如屏幕显示"1."（有的显示"0 L"），表明已超过量程范围，须将量程开关转至较高挡位上。

（2）交流电压测量

① 将黑表笔插入"COM"插座，红表笔插入"VΩ-||-"插座。

② 将量程开关旋转至相应的交流电压量程上（V～），然后将测试表笔跨接在被测电路上，红表笔所接的该点电压与极性显示在屏幕上。

注意事项同上。

（3）直流电流测量

① 将黑表笔插入"COM"插座，红表笔插入"mA"插座中（最大为 200 mA），或红

表笔插入"20 A"插座中（最大为20 A）。

② 将量程开关旋转至相应的直流电流量程上（A-），然后将测试表笔串联接入被测电路上，被测电流值及红色表笔点的电流极性将同时显示在屏幕上。

注意：①、②同（1）。

③ 在测量20 A时要注意，连续测量大电流将会使电路发热，影响测量精度甚至损坏仪表。

（4）交流电流测量

① 同直流电流测量中的①。

② 将量程开关旋转至相应的交流电流量程上（A～），然后将测试表笔串联接入被测电路上，被测电流值及红色表笔点的电流极性将同时显示在屏幕上。

注意：同（1）。

（5）电阻测量

① 将黑表笔插入"COM"插座，红表笔插入"VΩ-||-"插座中。

② 将量程开关旋转至相应的电阻量程上（Ω），然后将测试表笔跨接在被测电路上。

注意：

① 如果电阻值超过所选的量程值，则会显示显示"1."（有的显示"0 L"），这时应将开关转至较高挡位上；当测量电阻值超过1 MΩ以上时，读数需几秒才能稳定，这在测量高阻时是正常的。

② 测量在线电阻时，要确认被测电路所有电源已关断及所有电容都已完全放电时，才可进行。

（6）二极管及通断测试

① 将黑表笔插入"COM"插座，红表笔插入"VΩ-||-"插座中。

② 将量程开关转至"➤￫•))"挡，并将红表笔连接到待测试二极管的正极，黑表笔接到二极管的负极，读数为二极管的正向压降的近似值。

③ 将表笔连接到待测线路的两点，如果两点之间的电阻值低于30kΩ，则内置蜂鸣器发声，表明这两点电路之间是导通的。

（7）三极管引脚判断与测量

① 将量程开关置于"hFE"挡位。

② 决定所测晶体管为NPN或PNP型，将发射极、基极、集电极分别插入测试附件相应的插孔中，如图1-57中"4"所指位置。

说明：如何判断三极管引脚请参照项目2。

（8）电容测量

① 将黑表笔插入"COM"插座，红表笔插入"VΩ-||-"插座中，有的型号是插入"mA"插座中，测量时请仔细观察所用万用表的仪表盘。

② 将量程开关旋转至相应的电容量程上（F），表笔对应极性（注意红表笔极性为正极）接入被测电容。

注意：

① 如果事先对所测电容范围没有概念，应将量程转到最高的挡位，然后根据显示值转至相应的挡位上。

② 在测试电容前，屏幕显示值可能尚未归零，残留读数会逐渐减小，但可以不予理会，它不会影响测量的准确度。

③ 大电容挡测量严重漏电或击穿电容时，将显示一些数值且不稳定。

④ 在测试电容容量前，必须对电容充分放电，以防止损坏仪表。

2. 指针式万用表的使用

以 MF500 型号为例介绍指针式万用表的使用，MF500 型指针式万用表是一只高灵敏度的磁电式直流电流表，可以测量交直流电压、直流电流和电阻等。

1）外观说明

主要介绍表头、挡位开关和各个插孔，具体描述如图 1-58 所示。

2）表头说明

表头上有四条刻度线，它们的功能如下。

刻度（1）：标有 R 或Ω，指示的是电阻值，转换开关在欧姆挡时，即读此条刻度线。
注：右端为 0，左端为无穷大。

读法： 被测电阻=指示值×欧姆挡倍数

刻度（2）：标有‿或 VA，指示的是交、直流电压和直流电流值，当转换开关在交、直流电压或直流电流挡，量程在除交流 10 V 以外的其他位置时，即读此条刻度线。刻度均为50 个小刻度。

读法： 测量值=(量程/50)×指针偏转的小刻度

刻度（3）：标有 10 V，指示的是 10 V 的交流电压值，当转换开关在交、直流电压挡，量程在交流 10 V 时，即读此条刻度线。

刻度（4）：标有 dB，指示的是音频电平，准确度较高。

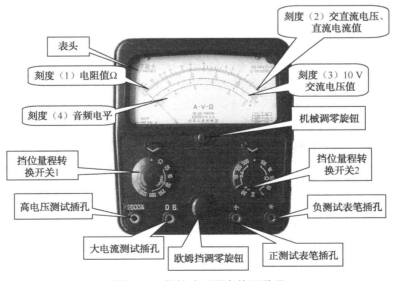

图 1-58　指针式万用表外观说明

3）指针式万用表的测量

测量前要做好以下准备工作：

（1）熟悉表盘上各符号的意义及各个旋钮和选择开关的主要作用。

（2）把万用表放置为水平状态，并视其表针是否处于零点（指电流、电压刻度的零点），若不在，则应调整表头下方的"机械零位调整"，使指针指向零点。

（3）根据被测量的种类及大小，选择转换开关的挡位及量程，找出对应的刻度线。

（4）测量电压（或电流）时要选择好量程，量程的选择应尽量使指针偏转到满刻度的 2/3 左右。如果事先不清楚被测电压的大小时，应先选择最高量程挡，然后逐渐减小到合适的量程。

然后根据需要进行相关的测量。

（1）交流电压的测量：将万用表的挡位量程转换开关 2 置于交、直流电压挡，挡位量程转换开关 1 置于交流电压（"$\underset{\sim}{V}$"）10～500 V 之间合适量程上。万用表的红表笔插入"+"插孔，黑表笔插入"*"插孔，表笔和被测电路或负载并联即可。

（2）直流电压的测量：将万用表的挡位量程转换开关 2 置于交、直流电压挡，挡位量程转换开关 1 置于直流电压（V）25～500 V 的合适量程上，且"+"表笔（红表笔）接到高电位处，"–"表笔（黑表笔）接到低电位处。若表笔接反，表头指针会反方向偏转，容易撞弯指针。

注意事项：在测量时，进行机械调零，测电压过程中，挡位不能随意更换，并且也不能带电更换量程，否则会使万用表读数误差较大或严重地损坏它。

（3）直流电流测量：测量直流电流时，将万用表的挡位量程转换开关 2 置于直流电流挡（A），挡位量程转换开关 1 置于 50 μA 到 500 mA 间合适量程上，电流的量程选择和读数方法与电压一样。测量时必须先断开电路，然后按照电流从"+"到"–"的方向，将万用表串联到被测电路中，即电流从红表笔流入，从黑表笔流出。如果误将万用表与负载并联，则因表头的内阻很小，会造成短路并烧毁仪表。其读数方法如下：

实际值=指示值×量程/满偏

（4）电阻测量：用万用表测量电阻时，应按下列方法操作。

① 利用机械调零旋钮进行机械调零，使指针右偏为零。

② 选择合适的倍率挡。万用表欧姆挡的刻度线是不均匀的，所以倍率挡的选择应使指针停留在刻度线较稀的部分为宜，且指针越接近刻度尺的中间，读数越准确。一般情况下，应使指针指在刻度尺的 1/3～2/3 处。

③ 欧姆调零。将挡位量程转换开关 1 拨至欧姆挡（"Ω"），挡位量程开关 2 拨至欧姆挡相应的倍率，然后将红黑表笔短接，调节欧姆挡调零旋钮，使指针右偏至零。

④ 读数：表头的读数乘以倍率，就是所测电阻的电阻值。

注意事项：

① 注意在欧姆表改换量程时，需要进行欧姆调零，无须机械调零。

② 测电阻时，不能带电测量。因为测量电阻时，万用表由内部电池供电，如果带电测量则相当于接入一个额外的电源，可能损坏表头。

③ 用毕，应使转换开关在交流电压最大挡位或空挡上。

④ 选择量程时，要先选大的，后选小的，尽量使被测值接近于量程。

示波器的使用

数字示波器具有多重波形显示、分析和数学运算功能，波形、设置和位图文件存储功能，自动光标跟踪测量功能，波形录制和回放功能等，还支持即插即用 USB 存储设备和打印机。

以 DS1102E 型数字示波器为例，简要介绍示波器的基本使用和快速入门（图 1-59）。

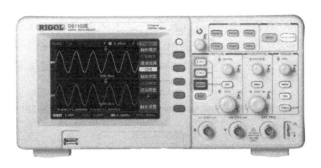

图 1-59　数字示波器

1．DS1102E 数字示波器前操作面板

1）常用菜单区与功能菜单区

按图 1-60 中任一按键，屏幕右侧会出现相应的功能菜单。

通过功能菜单操作区的 5 个按键可选定功能菜单的选项。功能菜单选项中有"◁"符号的，标明该选项有下拉菜单。下拉菜单打开后，可转动多功能旋钮（↻）选择相应的项目并按下予以确认。功能菜单上、下有""⬆"、"⬇"符号，表明功能菜单一页未显示完，可操作按键上、下翻页。功能菜单中有↻，表明该项参数可转动多功能旋钮进行设置调整。按下取消功能菜单按钮，显示屏上的功能菜单立即消失。

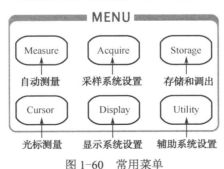

图 1-60　常用菜单

2）执行按键区（RUN CONTROL）

有 AUTO（自动设置）和 RUN/STOP （运行/停止）两个按键。按下 AUTO 按键，示波器将根据输入的信号，自动设置和调整垂直、水平及触发方式等各项控制值，使波形显示达到最适宜观察状态，如需要，还可进行手动调整。

RUN/STOP 键为运行/停止波形采样按键。运行（波形采样）状态时，按键为黄色；按

一下按键，停止波形采样且按键变为红色，有利于绘制波形并可在一定范围内调整波形的垂直衰减和水平时基，再按一下，恢复波形采样状态。

3）垂直控制区（VERTICAL）

如图 1-61 所示，垂直位置 POSITION 旋钮可设置所选通道波形的垂直显示位置。转动该旋钮不但显示的波形会上下移动，且所选通道的"地"（GND）标识也会随波形上下移动并显示于屏幕左状态栏，移动值则显示于屏幕左下方；按下垂直 POSITION 旋钮，垂直显示位置快速恢复到零点（即显示屏水平中心位置）处。

垂直衰减 SCALE 旋钮调整所选通道波形的显示幅度。转动该旋钮改变"Volt/div（伏/格）"垂直挡位，同时下状态栏对应通道显示的幅值也会发生变化。

CH1 、 CH2 、 MATH 、 REF 为通道或方式按键，按下某按键屏幕将显示其功能菜单、标志、波形和挡位状态等信息。 OFF 键用于关闭当前选择的通道。

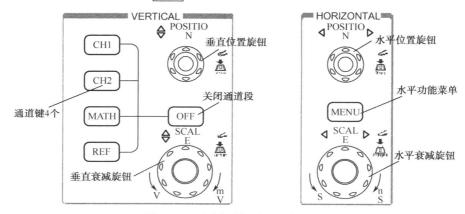

图 1-61　垂直控制区和水平控制区

4）水平控制区（HORIZONTAL）

如图 1-61 所示，它主要用于设置水平时基。水平位置 POSITION 旋钮调整信号波形在显示屏上的水平位置，转动该旋钮不但波形随旋钮水平移动，且触发位移标志"T"也在显示屏上部随之移动，移动值则显示在屏幕左下角；按下此旋钮触发位移恢复到水平零点（即显示屏垂直中心线置）处。

水平衰减 SCALE 旋钮改变水平时基挡位设置，转动该旋钮改变"s/div（秒/格）"水平挡位，下状态栏 Time 后显示的主时基值也会发生相应的变化。水平扫描速度从 20 ns～50 s，以 1－2－5 的形式步进。按动水平 SCALE 旋钮可快速打开或关闭延迟扫描功能。

按水平功能菜单 MENU 键，显示 TIME 功能菜单，在此菜单下，可开启/关闭延迟扫描，切换 Y（电压）－T（时间）、X（电压）－Y（电压）和 ROLL（滚动）模式，设置水平触发位移复位等。

5）触发控制区（TRIGGER）

它用于触发系统的设置（图 1-62）。转动 LEVEL 触发电平设置旋钮，屏幕上会出现一条上下移动的水平黑色触发线及触发标志，且左下角和上状态栏最右端触发电平的数值也随之发生变化。停止转动 LEVEL 旋钮，触发线、触发标志及左下角触发电平的数值会

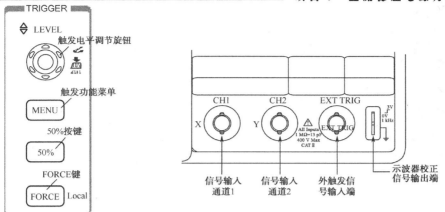

图 1-62　触发控制区和信号输入/输出区

在约 5 秒后消失。按下 ⊕LEVEL 旋钮触发电平快速恢复到零点。

　　按 MENU 键可调出触发功能菜单，改变触发设置。50% 按键，设定触发电平在触发信号幅值的垂直中点。按 FORCE 键，强制产生一触发信号，主要用于触发方式中的"普通"和"单次"模式。

　　6）信号输入/输出区

　　"CH1"和"CH2"为信号输入通道，EXT TRIG 为外触发信号输入端，最右侧为示波器校正信号输出端（输出频率 1 kHz、幅值 3 V 的方波信号）。

2. 信号的测量

　　该示波器 CH1 和 CH2 通道的垂直菜单是独立的，每个项目都要按不同的通道进行单独设置，但两个通道功能菜单的项目及操作方法完全相同。

　　在常用 MENU 控制区按 MEASURE （自动测量）键，弹出自动测量功能菜单，如图 1-63 所示。其中电压测量参数有：峰-峰值（波形最高点至最低点的电压值）、最大值（波形最高点至 GND 的电压值）、最小值（波形最低点至 GND 的电压值）、幅值（波形顶端至底端的电压值）、顶端值（波形平顶至 GND 的电压值）、底端值（波形平底至 GND 的电压值）、过冲（波形最高点与顶端值之差与幅值的比值）、预冲（波形最低点与底端值之差与幅值的比值）、平均值（1 个周期内信号的平均幅值）、均方根值（有效值）共 10 种。

3. 数字示波器简单测量实例

　　用数字示波器进行任何测量前，都先要将 CH1、CH2 探头菜单衰减系数和探头上的开关衰减系数设置一致。例如，将探头上的开关设定为 10X，须将菜单的探头衰减系数设定为 10X，显示的测量值才会正确，如图 1-64 所示。

　　观测电路中一未知信号，显示并测量信号的频率和峰-峰值。其步骤如下。

　　1）正确捕捉并显示信号波形

　　（1）将 CH1 或 CH2 的探头连接到电路被测点。

　　（2）按 AUTO （自动设置）键，示波器将自动设置使波形显示达到最佳。在此基础上，可以进一步调节垂直、水平挡位，直至波形显示符合要求。

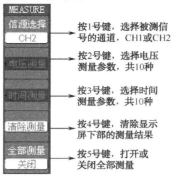

按1号键，选择被测信号的通道，CH1或CH2

按2号键，选择电压测量参数，共10种

按3号键，选择时间测量参数，共10种

按4号键，清除显示屏下部的测量结果

按5号键，打开或关闭全部测量

图 1-63   测量功能菜单

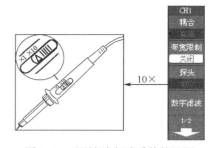

图 1-64   测量时衰减系数的设置

2）进行自动测量

示波器可对大多数显示信号进行自动测量。现以测量信号的频率和峰-峰值为例。

（1）测量峰峰值

按 MEASURE 键以显示自动测量功能菜单，按 1 号功能菜单操作键选择信源 CH1 或 CH2，按 2 号功能菜单操作键选择测量类型为电压测量，并转动多功能旋钮↻在下拉菜单中选择峰-峰值，按下↻。此时，屏幕下方会显示出被测信号的峰-峰值。

（2）测量频率

按 3 号功能菜单操作键，选择测量类型为时间测量，转动多功能旋钮↻在时间测量下拉菜单中选择频率，按下↻。此时，屏幕下方峰-峰值后会显示出被测信号的频率。

测量过程中，当被测信号变化时测量结果也会跟随改变。当信号变化太大，波形不能正常显示时，可再次按 AUTO 键，搜索波形至最佳显示状态。

项目2

单管放大电路分析与调试

教	知识重点	1. 三极管的结构、符号，电流放大作用及工作状态 2. 共射极放大电路的组成，工作原理及各器件的作用 3. 放大电路的静态分析与动态分析方法 4. 三极管放大电路的三种组态，射极跟随器的特性 5. 场效应管特性及基本放大电路
	知识难点	1. 三极管的电流放大作用与工作状态 2. 三极管的静态分析与动态分析方法
	推荐教学方法	将工作任务分解，关联各个知识点，先制作电路，然后分阶段测量及观察现象，让学生有直观的现象认知，并引入问题思考；然后利用多媒体演示结合讲授方法，边测量边分析，让学生逐步理解三极管放大电路的工作原理，掌握放大电路的调试与分析
	建议学时	16学时
学	推荐学习方法	以实验测试观察法为主，结合分析法，从工作任务入手，通过电路测试，分析现象，思考原因，再联系理论知识的学习，逐步理解三极管放大电路的工作原理，掌握放大电路的分析与调试
	必须掌握的理论知识	1. 三极管的工作状态 2. 共射极放大电路的组成，静态与动态分析 4. 射极跟随器的特性 5. 场效应管特性
	必须掌握的技能	1. 测量及调试静态工作点，判断放大电路工作状态，电路分析调试及故障排除 2. 熟练使用信号发生器、示波器、万用表 3. 三极管资料的查阅、识别与选取方法

项目描述

本项目是由分立元件构成的低频电压放大电路，可以将小的或微弱的电压信号转换成较大的电压信号，通过与功放电路的配合获得较大功率电信号，驱动扬声器发出声音。

本项目的单管放大电路如图 2-1 所示。制作完成的电路如图 2-2 所示。

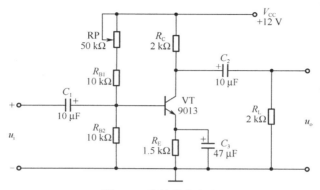

图 2-1　单管放大电路

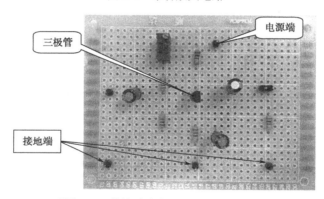

图 2-2　单管放大电路制作完成的电路

项目所用元器件清单见表 2-1。

表 2-1　单管放大电路元件清单

序号	元件	名　称	型号参数	功　　能	
1	C_1	电容器	10 μF	输入耦合电容：隔断三极管基极直流偏置电流，输入信号源交流信号	
2	R_{B1}	电阻器	10 kΩ	基极上偏置电路电阻	为三极管提供合适、稳定的偏置电压
3	RP	电位器	50 kΩ	基极上偏置电路电位器	
4	R_{B2}	电阻器	10 kΩ	基极下偏置电路电阻	
5	R_E	电阻器	1.5 kΩ	发射极偏置电路电阻	
6	R_C	电阻器	2 kΩ	集电极负载，将三极管的电流放大作用转变成电压放大作用	
7	C_2	电容器	10 μF	输出耦合电容，隔断集电极直流信号，输出交流信号	

续表

序号	元件	名　称	型号参数	功　能
8	C_3	电容器	47 μF	旁路电容，使发射极交流信号不通过发射极偏置电阻
9	VT	三极管	9013	电流放大作用
10	$+V_{cc}$	直流电源	+12 V	为放大电路工作提供工作电流。给发射结加正向偏置电压，给基极回路提供偏置电流；通过 R_C 给集电结加反向偏置电压，给集电极回路提供偏置电流 三极管放大交流信号时把 V_{CC} 直流能量转变成交流能量，而三极管本身并不产生能量
11	R_s	电阻器	2 kΩ	测量输入电阻用，在后面测试时添加

◆ **项目分析**

本项目是由一个三极管构成的典型共射极放大电路。放大电路的作用是将小的或微弱的信号放大为大信号，例如，将 0.1 V 的信号提高到 1 V 即是放大。

放大电路将一个微弱的交流小信号，通过叠加在直流工作点上，经过三极管构成的放大器，得到一个波形相似、幅值大很多但不失真的交流大信号输出。放大器可以由三极管或场效应管、集成运算放大器等器件构成。

通过对本项目电路的调试与分析，能理解放大的工作原理，掌握静态工作点的测量与调试，理解静态工作点稳定的意义，以及实现信号不失真放大输出的条件。

◆ **知识目标**

（1）掌握三极管的结构、符号、放大作用；

（2）了解放大电路的组成、工作原理及各器件的作用；

（3）掌握静态工作点稳定的意义及静态分析方法，掌握放大电路的主要性能指标、动态分析方法；

（4）熟悉三极管放大电路的三种组态，掌握射极跟随器的特性；

（5）熟悉场效应管及基本放大电路。

◆ **能力目标**

（1）学会使用万用表、信号发生器、示波器检测分析电路；

（2）学会三极管的资料查阅、识别与选取方法；

（3）会分析三极管构成的典型放大电路，会测量及调试静态工作点，会判断放大电路工作状态；

（4）能对电路进行调试、分析、故障检测及排除。

电路中的规定

直流分量：大写字母加大写下标，如 I_B、I_C、U_{CE}。

交流分量：小写字母加小写下标，如 i_b、i_c、u_{ce}。

总量：小写字母加大写下标，如 i_B、i_C、u_{CE}。

有效值：大写字母加小写下标，如 I_b、I_c、U_{ce}。

2.1 三极管识别与检测

2.1.1 三极管的基本知识

1. 三极管的结构及符号

双极型晶体管（BJT），又称晶体管或三极管，具有电流放大作用，是组成放大电路的核心元件，由两种载流子共同参与导电，因此称之为双极型三极管。常见三极管外形见表2-2，按功率分为大功率管、小功率管，封装形式式有金属封装和塑料封装两大类。

表2-2 常见三极管外形

型 号 例 举	实 物 图	描 述	引脚功能图
9013 9014 8050		中小功率塑料三极管	E B C E C B TO-92 封装
D1047 2SA473 2SA1012		中小功率塑料三极管	B C E TO-220 封装
3DG6 3DG12		大功率金属外壳三极管	C E B TO-18 封装
9013 9015 8050		小功率三极管 额定功率 100～200 mW	c 3 1 B E 2 SOT-23 封装
375BX		大功率三极管，额定功率 1～1.5 W	C c 4 1 2 3 B C E SOT-89 封装

续表

型 号 例 举	实 物 图	描　述	引脚功能图
3AD8C 2N3055 ECG181		大功率金属外壳三极管，平板型的外壳为集电极	TO3 封装

三极管是在一块半导体基片上制作两个相距很近的 PN 结，两个 PN 结把半导体分成三部分，中间部分是基区，两侧部分是发射区和集电区，基区与发射区之间的 PN 结称为发射结，基区与集电区之间的 PN 结称为集电结。其特点为：发射区的掺杂浓度远大于集电区掺杂浓度，基区制造得很薄且浓度很低，集电结面积大。

根据两个 PN 结连接方式的不同，三极管分为 NPN 型和 PNP 型两种类型。三极管由三个区引出三个电极，分别叫做基极 B（Base）、集电极 C（Collective）、发射极 E（Emitter）。符号用 VT 表示，结构与电路符号如图 2-3 所示。

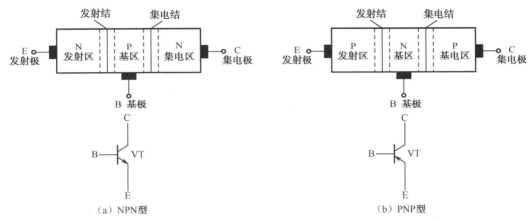

图 2-3　三极管结构与电路符号

发射极箭头指向是发射结在正向电压下导通时的电流方向。

晶体管按照制造材料分为锗管和硅管，按照工作频率分为低频管和高频管，按照允许耗散的功率大小分为小功率管、中功率管和大功率管。

2. 三极管的电流放大原理

三极管最重要的特性是电流放大作用，以 NPN 型基本放大电路为例，结合图 2-4 说明其放大原理。电流在内部的形成分为以下过程。

（1）发射区向基区注入电子。接通电源后，由于发射结正偏，发射区的多数载流子电子和基区的多数载流子空穴很容易越过发射结，产生电流 I_{EN}、I_{EP}，前者的浓度远大于后者，该电子流形成发射极电流

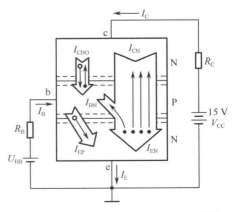

图 2-4　三极管内部载流子运动示意图

$I_E=I_{EN}+I_{EP}$。

（2）电子在基区的复合与扩散。由于基区很薄，加上集电结反偏，注入基区的电子只有少部分与基区空穴复合，形成电流 I_{BN}，大部分没有复合的电子继续向集电结扩散。被复合掉的基区空穴由基极电源补给，从而形成了基极电流 I_B，$I_B=I_{BN}+I_{EP}-I_{CBO}$。$I_{CBO}$ 称为反向饱和电流，方向由集电区指向基区。

（3）集电区收集扩散过来的电子。扩散到集电结的电子很快漂移到集电区形成电流 I_{CN}。由于集电结的反偏，利于集电区少子空穴和基区的少子电子互相漂移，形成反向饱和电流 I_{CBO}，成为基区的少数载流子，所以有 $I_C=I_{CN}+I_{CBO}$。

由电流连续性可得：$I_E = I_B + I_C$。

三个区的厚薄及掺杂浓度在三极管制成时已确定，因此发射区所发射的电子在基区复合的百分比和到达数的百分比大体确定，即 I_C 与 I_B 存在固定的比例关系 β，称为放大系数。

通常基极电流为几十微安，而集电极为毫安级。由此可见，当基极电流 I_B 有微弱变化时，集电极电流 I_C 有较大的变化，这就是三极管的电流放大作用。I_B 对 I_C 电流起控制作用，所以放大作用的实质是以弱控强。

通过对电路中电流的测试，可验证该结论（图 2-5 和表 2-3）。

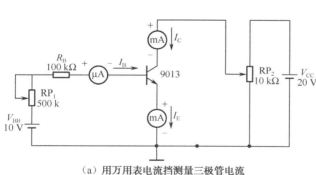

（a）用万用表电流挡测量三极管电流

（b）测量三极管电流实验板

图 2-5　三极管电流的测量

表 2-3　三极管电流测试结果

I_B（μA）	0	20	40	60	80
I_C（mA）	0.12	2.58	5.28	7.26	10.32
I_E（mA）	0.12	2.61	5.32	7.32	10.40

得出结果：① $I_C=\beta I_B$

② $I_E=I_C+I_B=(1+\beta) I_B$

③ $I_C \gg I_B$ ，$I_C \approx I_E$

❓ 问：由能量守恒知道三极管不会产生能量，电流放大的能量从哪里来呢？

电流放大的能量来自于直流电源，三极管只是把电源的能量转换成信号的能量，所以

放大电路中的"放大"并不是能量的增加，而是能量的控制与转换，即用一个微弱的信号去控制另一个信号，以产生与原来信号变化规律一致、幅度增大了的变化。关系如图 2-6 所示。

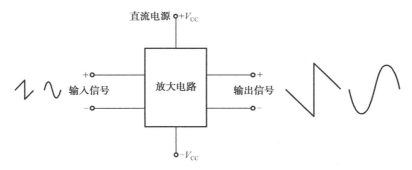

图 2-6　直流电源提供放大能量

从上面分析知道了放大的控制作用实质是三极管能以基极电流微小的变化量来控制集电极电流较大的变化量，即大信号的变化规律受小信号变化规律的控制，所以三极管的作用是可以通过小电流控制大电流。

三极管组成的基本放大电路有三种组态：共发射极放大电路、共集电极放大电路和共基极放大电路，如图 2-7 所示。

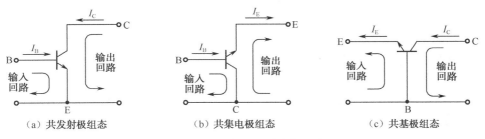

（a）共发射极组态　　　　（b）共集电极组态　　　　（c）共基极组态

图 2-7　三极管的三种连接方式

共发射极放大电路，交流信号由基极输入，输出信号取自集电极，发射极作为输入回路与输出回路的公共端。

共集电极放大电路，交流信号也由基极输入，输出信号取自发射极，故又称射极输出器，集电极作为输入回路与输出回路的公共端。

共基极放大电路，交流信号由发射极输入，输出信号取自集电极，基极作为输入回路与输出回路的公共端。

3. 三极管的特性曲线

三极管的特性曲线是指三极管的各电极电压与电流之间的关系，反映了三极管的特性。该曲线可以由专用的图示仪进行显示，也可以通过实验测量得到，对图 2-5 所示实验电路，增加万用表测量 U_{BE}，U_C，并调整大小（图 2-8），可以得到如图 2-9 所示的共发射极放大电路的伏安特性曲线。

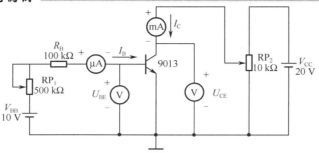

图 2-8　伏安特性曲线实测电路图

1）输入特性曲线

输入特性：在 U_{CE} 为常数的条件下，加在三极管基极与发射极之间的电压 U_{BE} 和它产生的基极电流 I_B 之间的关系：

$$I_B = f(U_{BE})\big|_{U_{CE}=常数}$$

实验电路：改变 RP_2 可改变 U_{CE}，U_{CE} 一定后，改变 RP_1 可得到不同的 I_B 和 U_{BE}。重复以上步骤可得如图 2-9 所示共发射极伏安特性曲线，即以 U_{CE} 为参变量，I_B 与 U_{BE} 的关系曲线。

① 三极管的输入特性曲线与二极管正向特性相似，当 U_{BE} 大于导通电压时，三极管才出现明显的基极电流 I_B。死区电压硅管约为 0.5 V，锗管约为 0.2 V。

② 三极管开始导通后，U_{BE} 微小的变化就引起 I_B 很大的变化。

③ 三极管正常放大时，发射结电压 U_{BE} 变化不大，硅管约为 0.7 V，锗管约为 0.3 V。

④ U_{CE} 越高，I_B 越小，曲线越向右偏移，集电结大于 1 V 以后处于反向偏置，特性曲线重合，一般给出 1 V 的输入特性即可。

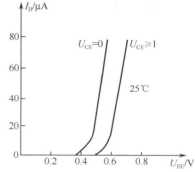

图 2-9　共发射极伏安特性曲线

2）输出特性曲线

输出特性：在 I_B 为常数条件下，集电极和发射极之间的电压 U_{CE} 与集电极电流 I_C 之间的关系：

$$I_C = f(U_{CE})\big|_{I_B=常数}$$

实验电路：先调节 RP_1，使 I_B 为一定值，再调节 RP_2 得到不同的 U_{CE} 和 I_C 值。重复以上步骤可得如图 2-10 所示共发射极输出特性曲线，即以 I_B 为参变量时，I_C 与 U_{CE} 间的关系曲线。由图可见，输出特性可以划分为三个区域：截止区、放大区和饱和区。

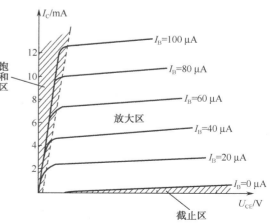

图 2-10　共发射极输出特性曲线

（1）放大区

在输出特性曲线近似平坦的区域，处于该区域的三极管工作在放大状态，有以下特点。

① 发射结正向偏置，集电结处于反向偏置。

对 NPN 型：$U_{BE} > 0$，$U_{CB} > 0$，即 $U_C > U_B > U_E$。

对 PNP 型：$U_{EB} > 0$，$U_{BC} > 0$，即 $U_E > U_B > U_C$。

② 在放大区满足关系 $I_C = \beta I_B$，因而放大区也称线性区。

③ 集电极电流基本不随 U_{CE} 而变，故 I_C 具有恒流特性，利用这个特点，晶体三极管在集成电路中广泛被用做恒流源和有源负载。

（2）饱和区

三极管工作在饱和区时 $U_{CE} < 1\,V$，此时发射结正偏，集电结正偏或反偏电压很小。三极管进入饱和区后，$I_C \neq \beta I_B$，此时 β 下降，U_{CE} 很小，估算小功率三极管电路时，硅管典型值一般取 $|U_{CES}| = 0.3\,V$，锗管典型值取 $|U_{CES}| = 0.1\,V$，U_{CES} 为 CE 间的饱和压降。

（3）截止区

当发射结电压低于死区电压时，三极管工作在截止区，为了使三极管可靠截止，使发射结也处于反向偏置状态。所以在截止区发射结和集电结均反偏，$I_B \leq 0$，$I_C = I_{CEO}$（很小）。

在输出特性曲线上的饱和区和截止区，输出电流 i_c 和输入电流 i_b 为非线性关系，故称饱和区和截止区为非线性区。当三极管处于放大状态时应避免进入非线性区（表2-4）。

表2-4　三极管工作状态表

工 作 区	三极管工作状态	偏置状态	数 量 关 系
截止区	截止状态： 集电极 C 和发射极 E 之间相当于开关的断开状态	发射结反向偏置 集电结反向偏置	$I_B = 0$，$I_C \neq 0$， $U_{CE} \approx V_{CC}$
放大区	放大状态： 基极电流 I_B 对集电极电流 I_C 起控制作用	发射结正向偏置 集电结反向偏置	$I_C = \beta I_B$，$U_{CE} \geq 1\,V$
饱和区	饱和状态： 相当于开关的导通状态	发射结正向偏置 集电结正向偏置	$I_C \neq \beta I_B$，$U_{CE} < 1\,V$

3）温度对三极管特性曲线的影响

U_{BE} 和 I_{CBO} 随温度变化的规律与 PN 结相同，即温度每升高 1 ℃，U_{BE} 减小 2～2.5 mV；温度每升高 10 ℃，I_{CBO} 增大一倍。温度对 β 的影响表现为，β 随温度的升高而增大，变化规律是：温度每升高 1 ℃，β 值增大 0.5%～1%。

实例 2-1 测量某硅材料 NPN 型三极管各电极对地的电压值如下，试判别管子工作在什么区域？

（1）$U_C = 6\,V$，$U_B = 0.7\,V$，$U_E = 0\,V$

（2）$U_C = 6\,V$，$U_B = 4\,V$，$U_E = 3.6\,V$

（3）$U_C=3.6\,V$，$U_B=4\,V$，$U_E=3.4\,V$

分析：根据三极管工作时各个电极的电位高低，即三极管发射结和集电结偏置情况，可以判别出三极管的工作状态。如三极管放大状态的条件：发射结正向偏置，集电结反向偏置。

解：（1）放大区

（2）截止区

（3）饱和区

4. 三极管的主要参数

1）共发射极电流放大系数 β

共发射极直流放大倍数 $\overline{\beta}=\dfrac{I_C}{I_B}$，共发射极交流电流放大倍数 $\beta=\dfrac{\Delta I_C}{\Delta I_B}$。

因为两个放大倍数很接近，在工程应用中：$\beta=\overline{\beta}$。

2）极间反向电流

① 集电极基极间反向饱和电流 I_{CBO}。

发射极开路时，在其集电结上加反向电压，得到从集电极到基极的反向电流。锗管 I_{CBO} 为微安数量级，硅管 I_{CBO} 为纳安数量级。

② 集电极发射极间的穿透电流 I_{CEO}。

基极开路时，从集电极到发射极间的泄漏电流即穿透电流，$I_{CBO}=(1+\beta)I_{CBO}$。

③ 发射极基极反向饱和电流。

集电极开路时，从发射极到基极之间的反向电流。

3）极限参数

（1）集电极最大允许电流 I_{CM}

I_C 在很大的范围内其 β 值基本保持不变，但当 I_C 增加到一定程度时，β 要下降。当 β 值下降到线性放大区 β 值的 70%时，所对应的集电极电流称为集电极最大允许电流 I_{CM}。

（2）集电极最大允许功率损耗 P_{CM}

集电结上允许损耗功率的最大值，超过此值就会使管子性能变坏或烧毁，$P_{CM}=I_CU_{CE}$。P_{CM} 值与环境温度有关，温度越高，P_{CM} 值越小。硅管的上限温度达 150 ℃，而锗管则低得多，约 70 ℃。三极管最大损耗曲线如图 2-11 所示。

安全工作区由 P_{CM}、I_{CM} 和反向击穿电压 U_{CEO} 在输出特性曲线上确定，使用时应使三极管工作在安全工作区，保证三极管长期安全工作。

（3）反向击穿电压

BJT 有两个 PN 结，其反向击穿电压有以下几种：

① U_{EBO}——集电极开路时，发射极与基极之间允许的最大反向电压。

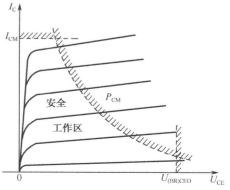

图 2-11 晶体管的安全工作区

② U_{CBO}——发射极开路时，集电极与基极之间允许的最大反向电压。

③ U_{CEO}——基极开路时，集电极与发射极之间允许的最大反向电压。

可使用网络等工具查阅器件参数表，以 FAIRCHILD（仙童公司）9013 为例，如图 2-12 所示。

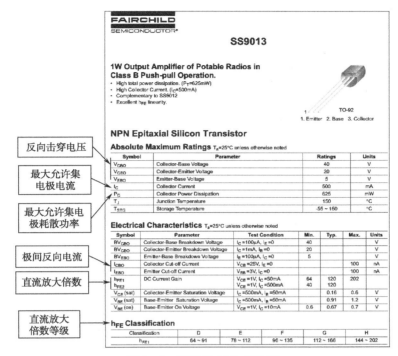

图 2-12　三极管 9013 参数表

2.1.2　三极管的检测

1. 用万用表判别三极管的管型和引脚

1）模拟指针式万用表

指针式万用表黑表笔连接内部电池的正极，红表笔连接内部电池的负极。万用表置于"$R×1$ k"或"$R×100$"挡。

如使用更高的 $R×10k$ 挡，万用表内可能串联有较高电压的电池，使晶体管的 PN 结反向击穿；而更低的 $R×1$ 挡，由于万用表内串联的电阻太小，可能使小功率晶体管的电流过大而导致 PN 结烧坏。

第一步：　判定基极 B 和管型

黑表笔和三极管任一引脚相连，红表笔分别和另外两个引脚相连，测其阻值，若阻值一大一小，则将黑表笔所接的引脚调换重新测量，直至两个阻值接近。如果阻值都很小，则黑表笔所接的为 NPN 型三极管的基极。若测得的阻值都很大，则黑表笔所接的是 PNP 型三极管的基极。

第二步：判定集电极 C 和发射极 E

图 2-13　模拟万用表

模拟电子电路分析与调试

若为 NPN 型三极管，将黑红表笔分别接另两个引脚，用手指捏住基极和假设的集电极，观察表针摆动。再将假设的集电极和发射极互换，按上述方法重测。比较两次表针摆幅，摆幅较大的一次黑表笔所接的引脚为集电极，红表笔所接的引脚为发射极。

若为 PNP 型三极管，只要将红表笔和黑表笔对换再按上述方法测试即可。

判断三极管 C 脚和 E 脚示意图如图 2-14 所示。

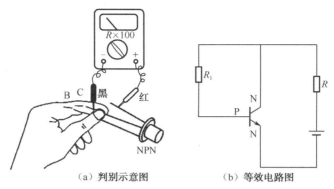

（a）判别示意图　　　　　　（b）等效电路图

图 2-14　判断三极管 C、E 极的示意图

2）数字式万用表

数字式万用表红表笔接内部电池的正极，黑表笔接内部电池的负极。

第一步：判定基极 B 和管型

使用万用表的蜂鸣二极管挡，将红色表笔接任意一个引脚，黑色表笔依次接触另外两个引脚，如果两次万用表显示的值为"0.7 V"左右（一般为 0.5～0.8），或显示溢出符号，则表明红表笔所接的脚是基极。

若一次显示"0.7 V"左右，另一次显示溢出符号，则表明红表笔接的不是基极，此时应更换其他脚重复测量，直到判断出"B"极为止。

同时可知：两次测量显示的结果为"0.7 V"左右的管子是 NPN 型，两次测量显示的是溢出符号的管子是 PNP 型（图 2-15）。

第二步：判断集电极 C、发射极 E

在判别出管子的型号和基极的基础上，可以再判别发射极和集电极（图 2-16）。

图 2-15　数字式万用表测试

图 2-16　判断 C、E 极

方法 1：PN 结电压比较

由于晶体三极管的发射区掺杂浓度高于集电区，所以发射结和集电结施加正向电压 PN 结

压降不一样大，其中发射结的结压降略高于集电结的结压降，由此可判定发射极和集电极。

仍用二极管挡，对于 NPN 管，用红表笔接其基极 B，黑表笔分别接另两个脚上，两次测得的极间电压中，电压微高的一极为 E 极，电压微低一点的为 C 极。如图 2-16 所示，在对 9013 的测试中，从上述测试判断为 NPN 型，2 脚为 B 极，此时再将红表笔接 2 脚，黑表笔接 3 脚，显示电压为 0.710 V，黑表笔接 1 脚时电压为 0.712 V，因此判断电压微高的 3 脚为 C 极，1 脚为 E 极。

如果是 PNP 管，用黑表笔接其 B 极，红表笔分别接另两个脚上，同样所得电压微高的为 E 极，电压低一些的为 C 极。

方法 2：用三极管 h_{FE} 挡判断

目前有些型号的万用表具有测量三极管 h_{FE} 的刻度线及测试插座，在测量三极管 h_{FE} 的同时可以很方便地判别三极管的引脚和管型。

把万用表打到 h_{FE} 挡上，万用表上有并列两排显示类型的小孔，对已经判断了类型及基极 B 的三极管，将 B 极对应到确定类型上面的 b 字母，进行读数，显示的是三极管的放大倍数，再把它反转，再读数，取数值大的读数状态，数值为三极管的放大倍数，根据对应标示的字母可识别出 C、E 极。

2. 判断三极管的好坏

用万用表测量极间电阻的大小，可以判断管子的好坏。万用表测三极管 B 与 C、B 与 E 的正向电阻小，反向电阻大，说明管子是好的；若正向电阻趋于无穷大，说明管子内部断路；若反向电阻很小，说明管子击穿。

☼ 练一练：

用万用表判断 9013、9014、8050、8055 等三极管的管型及引脚，查阅相关资料并填写表 2-5。

表 2-5　参数记录表

三极管型号	类型（NPN 或 PNP）	引脚排列	放大倍数	功率
9013				
9014				
8050				
8055				
13007				

2.2　单管放大部分电路分析与调试

2.2.1　单管放大电路的安装及静态工作点的测量

1. 电路焊接

单管放大电路原理图如图 2-17 所示。

（1）元器件检测，用万用表 h_{FE} 挡测量三极管放大倍数，该 9013 放大倍数 β=_____。

（2）电路布局与走线。

（3）电路焊接。

（4）电路板检查。检查内容包括：

① 检查元器件有无错装、漏装，连线是否正确，连线方向是否与电路图一致。

② 检查焊点焊接，是否焊接牢靠，有无虚焊、缺焊、脱焊。

③ 检查元器件的安装情况，主要检查三极管、电容极性有无接错，元器件引脚之间有无短路、接触不良。短路或断路情况可以利用数字式万用表二极管挡的蜂鸣器来检查。

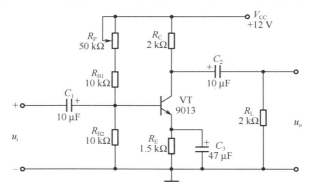

图 2-17　单管放大电路原理图

2. 静态工作点测试

用万用表和示波器同样都可以测量静态工作点，即测量直流电压。

（1）打开直流电源，设置电源输出 $V_{CC}=12\ V$ 后，关上电源，按照测试电路图连接电路，再接通电源。

（2）$U_i=0$，将输入端与接地端短接或不接入信号源，用万用表直流挡进行测量。

（3）RP 保持初始不调整状态下，如图 2-18 所示用万用表测量三极管各极对地的电压 U_B、U_C、U_E，记录于表 2-6 中。

（a）测试 U_B　　　　　　（b）测试 U_C　　　　　　（c）测试 U_E

图 2-18　静态工作点测试图

表 2-6　U_B、U_C、U_E 测量记录表

R_P	U_B (V)	U_C (V)	U_E (V)
初始任意状态			

（1）测量 U_{BE} 和 U_{CE}，也可以由上面测试结果计算得出 $U_{BE} = U_B - U_E = $ _____，$U_{CE} = U_C - U_E = $ _____。由结果判断，此时三极管发射结 _____（正/反）偏，集电结 _____（正/反）偏，即工作在 _____（放大/饱和/截止）区（表 2-7）。

表 2-7　U_{BE}、U_{CE} 测量记录表

R_P	U_{BE} (V)	U_{CE} (V)	工 作 状 态
初始任意状态			

（2）测量 I_C，方法有直接法和间接法。

① 直接法：如电路中预留了断开节点，可在电路中串接万用表，用直流毫安挡进行测量，$I_C = $ _____。

② 间接法：一般实验电路中，为了避免断开集电极电路，可以采用如下间接方式得到 I_C，任选一种方法测量 I_C。

◆ 测量电阻 R_C 两端压降 $U_{R_C} = $ ____，然后根据 $I_C = \dfrac{U_{R_C}}{R_C}$，计算得出 $I_C = $ _____。

◆ 或者测量 $U_B = $ _____，然后根据 $I_C \approx I_E = \dfrac{U_B - U_{BE}}{R_e}$，计算得出 $I_C = $ _____。

◆ 或者测量 $U_E = $ _____，然后根据 $I_C \approx I_E = \dfrac{U_E}{R_E}$，计算得出 $I_C = $ _____。

◆ 或者测量 $U_C = $ _____，然后根据 $I_C = \dfrac{U_{CC} - U_C}{R_C}$，计算得出 $I_C = $ _____。

将测量和计算结果记录于表 2-8 中。

表 2-8　I_C 测量记录表

R_P	I_C (mA)
初始任意状态	

（3）调节基极电阻 R_{b1}，分别调小和调大 R_P，观测 U_{BE} _____（有/无）明显变化，U_{CE} _____（有/无）明显变化，观测计算 I_C _____（有/无）明显变化。

> ❓ 为什么要测量没有信号输入状态下的电压、电流值——U_B、U_E、U_C、U_{BE}、U_{CE}、I_C？

2.2.2　静态工作点的知识链接

回答上述问题需要回想一下三极管的工作状态，三极管可以处于放大状态、饱和状态或者截止状态，由什么来决定呢？本项目中单管放大电路需要三极管处于放大状态，怎样才能保证在三极管处于该工作区呢？

1. 直流偏置电路

使用中，三极管的工作状态可设置为放大、饱和或截止状态（设置 PN 结正、反偏的电路）。通过外接直流电源和电阻，使三极管的基极、发射极和集电极处于所要求的电位，这

些外部电路称为偏置电路，偏置电路向三极管提供的电流称为偏置电流。所以，直流电源除了提供放大的能量外，还有一个重要作用是提供偏置电压。

要使三极管工作在放大状态，需要加适当的直流偏置，原因首先是三极管发射结相当于一个二极管，基极电流必须在输入电压大到一定程度后才能产生（硅管常取 0.7 V）。如实际中要放大的信号往往远比 0.7 V 要小，如果不加偏置的话，这么小的信号就不足以引起基极电流的改变。如果事先在三极管的基极上加上一个合适的电流，那么当一个小信号跟这个偏置电流叠加在一起时，小信号就会导致基极电流的变化，而基极电流的变化就会被放大并在集电极上输出。用来提供这个电流的电阻叫基极偏置电阻。本项目电路中直流电源通过集电极电阻 R_C 给集电极加上反向偏压，使三极管工作在放大区。

以 NPN 为例，当 B 点电位高于 E 点电位零点几伏时，发射结处于正偏状态，而 C 点电位高于 B 点电位几伏时，集电结处于反偏状态，此时三极管处于放大状态。所以，在上面的测试中测量了三极管三个极的电压 U_B、U_E、U_C，用于判断当前电路的工作状态。

2. 静态工作点 Q

放大电路输入端未加交流信号（$U_i=0$），只有直流电源单独作用下的工作状态称为直流工作状态，简称静态。静态时放大电路的电流电压参数（I_B，U_{BE}，I_C，U_{CE}）在三极管输入、输出特性曲线上所确定的点称为静态工作点，简称 Q 点，该点的电流值和电压值分别记为 I_{BQ}、I_{CQ}、U_{BEQ}、U_{CEQ}，如图 2-19 所示。

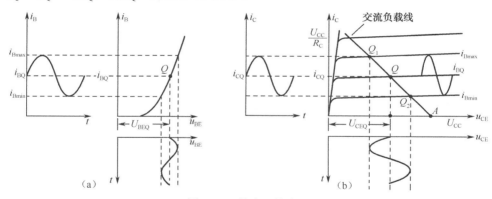

图 2-19 静态工作点 Q

理论中用 I_B、U_{BE}、I_C、U_{CE} 来描述静态工作点，而在实验中通常只测量晶体管的 B、E、C 极的对地电压 U_{BQ}、U_{EQ}、U_{CQ}，因为电流大小可以通过测得的电压换算出来。

给放大电路设置静态工作点的目的是在三极管的发射结上预先加上一个适当的正向电压，即预先给基极提供一定的偏流，以保证输入信号的整个周期中三极管的发射结都处于导通状态，即三极管处于放大状态。

所以静态工作点 Q 直接决定了三极管的工作状态，合适的静态工作点保证电路工作在放大区。而 Q 点受包括温度变化、电源电压的波动、三极管的器件差异、元器件的老化等因素影响，最主要的影响是环境温度的变化。

比如温度升高时，三极管内部载流子运动加剧，三极管本身的参数会受到影响，如 I_{CBO}、I_{CEO} 增大，I_{BQ}、I_{CQ} 增大，β 增大，相同的 I_B 下，U_{BE} 减小。由三极管构成的放大电

路中的各参量也随之发生变化，温度 $T\uparrow \to Q$ 点 $\uparrow \to I_\mathrm{C}\uparrow \to U_\mathrm{CE}\downarrow \to U_\mathrm{C}\downarrow$，若 $U_\mathrm{C}<U_\mathrm{B}$，集电结将正偏，电路出现饱和失真。

为减小温度对放大电路的影响，通常采用改变偏置的方式或温度补偿法来稳定静态工作点，使温度变化时 I_C 维持恒定。本章所制作的单管放大电路就是最常用的分压偏置式共射放大电路，下面分析该电路实现静态工作点稳定的工作原理。

3. 静态工作点稳定的原理

以图 2-11 所示分压偏置式的共射放大电路为例进行分析。VT 是三极管；R_B1、R_B2 是偏置电阻，R_B1、R_B2 组成分压偏置式电路，将电源电压 V_CC 分压后加到晶体管的基极；R_E 是射极电阻，也是负反馈电阻，这种负反馈在直流条件下起稳定静态工作点的作用，但在交流条件下影响其动态参数。C_3 是旁路电容，与三极管的射极电阻 R_E 并联，C_3 的容量较大，使 R_E 在交流通路中被短路而不起作用，从而避免了 R_E 对动态参数的影响。利用 C_3 隔直通交的作用，使电路有直流负反馈而无交流负反馈，既保证了静态工作点的稳定性，同时又保证了交流信号的放大能力没有降低。

当温度升高时，集电极电流 I_C 随着升高，射极电阻上通过的电流 I_E 也会升高，电流 I_E 流经射极电阻 R_E 产生的压降 U_E 也升高。因为 $U_\mathrm{BE}=U_\mathrm{B}-U_\mathrm{E}$，基极电位 U_B 若是恒定的，则 U_BE 会随 U_E 的升高而减小，U_BE 的减小使基极电流 I_B 随之减小，根据三极管电流控制原理，集电极电流 I_C 也将随之减小，从而实现 I_C 基本恒定的目的。静态工作点稳定过程可表示为：

$$T\uparrow \longrightarrow I_\mathrm{C}\uparrow \longrightarrow I_\mathrm{E}\uparrow \longrightarrow U_\mathrm{E}\uparrow \xrightarrow{U_\mathrm{BE}=U_\mathrm{B}-U_\mathrm{E}\text{且}U_\mathrm{B}\text{恒定}} U_\mathrm{BE}\downarrow \longrightarrow I_\mathrm{B}\downarrow \longrightarrow I_\mathrm{C}\downarrow$$

实现上述稳定过程须保证基极电位 U_B 恒定，以达到放大电路工作点稳定的作用。R_B1 被称为上偏置电阻，由 R_B1 和 RP 构成，R_B2 被称为下偏电阻，U_CC 被 R_B1、R_B2 分压，得到三极管的基极电位 U_B：

$$U_\mathrm{B}=\frac{R_\mathrm{B2}}{R_\mathrm{B1}'+R_\mathrm{B2}}U_\mathrm{CC}=\frac{R_\mathrm{B2}}{(R_\mathrm{B1}+R_\mathrm{P})+R_\mathrm{B2}}U_\mathrm{CC}$$

4. 放大电路静态分析

1）直流通路

放大电路的直流等效电路即为直流通路。对静态工作点的分析首先要画出直流通路，画直流通路的原则如下。

① 电容视为开路。

② 电感线圈视为短路。

③ 信号源视为短路，但保留其内阻。

本章制作的分压偏置放大电路的直流通路如图 2-20 所示。

2）静态工作点的估算

由图 2-20 所得分压偏置式共发射极放大电路的直流通路，根据 KVL 定律，可以求出放大电路的静态工作点 Q $(I_\mathrm{B}$，U_BE，I_C，$U_\mathrm{CE})$ 为

$$U_\mathrm{BQ}=\frac{R_\mathrm{B2}}{R_\mathrm{B1}'+R_\mathrm{B2}}U_\mathrm{CC}=\frac{R_\mathrm{B2}}{(R_\mathrm{B1}+R_\mathrm{P})+R_\mathrm{B2}}U_\mathrm{CC} \tag{2-1}$$

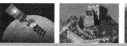

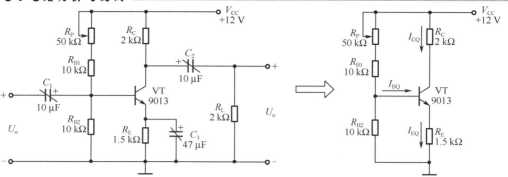

图 2-20 直流通路的画法

$$I_{CQ} \approx I_{EQ} = \frac{U_{BQ} - U_{BEQ}}{R_E} \approx \frac{U_{BQ}}{R_E} \quad (U_B \gg U_{BE}) \qquad (2\text{-}2)$$

$$U_{CEQ} = U_{CC} - I_{CQ}R_C - I_{EQ}R_E$$
$$\approx U_{CC} - I_{CQ}(R_C + R_E) \qquad (2\text{-}3)$$

$$I_{BQ} = \frac{I_{CQ}}{\beta} \qquad (2\text{-}4)$$

显然，基极电位 U_B 的高低对静态工作点的影响非常大。

对所制作的电路进行理论计算，电位器初始状态为 1/2 的值，所以 RP 约为 25 kΩ，根据上述公式理论计算可得：

$$U_{BQ} = \frac{R_{B2}}{(R_{B1} + R_P) + R_{B2}} U_{CC} = \frac{10}{45} \times 12 = 2.66 \text{ V}$$

$$I_C \approx \frac{U_B - U_{BE}}{R_E} = \frac{2.66 - 0.63}{1.5} = 1.35 \text{ mA}$$

$$U_{CEQ} \approx U_{CC} - I_{CQ}(R_C + R_E) = 12 - 1.35(2 + 1.5) = 7.27 \text{ V}$$

测试已知 U_B=2.94 V，U_E=2.31 V，U_C=9.05 V，U_{CE}=9.05-2.31=6.74 V，与理论值相符。

实例 2-2 试采用 S9013 设计一个分压式静态工作点稳定的共发射极放大电路偏置电路。已知 $U_{CC}=12$ V，$U_{BE}=0.7$ V，$\beta=100$，$R_C=2$ kΩ，要求 $I_C=2$ mA，$U_{CE}=6$ V。试选择 R_{B1}、R_{B2} 和 R_E。

解：采用 S9013 的共发射极放大电路偏置电路如图 2-21 所示。由图可得

$$U_{BQ} = \frac{R_{B2}}{R_{B1} + R_{B2}} U_{CC}$$

$$I_{CQ} \approx I_{EQ} = \frac{U_{BQ} - U_{BEQ}}{R_{EQ}} = \frac{\dfrac{R_{B2}}{R_{B1} + R_{B2}} \times 12 - 0.7}{R_E} = 2 \text{ mA}$$

由 $U_{CEQ} \approx U_{CC} - I_{CQ}(R_C + R_E) = 12 - 2 \times (2 + R_E) = 6$ V

可得 $R_E = 1\,000\ \Omega$

$$\frac{R_{B2}}{R_{B1} + R_{B2}} = 0.23$$

当满足 $\beta R_E \geq 10(R_{B1} /\!/ R_{B2})$ 时放大电路的静态工作点稳定的效果

图 2-21 直流通路

较好，于是可得

$$R_{B1} // R_{B2} = \frac{R_{B1}R_{B2}}{R_{B1}+R_{B2}} = 0.23R_{B1} \leqslant \frac{\beta}{10}R_E = \frac{100}{10} \times 1 = 10\,\text{k}\Omega,$$

$$R_{B1} \leqslant 42.5\ \text{k}\Omega$$

取 $R_{B1} = 35\,\text{k}\Omega$，则 $R_{B2} = 10.45\,\text{k}\Omega$，取 $R_{B2} = 10\ \text{k}\Omega$。

一般的工程应用中各电极电流和电压的选择如下：

$$I_C \approx I_E = (5 \sim 10)I_B \quad （硅管）$$

$$I_C \approx I_E = (10 \sim 20)I_B \quad （锗管）$$

$$U_E = \left(\frac{1}{5} \sim \frac{1}{3}\right)U_{CC}$$

$U_B = (3 \sim 5)U_{BE}$，锗管取 $U_B = (1 \sim 3)U_{BE}$。

> （1）为什么要设置静态工作点？
> （2）什么是合适的静态工作点？怎样获得？

2.2.3 单管放大电路动态性能的测量

1. 测量电压放大倍数

单管放大电路如图 2-22 所示。

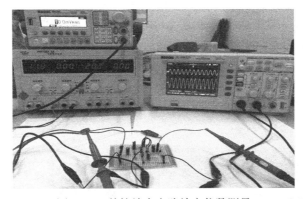

图 2-22 单管放大电路放大倍数测量

（1）按静态工作点测量方法，接入 $V_{CC} = 12\ \text{V}$，不接 u_i，调节 R'_{B1}（RP）使得 $U_{CE} = 6\ \text{V}$，保持不变，即静态工作点不变。

（2）调节函数信号发生器，使信号发生器输出峰-峰值 $V_{P-P} = 10\ \text{mV}$（也可以采用有效值 V_{rms}），频率 $f = 1\ \text{kHz}$ 的正弦波信号，并将它加到放大电路的输入端 u_i。在输出端用示波器通道 1 观测 u_i 和 u_{BE} 波形，u_i 与 u_{BE} 波形幅值_____（相同/不同）。

> **交流信号大小表示：有效值、峰值、峰-峰值**
> 有效值 V_{rms}：在两个相同的电阻器件中，分别通过直流电和交流电，如果经过同一时间它们发出的热量相等，那么就把此直流电的大小作为此交流电的有效值。计算为均方根关系，所以有效值又称均方根值。

$$U_{rms} = \sqrt{\frac{1}{T}\int_0^T U^2(t)\mathrm{d}t}$$

峰值 V_P（peak）：也叫幅值或最大值。是交流电在一个周期内所能达到的最大值，有正有负。正弦波峰值为有效值的 $\sqrt{2}$ 倍。

峰–峰值 $V_{P\text{-}P}$（peak to peak）：一个周期内信号最高和最低值之间的差值。峰–峰值为 2 倍的峰值，因此为有效值的 $2\sqrt{2}$ 倍（图 2-23）。

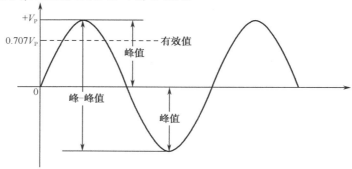

图 2-23　有效值、峰值和峰-峰值

工程上说的正弦电压、电流一般指有效值，如设备铭牌额定值、电网的电压等级等。但耐压值指的是最大值。测量中，电磁式交流电压、电流表读数均为有效值。

例如：市电万用表测量为 220 V，是有效值，其峰值为 $220\sqrt{2}=314$ V。

（3）放大电路的输出端接示波器通道 2，用示波器观测输出电压 u_o 的波形，当波形不失真时，用示波器或交流毫伏表测出 $u_o=$_____（峰-峰值，与输入信号一致），算出电压放大倍数 $A_u=u_o/u_i=$_____。测量采用有效值/均方根值或峰–峰值都可以，$u_{OP\text{-}P}=2\sqrt{2}u_{Orms}$，与前面信号发生器的幅值选取一致，方便计算。

（4）用示波器 1，2 通道同时观察 u_o 和 u_i 的波形，u_o 与 u_i 的相位_____（同相/反相）（图 2-24）。

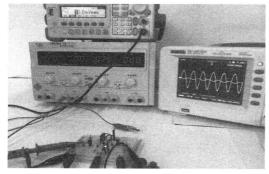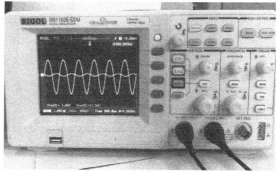

图 2-24　电压波形及放大倍数测量图

（5）不接输出负载电阻，即 $R_L=\infty$（开路），保持输入信号不变，测出此时的输出电压 $u_o=$_____，计算电压放大倍数 $A_u=$_____，填写表 2-9。

表 2-9　电压放大倍数测量记录表

R_L（kΩ）	u_o（mV）	u_i（mV）	A_u	观测记录一组 u_i, u_o 波形
2				（u_i 坐标图）
∞				（u_o 坐标图）

2. 观察静态工作点对电压放大倍数的影响

用示波器观察输出电压 u_o 波形，在 u_i 值不变、u_o 波形不失真的前提下，大幅度调节 RP，测量几组 I_{CQ} 和 u_o 值，记录于表 2-10 中，分析 I_{CQ} 对 u_o 放大倍数 A_u 的影响。

表 2-10　观察静态工作点对电压放大倍数的影响

RP	I_{CQ}	u_o（mV）	A_u	调整 I_{CQ} 对 u_o 放大倍数 A_u 的影响
调节 1				
调节 2				
调节 3				

3. 测量放大电路的输入电阻 R_i

在信号源与输入端串接一个 2 kΩ电阻 R_s，将输入信号从 u_S 端接入，用示波器或交流毫伏表测出此时 u_s= _____，u_i=_____，用电阻分压法可计算得知 r_i=_____。因为 R_s 两端没有接地点，如用交流毫伏表直接测 R_s 上的压降易造成测量误差。

根据图 2-25 左侧输入端等效电路图，计算输入电阻 r_i，并填写表 2-11。

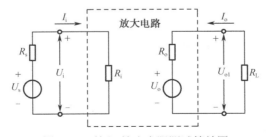

图 2-25　输入/输出电阻测试等效图

$$\frac{u_i}{r_i} = \frac{(u_s - u_i)}{r_s} \qquad\qquad r_i = \frac{u_i}{(u_s - u_i)} r_s$$

表 2-11　输入电阻的测量

R_s	u_s	u_i	r_i
2			

4. 测量放大电路的输出电阻 R_o

在输出电压 u_o 波形保持不失真的条件下，测试中保持 R_L 接入前、后输入信号的大小不变，分别测量出带上负载 R_L 后的输出电压 u_{o1}= _____，负载开路时的输出电压 u_o= _____，根据计算可得 r_o = _____。

根据图 2-9 右侧输出端等效电路图，计算输出电阻 R_o，并填写表 2-12。

$$\frac{u_{o1}}{R_L} = \frac{u_o}{r_o + R_L} \qquad r_o = \left(\frac{u_o}{u_{o1}} - 1\right)R_L$$

表 2-12　输出电阻 R_o 的测量

R_L (kΩ)	u_{o1}	u_{o2}	r_o
2			

5. 通频带的测量

（1）在 I_{CQ}=1.5 mA，$R_L=\infty$（不接 R_L）情况下，将频率为 1 kHz 的正弦信号加在放大器的输入端，增大输入信号幅度，观测输出电压 u_o 仍保持不失真的正弦波。用交流毫伏表测出此时输出电压值 u_o。

（2）保持信号源输出信号幅度不变，改变信号源输出频率（增加或减小），当交流毫伏表测量的输出电压值达到 $u_o\times0.707$ 时，停止信号源频率的改变，此时信号源所对应的输出频率，即为上限频率 f_H= _____，下限频率 f_L= _____，填写表 2-13。

表 2-13　通频带的测量

U_o (V)	f_H (Hz)	f_L (Hz)

输入信号一般选择中频信号，幅频特性的变化较为平坦，信号大小不使电路出现失真，实际操作中一般取 1 kHz 正弦波作为输入信号，信号大小一般取峰-峰值 10～20 mV。

2.2.4　共发射极放大电路的知识链接

1. 放大工作原理

静态工作点确定以后，如三极管始终工作在特性曲线的放大区，放大电路在输入电压信号 u_i 的作用下，放大电路输出端就能获得基本上不失真的放大的输出电压信号 u_o。

设输入信号 u_i 为正弦信号，通过耦合电容 C_1 加到三极管的基-射极，产生电流 i_b，因而基极电流 $i_B = I_B + i_b$。集电极电流受基极电流的控制，$i_C = I_C + i_c = \beta(I_B + i_b)$。电阻 R_C 上的压降为 $i_C R_C$，它随 i_C 成比例地变化，而集-射极的管压降 $U_{CE}=V_{CC}-i_C R_C=V_{CC}-(I_C+i_c)R_C=U_{CE}-i_c R_C$，它却随 $i_C R_C$ 的增大而减小。集电极电阻 R_C 的作用是把放大了的集电极电流的变化转化为集

电极电压的变化。耦合电容 C_2 阻隔直流分量 U_{CE}，将交流分量 $u_{ce}=-i_cR_C$ 送至输出端，这就是放大后的信号电压 $u_o=u_{ce}=-i_cR_C$。u_o 为负，说明 u_i、i_b、i_c 为正半周时，u_o 为负半周，它与输入信号电压 u_i 反相。

电容 C_3 为交流旁路电容，其容量应选得足够大。它对直流量相当于开路，而对于交流信号相当于短路，以免 R_E 对交流信号产生压降使电压放大倍数下降。

结合实验结果及所述工作原理分析，可归纳以下几点：

（1）无输入信号时，三极管的电压、电流都是直流分量。有输入信号后，i_B、i_C、U_{CE} 都在原来静态值的基础上叠加了一个交流分量。虽然 i_B、i_C、U_{CE} 的瞬时值是变化的，但它们的方向始终不变，即均是脉动直流量。

（2）输出 u_o 与输入 u_i 频率相同，且幅度 u_o 比 u_i 大得多。

（3）电流 i_b、i_c 与输入 u_i 同相，输出电压 u_o 与输入 u_i 反相，即共发射极放大电路具有"倒相"作用。

放大电路的动态分析，就是要对放大电路中信号的传输过程、放大电路的性能指标等问题进行分析讨论，这也是模拟电子电路所要讨论的主要问题。

2. 动态性能指标（表2-14）

表2-14 动态性能指标

指　　标	公　　式	说　　明
电压放大倍数 A_u	$A_u=u_o/u_i$	衡量放大电路不失真电压的放大能力
输入电阻 R_i	$r_i=u_i/i_i$	衡量电路对前级或信号源的影响强弱
输出电阻 R_o	$r_i=u_o/i_o$	衡量电路的带负载能力
通频带	$BW=f_H-f_L$	衡量放大电路对不同频率信号的放大能力

1）电压放大倍数 A_u

通常定义输出电压 u_o 与输入电压 u_i 之比为放大器的电压放大倍数，记为 A_u。

$$A_u = \frac{u_o}{u_i} \tag{2-5}$$

式中，A_u 为无量纲的数值。

2）输入电阻 r_i

放大电路是信号源的负载，其输入端的等效电阻就是信号源的负载电阻，也就是放大电路的输入电阻 r_i。其定义为输入电压与输入电流之比。即

$$r_i = \frac{u_i}{i_i} \tag{2-6}$$

输入电阻 r_i 的大小反映了放大电路对信号源的影响程度，一般输入电阻越高越好。较大的输入电阻可降低信号源内阻 R_S 的影响，使放大电路获得较强的输入电压。在共发射极放大电路中，由于 R_B 比 r_{be} 大得多，r_i 近似等于 r_{be}，一般只有几百欧至几千欧，阻值比较低，即共射放大器输入电阻不够理想。对负载来说，放大器电路相当于它的信号源，其信号源等效内阻就是放大电路的输出电阻 r_o，其定义为输出电压与输出电流之比，即

$$r_o = \frac{u_o}{i_o} \tag{2-7}$$

放大器输出电阻 r_o 的大小反映了放大器带负载能力的强弱，一般来说输出电阻越小越好。输出电阻越小，负载得到的输出电压越接近于输出信号，即负载大小变化对输出电压的影响越小，带载能力就越强。共射放大电路的输出电阻 r_o 通常只有几千欧至几十千欧，因此输出电阻也不理想。

3）通频带

通频带就是反映放大电路对信号频率的适应能力的指标。由于放大电路含有电容元件（耦合电容及布线电容、PN 结的结电容），当频率太高或太低时，微变等效电路不再是电阻性电路，输出电压与输入电压的相位发生了变化，电压放大倍数也将降低。

图 2-26 为电压放大倍数 A_u 与频率 f 的关系曲线，称为幅频特性。通常当电压增益下降到中频增益 0.707 倍时所对应的上下限频率用 f_H 和 f_L 表示，则 f_H 与 f_L 之间的范围就称为放大电路的通频带宽度 BW。通频带越宽，表示放大电路的工作频率范围越大。

$$BW = f_H - f_L \approx f_H$$

放大电路所需的通频带是由传送信号的频带带宽来确定的，为了不失真地放大，要求放大电路通频带必须大于信号的频带。

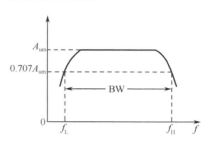

图 2-26　放大电路通频带

3. 动态分析

放大电路加入输入信号 u_i 以后的工作状态叫做动态。在放大电路已经确定了合适的静态工作点的基础上，加入需要放大的信号 u_i，电路中各点的电位及各支路电流将随着输入信号 u_i 的变化而变化。放大电路的各个电流和电压瞬时值都含有直流分量和交流分量，在分析电路时，可以采用交、直流分开分析的方法。

动态分析只考虑其中的交流分量，求解放大电路的动态输入电阻 r_o、输出电阻 r_i 及电压放大倍数 A_u 等参量的过程称为动态分析。动态分析最基本的方法是微变等效电路法，它是把非线性元件三极管等效成线性元件，再进行分析计算。

1）三极管的微变等效电路

微变等效电路法又称小信号分析法，它将三极管在静态工作点附近进行线性化，用一个线性模型来等效。等效电路从共射极接法的三极管输入特性和输出特性两方面来分析。

（1）基（B）-射（E）极间的等效电路

根据三极管的输入特性，当输入信号 u_i 在很小范围内变化时，输入回路的电压 u_{BE}、电流 i_B 在 u_{CE} 为常数时，可认为其随 u_i 的变化作线性变化，即三极管输入回路基极与发射极之间可用等效电阻 r_{be} 代替。ΔU_{BE} 与 ΔI_B 之比为

$$r_{be} = \frac{\Delta U_{BE}}{\Delta I_B} = \frac{u_{be}}{i_b}$$

（2）集（C）-射（E）极间的等效电路

当三极管工作于放大区时，i_c 的大小只受 i_b 控制，而与 u_{CE} 无关，即实现了三极管的受控恒流特性，$i_c = \beta i_b$。所以，当输入回路的 i_b 给定时，三极管输出回路的集电极与发射极之间，可用一个大小为 βi_b 的理想受控电流源来等效，三极管微变等效电路如图 2-27 所示。NPN 和 PNP 型三极管的微变等效电路一样。

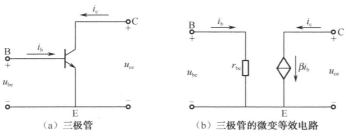

图 2-27　三极管的微变等效电路

r_{be} 可利用下面公式进行估算：

$$r_{be} = r_{bb'} + (1+\beta)\frac{U_T}{I_E} = r_{bb'} + (1+\beta)\frac{26\,(\text{mV})}{I_E\,(\text{mA})} \tag{2-8}$$

其中，r_{bb}' 为基区体电阻，一般为 20～300 Ω，U_T 为热力学温度下的电压当量，一般取 26 mV，I_E 为放大电路静态时发射极电流，因此，对于小功率三极管，r_{be} 通常用以下经验值公式进行估算：

$$r_{be} \approx 300 + (1+\beta)\frac{26}{I_E} \tag{2-9}$$

2）交流通路

进行动态分析首先要画出电路的交流通道，再画出微变等效电路。画交流通路的原则：

① 直流电压源视为短路；

② 直流电流源视为开路；

③ 视电容对交流信号短路。

本项目制作的分压偏置放大电路的交流通路及微变等效电路的画出过程如图 2-28 所示。

3）动态性能指标的计算

在分压式偏置共发射极放大电路的输入端加上一个正弦电压波形 u_i，其微变等效电路如图 2-28 所示。图中各支路电压、电流均用正弦相量表示。

（1）电压放大倍数 A_u

电压放大倍数是小信号电压放大电路的主要技术指标，由图 2-28（d）可列出

输入电压　　　　　　　　　　$u_i = i_b r_{be}$ 　　　　　　　　　　　(2-10)

输出电压　　　　　　$u_o = -\beta i_b \cdot (R_C /\!/ R_L) = -\beta i_b R_L'$ 　　　(2-11)

放大倍数　　　$A_u = \dfrac{u_o}{u_i} = \dfrac{-\beta i_b (R_C /\!/ R_L)}{i_b r_{be}} = -\beta \dfrac{R_L'}{r_{be}}$ 　　　(2-12)

式中，$R_L' = R_C /\!/ R_L$ 为等效负载电阻。

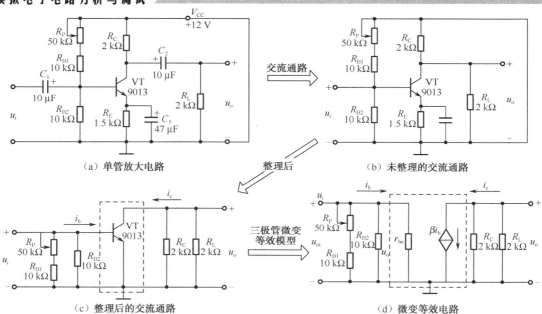

图 2-28　分压偏置放大电路的交流通路及微变等效电路

式（2-11）中的负号表示共射放大电路的输出电压与输入电压的相位反相。

当放大电路输出端开路时（未接负载电阻 R_L），可得空载时的电压放大倍数 A_{uo}：

$$A_{uo} = -\beta \frac{R_C}{r_{be}} \tag{2-13}$$

比较式（2-12）和式（2-13），可得出：放大电路接有负载电阻 R_L 时的电压放大倍数比空载时降低了。R_L 愈小，电压放大倍数愈低。一般来说，共射放大电路为提高电压放大倍数，总希望负载电阻 R_L 大一些。

（2）输入电阻 r_i

$$r_i = R_{B1} /\!/ R_{B2} /\!/ r_{be} = \frac{R_{B1}R_{B2}r_{be}}{R_{B1}R_{B2} + R_{B1}r_{be} + R_{B2}r_{be}} \tag{2-14}$$

（3）输出电阻 r_o

三极管集电极回路等效成了一个理想受控电流源，理想受控电流源与 R_C 构成一个实际受控电流源，根据电路分析的理论，断开 R_L 后，求得该放大电路的输出电阻为

$$r_o \approx R_C \tag{2-15}$$

❓ 如果从电路中去掉旁通电容 C_3，电路的动态分析会发生什么变化？

去掉旁路电容 C_3 后，对交流信号而言，发射极将通过电阻 R_E 接地，其交流等效电路如图 2-29（b）所示。

由图 2-23 可知

$$u_i = i_b r_{be} + (1+\beta)i_b R_E$$

而 u_o 仍为 $-\beta i_b R'_L$，则电压放大倍数变为

$$A_{\mathrm{u}} = \frac{u_{\mathrm{o}}}{u_{\mathrm{i}}} = -\frac{\beta R_{\mathrm{L}}'}{r_{\mathrm{be}} + (1+\beta)R_{\mathrm{E}}} \tag{2-16}$$

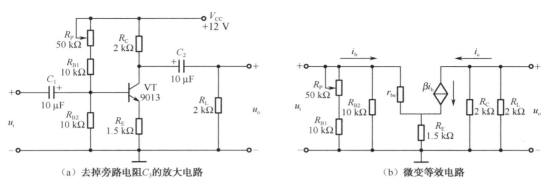

（a）去掉旁路电阻C_3的放大电路　　　　（b）微变等效电路

图2-29　去掉旁路电容后的交流等效电路

可见放大倍数减小了。这是因为 R_{E} 的自动调节（负反馈）作用，使得输出随输入的变化受到抑制，从而导致 A_{u} 减小。

与此同时，从 B 极看进去的输入电阻 r_{i}' 变为

$$r_{\mathrm{i}}' = \frac{u_{\mathrm{i}}}{i_{\mathrm{b}}} = r_{\mathrm{be}} + (1+\beta)R_{\mathrm{E}} \tag{2-17}$$

即射极电阻 R_{E} 折合到基极支路应扩大$(1+\beta)$倍。因此，放大器的输入电阻为

$$r_{\mathrm{i}} = R_{\mathrm{B1}} // R_{\mathrm{B2}} // r_{\mathrm{i}}' \tag{2-18}$$

显然，与式（2-14）相比，输入电阻明显增大了。

对于输出电阻，尽管 I_{c} 更加稳定，但从输出端看进去的电阻仍为 R_{C}，即 $r_{\mathrm{o}} = R_{\mathrm{C}}$。

从计算结果可知，去掉旁路电容后，电压放大倍数降低了，输入电阻提高了。这是因为电路引入了串联负反馈，负反馈内容将在第3章讨论。

实例 2-3　在图 2-30 所示的分压式偏置共射放大电路中，已知 $V_{\mathrm{CC}}=12$ V，$R_{\mathrm{B1}}=25$ kΩ，$R_{\mathrm{B2}}=10$ kΩ，$R_{\mathrm{C}}=2$ kΩ，$R_{\mathrm{E}}=1.5$ kΩ，$R_{\mathrm{L}}=2$ kΩ，晶体管的$\beta=120$。求：

① 估算静态工作点。

② 计算电压放大倍数。

③ 计算输入、输出电阻。

解：① 估算静态工作点，先画出直流通路，如图 2-31 所示。

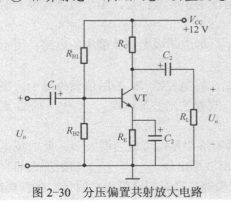 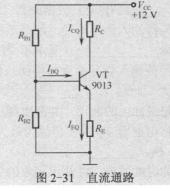

图2-30　分压偏置共射放大电路　　　　图2-31　直流通路

$$U_{BE} = 0.7(V)$$

$$U_{BQ} = \frac{R_{B2}}{R_{B1} + R_{B2}} V_{CC} = \frac{10}{25 + 10} \times 12 = 3.43(V)$$

$$I_{CQ} \approx I_{EQ} = \frac{U_B - U_{BEQ}}{R_E} \approx \frac{U_B}{R_E} = \frac{3.43}{1.5} = 2.29(mA)$$

$$U_{CEQ} \approx V_{CC} - I_{CQ}(R_C + R_E) = 12 - 2.29 \times (2 + 1.5) = 4(V)$$

② 计算电压放大倍数。

首先画出交流通路，然后画如图 2-32 所示的微变等效电路，可得：

$$r_{be} = 300 + (1 + \beta)\frac{26}{I_E} = 300 + 121 \times \frac{26}{2.29}$$

$$= 1.67(k\Omega)$$

$$A_u = \frac{u_o}{u_i} = \frac{-\beta(R_L /\!/ R_C)}{r_{be}}$$

$$= \frac{-120 \times (2 /\!/ 2)}{1.67} = -72$$

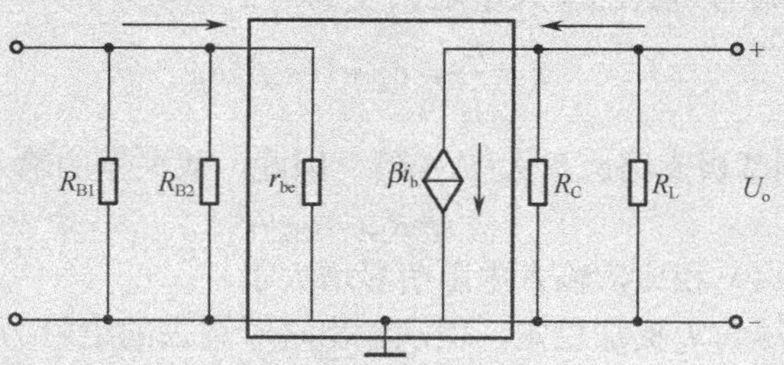

图 2-32 微变等效电路

③ 计算输入、输出电阻。

$$r_i = R_{B1} /\!/ R_{B2} /\!/ r_{be} = 25 /\!/ 10 /\!/ 1.67 = 1.35(k\Omega)$$

$$r_o = R_C = 2\ k\Omega$$

2.2.5 测量静态工作点对波形输出的影响

（1）在未接入交流信号时，即静态下调节 R_P 使 I_{CQ}=1.5 mA，测出 U_{CEQ} 的值；通过信号发生器在输入端接入幅值为 10 mV，频率为 1 kHz 的正弦波信号，用示波器观察此时输入输出波形_____（有/无）明显失真（图 2-33）。

（2）保持输入信号不变，断开基极电阻 R_{B1}，形成基极无直流偏压的电路，用示波器观察输出波形_____（基本不变/失真）。

（3）保持输入信号不变，接回基极电阻 R_{B1}，将电位器 R_P 的阻值调为最小，集电极电流 I_{CQ} 增大，此时 U_{CE} _____（增大/减小），观察输出波形出现_____（顶部/底部）部分失真，记录此时的波形，并测出相应的 I_{CQ}。

（4）将电位器 R_P 的阻值调为最大，若失真不够明显，可适当增大 u_i，此时集电极电流 I_{CQ} 减小，U_{CE} _____（增大/减小），观察输出波形出现 _____（顶部/底部）部分失真，记录此时的波形，并测出相应的 I_{CQ}（一般顶部失真不如底部失真明显，注意观察）。

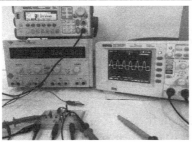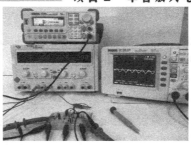

图 2-33 调节 RP 输出电压波形变化

（5）电路放大不失真时，逐步增大输入信号的幅度，同时用示波器监视输出波形，每当波形出现失真时，就根据失真情况微调 R_P，改变静态工作点，使失真消除。调节至某状态下无明显失真，如稍稍增加输入信号，波形的上下半周同时出现失真现象时，用示波器测量最大不失真状态下的输出电压的幅值，记为最大不失真输出电压 $U_{omax} =$ _____。并记录相关状态于表 2-15 中。

表 2-15 波形失真的测量

I_{CQ}（mA）	U_{CEQ}（V）	U_o 波形	失真状态	三极管状态
			双向截幅	
			失真	

❓ 波形失真产生的原因是什么？怎么消除？

2.2.6 波形失真的知识链接

一个理想的放大器，其输出信号应当如实地反映输入信号，即它们尽管在幅度上不同，时间上也可能有延迟，但波形应当是相同的。但是，在实际放大器中，由于种种原因，输出信号不可能与输入信号的波形完全相同，这种现象叫做失真。通过上述测试，得到一些波形失真图形，下面我们分析失真现象产生的原因、对输出波形的影响及针对失真情况的改善措施。

1. 非线性失真

放大器件的工作点进入了特性曲线的非线性区，使输入信号和输出信号不再保持线性关系，这样产生的失真称为非线性失真。

非线性失真产生的主要原因：

① 三极管等特性的非线性；

② 放大电路没有设置静态工作点，或者静态工作点设置得不合适或者输入信号过大。

下面介绍主要的与本项目相关的几种非线性失真。

1）截止失真

在图 2-34（a）中 Q 点位置，从输出特性可以看到，当输入信号 u_i 在负半周时，三极管工作状态进入了截止区，这样就使 I_C 的负半周波形和 u_o 的正半周波形都出现失真，这种失真称为截止失真。

静态工作点 Q 偏低是产生截止失真的原因。对于 NPN 管的共射极放大器，当发生截止失真时，输出电压波形如图 2-34（b）所示，为顶部失真。

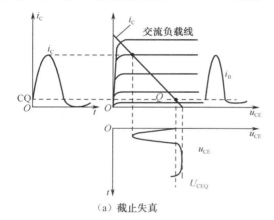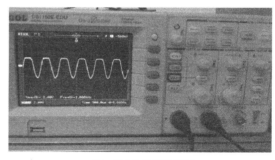

（a）截止失真　　　　　　　　　　　　　（b）截止失真测量波形

图 2-34　截止失真

2）饱和失真

如图 2-35（a）所示，在输入电压的正半周内，三极管工作状态进入饱和区。此时，当 i_B 增大时，i_C 则不能随之增大，引起 i_C 的正半周波形和 u_o 的负半周波形的失真，这种失真称为饱和失真。

静态工作点 Q 偏高是产生饱和失真的原因。对于 NPN 型共发射极放大电路，当发生饱和失真时，输出电压波形如图 2-35（b）所示，为底部失真。

注意： 以上结论均对 NPN 型三极管的共射放大电路而言。对于 PNP 型共发射极放大电路：截止失真时，输出电压 u_{CE} 的波形出现底部失真；饱和失真时，输出电压 u_{CE} 的波形出现顶部失真。

3）双向失真

即使静态工作点 Q 设置合适，但如果输入 u_i 波形的幅度过大，双向的峰值均进入了饱和区和截止区，可能会同时出现饱和失真与截止失真现象，称为双向失真。即出现如图 2-36 所示的双向失真波形。

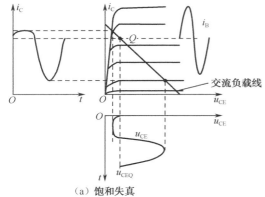

（a）饱和失真

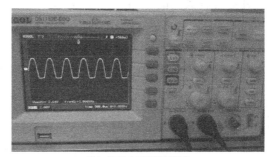

（b）饱和失真测量波形

图 2-35　饱和失真

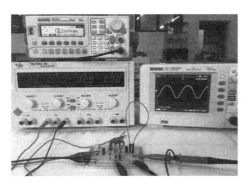

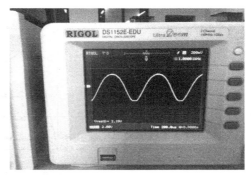

图 2-36　双向失真测量波形

通过以上分析可知，由于受三极管截止区和饱和区的限制，放大器的不失真输出电压有一个范围，其最大值称为放大器输出动态范围。

放大电路的最大不失真输出电压幅值 u_{om}（或最大峰-峰 u_{op-p}）是指当直流工作状态 Q 已定的前提下，逐渐增大输入信号，三极管尚未进入截止或饱和时，输出所能获得的最大不失真电压。

由图 2-34（a）可知，因受截止失真限制，其最大不失真输出电压的幅度为

$$U_{om} = I_{CQ} R'_{L}$$

由图 2-35（a）可知，因饱和失真的限制，最大不失真输出电压的幅度则为

$$U_{om} = U_{CEQ} - U_{CES}$$

式中，U_{CES} 表示晶体管的临界饱和压降，一般取为 1 V。比较以上二式所确定的数值，其中较小的即为放大器最大不失真输出电压的幅值，而输出动态范围 U_{op-p} 则为该幅值的两倍，即

$$U_{op-p} = 2 U_{om} \tag{2-19}$$

显然，为了充分利用三极管的放大区，使输出动态范围最大，直流工作点应选在交流负载线的中点处。

2. 消除失真的方法

如果静态工作点 Q 位置偏高，输入信号又较大时，易先进入饱和区，产生饱和失真；Q

点位置偏低，输入信号又较大时，易先进入截止区，产生截止失真。

针对各种失真的原因，可分别采取以下措施。

1）截止和饱和失真消除法

放大电路的静态工作点的设置是否合适，关系到放大电路能否正常、稳定地工作。由图 2-37 所示，要消除失真就要使静态工作点 Q 由偏高或偏低改变至合适位置。

改变电路参数 R_{B1}、R_{B2}、U_{CC}、R_C 都会引起静态工作点的变化，实际调试中，主要通过改变偏置 R_P 的阻值来实现调节静态工作点 Q。根据式（2-20）可知，改变 R_P 使得 U_{BQ} 反向变化，U_{BQ} 与 I_{BQ} 成正比，改变 U_{BQ} 也就改变了 I_{BQ}。

$$U_{BQ} = \frac{R_{B2}}{(R_{B1} + R_P) + R_{B2}} U_{CC} \qquad (2\text{-}20)$$

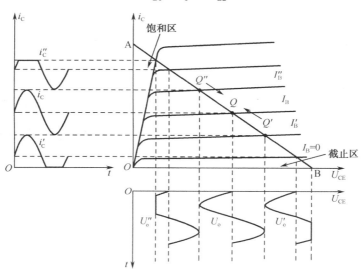

图 2-37　静态工作点变化与非线性失真的关系

消除截止失真的方法：提高静态工作点 Q 的位置。静态工作点偏低，I_{BQ} 偏小，将出现截止失真，对于图 2-17 所示的共射极放大电路，由公式可知，可以减小 R_P 阻值，使 I_{BQ} 增大，使静态工作点 Q 上移来消除截止失真。

消除饱和失真的方法：降低静态工作点的位置。静态工作点偏高，I_{BQ} 偏大，将出现饱和失真，对于图 2-17 所示的共射极放大电路，可以增大 R_P 阻值，减小 I_{BQ}，使静态工作点 Q 下移来消除饱和失真。

2）双向失真消除方法

消除双向失真的方法：工作点 Q 设置在输出特性曲线放大区的中间部位，减小输入信号 u_i 幅值，选择一个合理的输入信号，使之正好工作在放大区域内。

注意：上面所说的工作点"偏高"或"偏低"不是绝对的，应该是相对信号的幅度而言，如果输入信号幅度很小，即使工作点较高或较低也不一定会出现失真。所以确切地说，产生波形失真是信号幅度与静态工作点设置配合不当所致。如要满足较大信号幅度的要求，静态工作点最好尽量靠近交流负载线的中点。

2.2.7　单管放大电路的调试

放大电路的典型电路故障有输入端无波形、输出端无波形、输出失真、输出电压放大倍数不正常四种。下面对这四种故障现象分别分析其可能产生的原因，介绍电路故障的排除技巧及方法等。主要可以采用参数测量法、信号跟踪法和对比法来检查及排除故障。

以基本供电正常—静态工作点合适—动态调试正常放大为主线，由易至难地排除故障（图 2-38）。

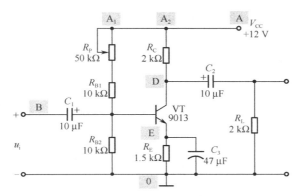

图 2-38　电路测试点

1. 首先检查供电电路有无故障

用数字式万用表测量直流稳压电源到实验电路有无 12 V 电压（表 2-16）。

表 2-16　供电电路故障排查

测 试 点	参 考 电 压	实测电压	故障原因分析
A	+12 V	0 V	供电电源与电路连接不通
		小于 12 V	供电电源电压输出小于 12 V
A_1、A_2	+12 V	0 V	各测试点与 A 连接不通

2. 检查静态工作点

采用电压测量法，检测静态工作电压是否正常（表 2-17）。

表 2-17　静态工作点故障排查

测 试 点	参 考 电 压	实 测 电 压	故障原因分析
D 和 E 间	6 V	12 V	（1）R_{B1} 开路 （2）R_{B2} 短路
		0 V	（1）R_{B1} 短路 （2）R_{B2} 或 VT 集电极开路 （3）R_C 阻值变大或开路

测 试 点	参 考 电 压	实测电压	故障原因分析
D 和 E 间	6 V	$0<U_{CEQ}<6$ V	（1）R_{B1} 阻值偏小
			（2）R_{B2} 阻值偏大
		$6<U_{CEQ}<12$ V	（1）R_{B1} 阻值偏大
			（2）R_{B2} 阻值偏小
			（3）R_C 短路
			（4）R_E 阻值变大或开路

如果静态工作电压不正常。按下面顺序检测。

① 各连接线和元件之间有无接错、开路、短路（线间或对地等）。

② 有极性元器件的引脚有无接错，如三极管或电解电容的极性有无接反。

③ 有无用错器件或选错了标称值。

④ 元器件或连接线损坏或接触不良。

3. 静态工作点电压正常后，进行动态检测

采用信号跟踪法，判断故障部位。将交流信号接入电路的输入端，利用示波器观察信号流向踪迹点，确定各接点处信号是否正确，不正确或没有输出时可确定故障位置，再进行进一步分析原因（图 2-39）。

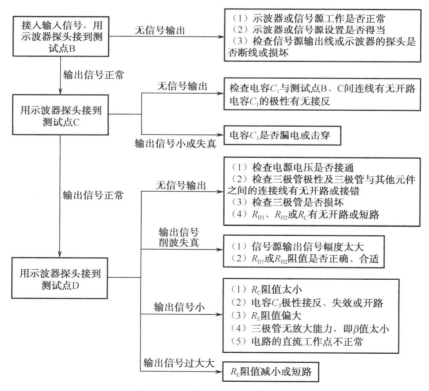

图 2-39　电路动态性能故障排查

误差分析：

（1）电压放大倍数实测值比理论值偏小，可能是由于电容具有一定的分压作用，万用表的内阻对电阻的测量也有影响。静态工作点的误差是由万用表的测量误差引起的，元件的标称值与其真实值之间也存在误差。

（2）输入电阻、输出电阻实测值较理论值偏大，可能是电路元件本身的误差、读数时的误差引起的。

2.3　共集电极与共基极放大电路分析

2.3.1　射极输出器电路

共集电极放大电路如图 2-40（a）所示，由图 2-40（c）所示射极输出器的交流通路可见，集电极是输入回路和输出回路的公共端，输入回路为基极到集电极的回路，输出回路为发射极到集电极的回路，所以为共集电极放大电路。放大电路的交流信号从三极管的发射极经耦合电容 C_2 输出，又名射极输出器。

因为没有从集电极取信号，所以集电极没有必要接入电阻，虽然接入电阻也能工作，但集电极电流产生的压降都变成了损耗。

1.　静态分析

由图 2-40（b）可得

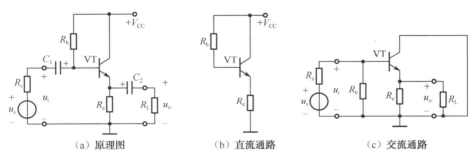

（a）原理图　　　　　（b）直流通路　　　　　（c）交流通路

图 2-40　共集电极放大电路

$$U_{CC} = I_{BQ}R_b + U_{BEQ} + I_{EQ}R_e \qquad (2\text{-}21)$$

由于

$$I_{EQ} = (1 + \beta)I_B$$

故

$$I_{BQ} = \frac{U_{CC} - U_{BEQ}}{R_b + (1 + \beta)R_e} \qquad (2\text{-}22)$$

$$U_{CE} = U_{CC} - I_{EQ}R_e \qquad (2\text{-}23)$$

至此，可确定放大电路的静态工作点。

2.　动态分析

1）电压放大倍数

由图 2-40（c）所示的交流通路可得放大电路的微变等效电路如图 2-41 所示。

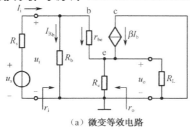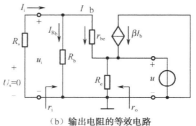

(a) 微变等效电路　　　　　　　　(b) 输出电阻的等效电路

图 2-41　共集电极放大电路等效电路

由微变等效电路可求得输出电压为

$$u_o = i_e(R_e /\!/ R_L) = (1+\beta)i_b R'_L \qquad (R'_L = R_e /\!/ R_L)$$

输入电压为

$$u_i = i_b r_{be} + u_o = i_b r_{be} + i_e(R_e /\!/ R_L) = i_b r_{be} + (1+\beta)i_b R'_L$$

则电压放大倍数为

$$A_u = \frac{u_o}{u_i} = \frac{(1+\beta)i_b R'_L}{i_b r_{be} + (1+\beta)i_b R'_L} = \frac{(1+\beta)R'_L}{r_{be} + (1+\beta)R'_L} \qquad (2\text{-}24)$$

由上式可以看出，共集电极放大电路的输出电压和输入电压同相位，并且由于（1+β）$R'_L \gg r_{be}$，其电压放大倍数近似等于 1，所以称之为电压跟随器。虽然共集电极放大电路的电压放大倍数小于 1，不具有电压放大能力。但输出电流 $i_e = (1+\beta)i_b$，可见该放大电路仍具有电流放大和功率放大能力。

2）输入电阻

根据定义有 $r_i = \dfrac{u_i}{i_i}$，其中由图 2-41（b）可得

$$i_i = i_{R_b} + i_b = \frac{u_i}{R_b} + \frac{u_i}{r_{be} + (1+\beta)R'_L} = \left[\frac{1}{R_b} + \frac{1}{r_{be} + (1+\beta)R'_L}\right]u_i$$

于是

$$r_i = \frac{u_i}{i_i} = \frac{1}{\dfrac{1}{R_b} + \dfrac{1}{r_{be} + (1+\beta)R'_L}} = R_b /\!/ [r_{be} + (1+\beta)R'_L] \qquad (2\text{-}28)$$

一般 R_b 为几十千欧到几百千欧的电阻，R'_L 为几千欧的电阻，故共集电极放大电路的输入电阻为几十千欧甚至上百千欧，要比共发射极放大电路的输入电阻（$R_i \approx r_{be}$）大得多。

3）输出电阻

令图 2-41（a）所示的交流通路中 $u_s = 0$ 并保留其内阻，同时将负载开路，然后在输出的两端加一电压 u，则产生一电流 i，如图 2-41（b）所示，则由 KCL 得

$$i + i_b + i_c = i_{R_e}$$

其中

$$i_{R_e} = \frac{u}{R_e}, \qquad i_b = -\frac{u}{R_s /\!/ R_b + r_{be}}$$

于是有

$$i = i_{R_e} - (i_b + i_c) = i_{R_e} - (1+\beta)i_b$$

$$= \frac{u}{R_e} - (1+\beta)\left(-\frac{u}{R_s /\!/ R_b + r_{be}}\right) = \left[\frac{1}{R_e} + (1+\beta)\left(-\frac{1}{R_s /\!/ R_b + r_{be}}\right)\right]u$$

共集电极放大电路的输出电阻为

$$r_{\mathrm{o}} = \frac{u}{i} = \cfrac{1}{\cfrac{1}{R_{\mathrm{e}}} + (1+\beta)\left(-\cfrac{1}{R_{\mathrm{s}}/\!/R_{\mathrm{b}} + r_{\mathrm{be}}}\right)} = R_{\mathrm{e}}/\!/\frac{R_{\mathrm{s}}/\!/R_{\mathrm{b}} + r_{\mathrm{be}}}{(1+\beta)}$$

通常 $R_{\mathrm{b}} \gg R_{\mathrm{s}}$，所以

$$r_{\mathrm{o}} \approx R_{\mathrm{e}}/\!/\frac{R_{\mathrm{s}} + r_{\mathrm{be}}}{(1+\beta)} \tag{2-26}$$

在上式中，r_{be} 的数值在 1 kΩ左右，R_{s} 为几百欧姆，$\beta \gg 1$，故共集电极放大电路的输出电阻很低，为几十欧姆到几百欧姆。

3. 射极输出器的作用

共集电极放大电路具有输入电阻高、输出电阻低的特点，所以它常被用于多级放大电路的输入极和输出极。如在电子测量仪器的输入级采用共集电极放大电路作为输入级，较高的输入电阻可减小对测量电路的影响。用于多级放大电路的输出级，当负载变动时，因为射极输出器具有恒压源的特性，输出电压不随负载变动，具有较强的带负载能力。

射极输出器也常用做多级放大电路的中间级。输入电阻大，即前一级的负载电阻大，可提高前一级的电压放大倍数；输出电阻小，即后一级的信号源内阻小，可提高后一级的电压放大倍数。射极输出器起了阻抗变换作用，提高了多级共射放大电路总的电压放大倍数。

实例 2-4 图 2-40（a）所示的射极输出器。已知 $V_{\mathrm{CC}}=12$ V，$R_{\mathrm{B}}=120$ kΩ，$R_{\mathrm{E}}=4$ kΩ，$R_{\mathrm{L}}=4$ kΩ，$R_{\mathrm{S}}=100$ Ω，$\beta=40$。求：①估算静态工作点；②画微变等电路；③计算电压放大倍数；④计算输入、输出电阻。

解：① 估算静态工作点：

$$I_{\mathrm{B}} = \frac{V_{\mathrm{CC}} - V_{\mathrm{BE}}}{R_{\mathrm{B}} + (1+\beta)R_{\mathrm{E}}} = \frac{12 - 0.6}{120 + (1+40)\times 4} = 40(\mu\mathrm{A})$$

$$I_{\mathrm{C}} = \beta I_{\mathrm{B}} = 40\times 40 = 1.6(\mathrm{mA})$$

$$V_{\mathrm{CE}} = V_{\mathrm{CC}} - I_{\mathrm{E}}R_{\mathrm{E}} \approx 12 - 1.6\times 4 = 5.44(\mathrm{V})$$

② 画微变等效电路，如图 2-41 所示。

③ 计算电压放大倍数：

$$A_{\mathrm{v}} = \frac{(1+\beta)(R_{\mathrm{E}}/\!/R_{\mathrm{L}})}{r_{\mathrm{be}} + (1+\beta)(R_{\mathrm{E}}/\!/R_{\mathrm{L}})} = \frac{(1+40)\times(4/\!/4)}{0.95 + (1+40)\times(4/\!/4)} = 0.99$$

$$r_{\mathrm{be}} = 300 + (1+\beta)\frac{26}{I_{\mathrm{E}}} = 300 + (1+40)\frac{26}{1.64} = 0.95(\mathrm{k}\Omega)$$

④ 计算输入、输出电阻：

$$r_{\mathrm{i}} = R_{\mathrm{B}}/\!/[r_{\mathrm{be}} + (1+\beta)(R_{\mathrm{E}}/\!/R_{\mathrm{L}})] = 120/\!/[0.95 + 41\times(4/\!/4)] = 49(\mathrm{k}\Omega)$$

$$r_{\mathrm{o}} = R_{\mathrm{E}}/\!/\frac{r_{\mathrm{be}} + (R_{\mathrm{B}}/\!/R_{\mathrm{S}})}{1+\beta} = 4/\!/\frac{0.95 + (0.1/\!/120)}{1+40} = 25.3(\Omega)$$

实例 2-5 电路如图 2-42（a）所示，若 $\beta=100$，$U_{\mathrm{CC}}=10$ V，试求：①静态工作点；②电压放大倍数 $A_{\mathrm{u1}}=u_{\mathrm{o1}}/u_{\mathrm{i}}$ 和 $A_{\mathrm{u2}}=u_{\mathrm{o2}}/u_{\mathrm{i}}$；③输入电阻 r_{i} 和输出电阻 r_{o}。

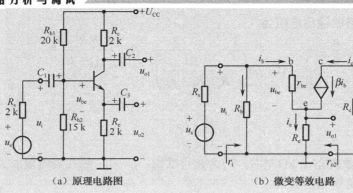

（a）原理电路图　　　　　　　（b）微变等效电路

图 2-42　共集电极放大电路等效电路

解： ① 由估算法：

$$U_B = \frac{R_{b2}}{R_{b1}+R_{b2}}U_{CC} = \frac{15}{20+15}\times 10 \approx 4.3 \text{ V}$$

$$I_C \approx I_E = \frac{U_B - U_{BE}}{R_e} = \frac{4.3-0.7}{2} = 1.8 \text{ mA}$$

$$I_B = \frac{I_C}{\beta} = \frac{1.8}{100} = 18 \text{ }\mu\text{A}$$

$$U_{CE} \approx U_{CC} - I_C(R_c+R_e) = 10-1.8\times(2+2) = 2.8 \text{ V}$$

② 晶体三极管的输入电阻为

$$r_{be} = 300+(1+\beta)\frac{26}{I_E} \approx 300+(1+100)\times\frac{26}{1.8} = 1.76 \text{ k}\Omega$$

图 2-42（a）所示放大电路中，输出电压取自集电极，即 u_{o1}，为共发射极电路；输出电压 u_{o2} 取自发射极，为共集电极电路。则由图 2-42（b）所示微变等效电路可得

$$A_{u1} = \frac{u_{o1}}{u_i} = \frac{-i_c R_c}{i_b r_{be}+i_e R_e} = \frac{\beta i_b R_c}{i_b r_{be}+(1+\beta)i_b R_e} = -\frac{\beta R_c}{r_{be}+(1+\beta)R_e}$$

$$= -\frac{100\times 2}{1.76+(1+100)\times 2} = -0.98$$

$$A_{u2} = \frac{u_{o2}}{u_i} = \frac{i_e R_e}{i_b r_{be}+i_e R_e} = \frac{(1+\beta)i_b R_e}{i_b r_{be}+(1+\beta)i_b R_e} = \frac{(1+\beta)R_e}{r_{be}+(1+\beta)R_e}$$

$$= \frac{(1+100)\times 2}{1.76+(1+100)\times 2} = 0.98$$

由以上两式可以看出，$u_{o1} = -u_i$，$u_{o2} = -u_i$，故此电路是将单路信号转换成大小近似相等相位相反的两个信号输出，故称分相电路。

③ 输入、输出电阻分别为

$$r_i = R_b /\!/ [r_{be}+(1+\beta)R_e] = 20 /\!/ 15 /\!/ [1.76+(1+100)\times 2] \approx 8.2 \text{ k}\Omega$$

式中

$$R_b = R_{b1} /\!/ R_{b2}$$

由集电极输出时，输出电阻为

$$r_{o1} \approx R_c = 2 \text{ k}\Omega$$

由发射极输出时，输出电阻为

$$r_o = R_e \parallel \frac{R_s \parallel R_{b1} \parallel R_{b2} + r_{be}}{(1+\beta)} = 2 \parallel \frac{2 \parallel 20 \parallel 15 + 1.76}{1+100} \approx 33\ \Omega$$

2.3.2　共基极放大电路

共基极放大电路如图 2-43（a）所示，其输入信号由发射极输入，输出电压取自集电极。由图 2-44（a）所示交流通路可见，输入回路和输出回路共用基极，故称共基极放大电路。

1．静态分析

共基极放大电路的直流通路如图 2-43（b）所示，与分压偏置式共发射极放大电路是相同的，可用估算法公式求得静态点。

2．动态分析

共基极放大电路的微变等效电路如图 2-44（b）所示。

1）电压放大倍数

$$A_u = \frac{u_o}{u_i} = \frac{-i_c(R_c \parallel R_L)}{-i_b r_{be}} = \frac{\beta i_b(R_c \parallel R_L)}{i_b r_{be}} = \frac{\beta(R_c \parallel R_L)}{r_{be}} \tag{2-27}$$

由上式可以看出，输出和输入同相位，大小和共射极放大电路的放大倍数相同。

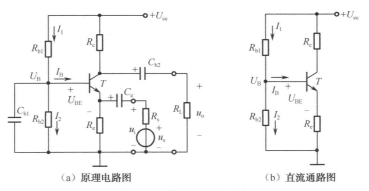

（a）原理电路图　　　　　　　　　　（b）直流通路图

图 2-43　共基极放大电路

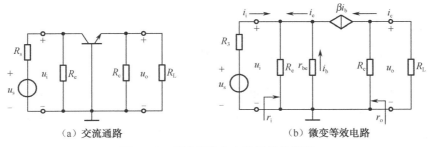

（a）交流通路　　　　　　　　　　（b）微变等效电路

图 2-44　共基极放大电路等效电路图

2）输入电阻

$$r_i = \frac{u_i}{i_i} = \frac{u_i}{i_e - i_b - \beta i_b} = \frac{u_i}{\dfrac{u_i}{R_e} - (1+\beta)\left(-\dfrac{u_i}{r_{be}}\right)} = \frac{1}{\dfrac{1}{R_e} + \dfrac{1}{\dfrac{r_{be}}{1+\beta}}} = R_e /\!/ \frac{r_{be}}{1+\beta} \qquad (2\text{-}28)$$

由此可见，共基极放大电路的输入电阻很小。

3）输出电阻

$$r_o \approx R_c \qquad (2\text{-}29)$$

总之，共基极放大电路的电压放大倍数较高，输入电阻低，输出电阻高，主要用于高频电路和恒流源电路。

放大电路三种组态的比较见表 2-18。

表 2-18　放大电路三种组态的比较

共射极电路	共集电极电路	共基极电路
$A_u = -\dfrac{\beta(R_c /\!/ R_L)}{r_{be}}$	$A_u = \dfrac{(1+\beta)R_e /\!/ R_L}{r_{be} + (1+\beta)R_e /\!/ R_L}$	$A_u = \dfrac{\beta(R_c /\!/ R_L)}{r_{be}}$
u_o 与 u_i 反相	u_o 与 u_i 同相	u_o 与 u_i 同相
$r_i = R_b /\!/ r_{be}$	$r_i = R_b /\!/ [r_{be} + (1+\beta)R'_L]$	$r_i \approx R_e /\!/ \dfrac{r_{be}}{1+\beta}$
$r_o \approx R_c$	$r_o = \dfrac{r_{be} + R_s /\!/ R_b}{1+\beta} /\!/ R_e$	$r_o \approx R_c$
多级放大电路的中间级	输入级、中间级、输出级	高频或宽频带电路及恒流源电路

2.4　场效应管放大电路

场效应管是一种利用电场效应来控制电流大小的半导体器件，其特点是用输入电压控制输出电流，而三极管是一种利用输入电流控制输出电流的半导体器件。它在工作过程中只有一种载流子（多子）参与导电，而在半导体三极管的工作过程中，管子内部的多子和少子都参与导电。因此，称场效应管为单极型晶体管，而半导体三极管为双极型晶体管。

从场效应三极管的结构来划分，它有结型场效应三极管（Junction type Field Effect Transister，JFET）和绝缘栅型场效应三极管（Insulated Gate Field Effect Transister，IGFET）之分。IGFET 最常见的是金属-氧化物-半导体三极管（Metal Oxide Semicon-ductor FET，MOSFET）。从工作方式上又分为增强型和耗尽型，结型场效应管只有耗尽型。从参与导电

的载流子来划分，有电子作为载流子的 N 沟道器件和空穴作为载流子的 P 沟道器件。

场效应管通过改变输入电压（即利用电场效应）来控制输出电流，属于电压控制型器件，它不吸收信号源电流，不消耗信号源功率，因此输入电阻十分高，可高达上百兆欧。除此之外，场效应管还具有温度稳定性好、抗辐射能力强、噪声低、制造工艺简单、便于集成等优点，得到了广泛的应用。

2.4.1 场效应管及工作原理

1. 结型场效应管（JFET）

结型场效应三极管的结构如图 2-45 所示，N 沟道 JEFT 是在 N 型半导体的两侧扩散高浓度的 P 型区，形成两个 PN 结夹着一个 N 型沟道的结构。两个 P 区用电极连在一起为栅极 G，N 型半导体的一端引出为漏极 D，另一端为源极 S。箭头由 P 指向 N。漏极 D（Drain）相当双极型三极管的集电极，栅极 G（Gate）相当于基极，源极 S（Source）相当于发射极。

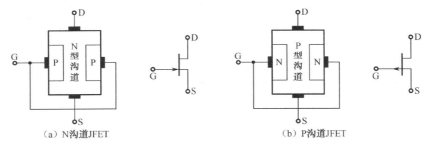

（a）N沟道JFET　　　　　　　　　　（b）P沟道JFET

图 2-45　结型场效应管（JEFT）

以图 2-46 为例说明 JEFT 控制原理。如果在栅极和源极之间加上负电压 U_{GS}，而在漏极和源极之间加上正电压 U_{DS}，那么在 U_{DS} 作用下，电子将源源不断地由源极向漏极运动，形成漏极电流 I_D。因为栅源电压 U_{GS} 为负，PN 结反偏，在栅源间仅存在微弱的反向饱和电流，所以栅极电流 $I_G \approx 0$，源极电流 $I_S = I_D$。这就是结型场效应管输入阻抗很大的原因。

当栅源负压 U_{GS} 加大时，PN 结变厚，并向 N 区扩张，使导电沟道变窄，沟道电导率变小，电阻变大，在同样的 U_{GS} 下，I_D 变小；反之，$|U_{GS}|$ 变小，沟道变宽，沟道电阻变

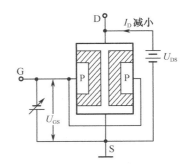

图 2-46　JEFT 控制作用示意图

小，I_D 变大。当 $|U_{GS}|$ 加大到某一负压值时，两侧 PN 结扩张使沟道全部消失，此时，I_D 将变为零。我们称此时的栅源电压 U_{GS} 为"夹断电压"，记为 U_{GSoff}。可见，栅源电压 U_{GS} 的变化将有效地控制漏极电流的变化，这就是 JFET 的工作原理。

2. IGFET（MOS 管）

以 N 沟道增强型 MOS 场效应管为例说明工作原理，N 沟道增强型 MOS 场效应管的沟道形成及符号如图 2-47 所示。若将源极与衬底相连并接地，在栅极和源极之间加正压

U_{GS}，在漏极与源极之间施加正压 U_{DS}，如图 2-48 所示，观察 U_{GS} 变化时管子的工作情况，其转移特性如图 2-49 所示。

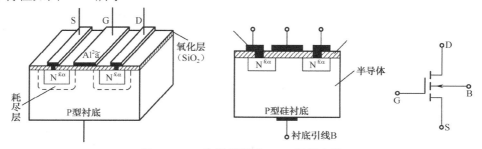

图 2-47　N 沟道增强型 MOS 场效应管

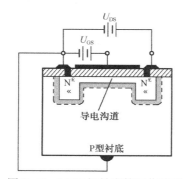

图 2-48　MOS 场效应管工作原理

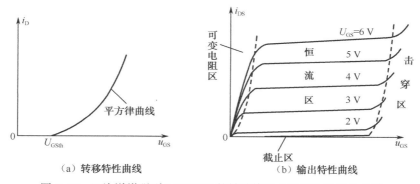

（a）转移特性曲线　　　　（b）输出特性曲线

图 2-49　N 沟道增强型 MOSFET 的转移特性曲线和输出特性曲线

其主要特点为：

① 当 $u_{GS}<U_{GSth}$ 时，$i_D=0$。

② 当 $u_{GS}>U_{GSth}$ 时，$i_D>0$，u_{GS} 越大，i_D 也随之增大，二者符合平方律关系。图 2-49（a）为转移特性曲线。

N 沟道增强型 MOSFET 的输出特性如图 2-49（b）所示，分为恒流区、可变电阻区、截止区和击穿区。其特点如下。

① 截止区：$U_{GS}\leqslant U_{GSth}$，导电沟道未形成，$i_D=0$。

② 恒流区：曲线间隔均匀，u_{GS} 对 i_D 控制能力强。u_{DS} 对 i_D 的控制能力弱，曲线平坦。进入恒流区的条件，即预夹断条件为

$$U_{DS} \geq U_{GS} - U_{GSth}$$

③ 可变电阻区：u_{GS} 越大，r_{DS} 越小。

对于 N 沟道耗尽型 MOSFET，在 $U_{GS}=0$ 时，管内没有导电沟道，而耗尽型在 $U_{GS}=0$ 时就存在导电沟道。这种器件在制造过程中，在栅极下面的 SiO$_2$ 绝缘层中掺入了大量碱金属正离子形成许多正电中心，在 P 型衬底表面产生电场，排斥空穴，吸引电子，从而形成表面导电沟道，称为原始导电沟道。

由于 $U_{GS}=0$ 时就存在原始沟道，所以只要此时 $U_{DS}>0$，就有漏极电流。如果 $U_{GS}>0$，指向衬底的电场加强，沟道变宽，漏极电流 i_D 将会增大；反之，若 $U_{GS}<0$，则栅压产生的电场与正离子产生的自建电场方向相反，总电场减弱，沟道变窄，沟道电阻变大，i_D 减小。当 U_{GS} 继续变负，等于某一阈值电压时，沟道将全部消失，$i_D=0$，管子进入截止状态。

P 沟道 MOSFET 的工作原理与 N 沟道 MOSFET 完全相同，也有增强型及耗尽型。只不过导电的载流子不同，供电电压极性不同而已，如同双极型三极管有 NPN 型和 PNP 型一样。

各种场效应管的符号对比如图 2-50 所示。

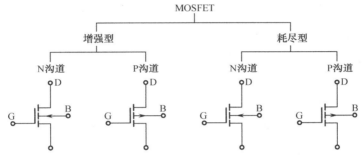

图 2-50　各种场效应管的符号

3. 场效应管的主要参数

1）直流参数

开启电压 U_{GSth}：是 MOS 增强型管的参数，栅源电压小于开启电压的绝对值，场效应管不能导通。

夹断电压 U_{GSoff}：是耗尽型 FET 的参数，当 $U_{GS}=U_{GSoff}$ 时，漏极电流为零。

饱和漏极电流 I_{DSS}：I_{DSS} 是耗尽型 FET 的参数，是当 $U_{GS}=0$ 时的漏极电流。

直流输入电阻 $R_{GS (DC)}$：FET 的栅源输入电阻。对于 JFET，R_{GS} 为 $10^8 \sim 10^{12}$ Ω；对于 MOSFET，R_{GS} 是 $10^9 \sim 10^{15}$ Ω，通常认为 $R_{GS} \to \infty$。

2）交流参数低频跨导 g_m：低频跨导反映了栅源电压 U_{GS} 对漏极电流 I_D 的控制作用，它的定义是当 U_{DS} 一定时，I_D 与 U_{GS} 的变化量之比，即

$$g_m = \left. \frac{\partial I_D}{\partial U_{GS}} \right|_{U_{GS}=常数}$$

跨导 g_m 的单位是 mA/V，它的值可由转移特性或输出特性求得。

3）极限参数

最大漏极电流 I_{DM}：是 FET 正常工作时漏极电流的上限值。

漏-源击穿电压 $U_{(BR)DS}$：FET 进入恒流区后，使 i_D 骤然增大的 u_{DS} 值称为漏源击穿电压，u_{DS} 超过此值会使管子烧坏。

最大耗散功率 P_{DM}：可由 $P_{DM}= U_{DS} I_D$ 决定，与双极型三极管的 P_{CM} 相当。

4. 场效应管的特点

场效应管具有放大作用，可以组成各种放大电路，它与双极性三极管相比具有以下几个特点。

1）场效应管是一种电压控制器件

通过 U_{GS} 来控制 I_D。而双极性三极管是电流控制器件，通过 I_B 来控制 I_C。

2）场效应管输入端几乎没有电流

场效应管工作时，栅、源极之间的 PN 结处于反向偏置状态，输入端几乎没有电流。所以其直流输入电阻和交流输入电阻都非常高。而双极性三极管的发射结始终处于正向偏置，总是存在输入电流，故 b、e 极间的输入电阻较小。因此 MOS 管的栅极输入电阻比三极管的输入电阻高，MOSFET 放大级对前级的放大能力影响极小。

3）场效应管的跨导较小

组成放大电路时，在相同负载电阻下，电压放大倍数比双极性三极管低。

4）MOS 管导通电阻小

MOS 管导通电阻小，只有几百毫欧姆，在现用电器件上，一般都用 MOS 管作为开关，效率比较高。三极管导通电阻大。

5）场效应管利用多子导电

由于场效应管是利用多数载流子导电的，因此，与双极性三极管相比，具有噪声小、受辐射的影响小、热稳定性好而且存在零温度系数工作点等特性。

由于场效应管的结构对称，有时漏极和源极可以互换使用。

2.4.2 场效应管放大电路

与三极管放大电路相似，静态工作点的设置对放大电路性能至关重要。场效应管是电压控制器件，故组成放大电路时应设置偏压，保证放大电路具有合适的工作点，避免输出波形产生严重的非线性失真。

1. 偏置电路

在场效应管放大电路中，由于结型场效应管与耗尽型 MOS 场效应管 $U_{GS}=0$ 时，$i_D\neq0$，故可采用自偏压方式，如图 2–51（a）所示。而对于增强型 MOSFET，要采用分压式偏置或混合偏置方式，如图 2–51（b）所示。

如图 2–51（a）所示，漏极电流 I_D 在 R_S 上的电压降提供栅极偏压，I_D 随 U_{GS} 变化。

$$I_D = I_{DSS}\left(1 - \frac{U_{GS}}{U_{GSoff}}\right)^2$$

$$U_{GS} = -I_D R_S$$

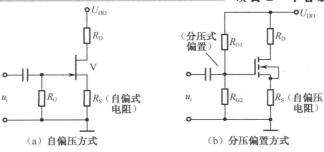

图 2-51　场效应管偏置电路

图 2-52 所示分压偏置式电路也是一种常用的偏置电路，该种电路适用于所有类型的场效应管，为了不使分压电阻 R_1、R_2 对放大电路的输入电阻影响太大，故通过 R_G 与栅极相连。该电路栅、源电压为

$$U_{GS} = U_G - U_S = \frac{R_1}{R_1 + R_2}U_{DD} - I_D R_S$$

2. 场效应管的微变等效电路

由于场效应管输入端不取电流，输入电阻极大，故输入端可视为开路。场效应管存在如下关系：

$$I_d = g_m U_{gs}$$

根据电路方程可画出场效应管的微变等效电路如图 2-53 所示。

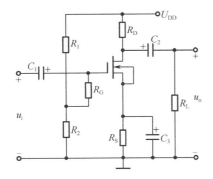

图 2-52　场效应管分压偏置式电路

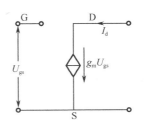

图 2-53　场效应管微变等效电路

3. 共源极放大电路

与三极管放大器相似，场效应管放大电路也有共源、共漏、共栅三种基本组态电路。

共源放大电路和微变等效电路如图 2-54 所示。场效应管放大电路的动态分析同双极性三极管，也是求电压放大倍数 A_u、输入电阻 r_i 和输出电阻 r_o。

由等效电路可得电压放大倍数：

$$A_u = \frac{u_o}{u_i} = -g_m(R_D /\!/ r_{ds}) \approx -g_m R_D$$

若 g_m=5 mA/V，电路各器件参数值如图 2-54（a）所示，则可求得放大倍数 A_u=50。

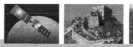

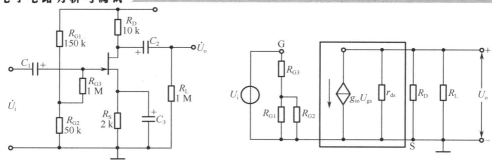

图 2-54　共源放大电路及其微变等效电路

输入电阻：

$$r_i = R_{G3} + R_{G1} /\!/ R_{G2} = 1.037\,5\ \text{M}\Omega$$

输出电阻：

$$r_o = R_D /\!/ r_{ds} \approx R_D = 10\ \text{k}\Omega$$

4. 共漏极放大电路（源极输出器）

共漏放大电路如图 2-55（a）所示，微变等效电路如图 2-55（b）所示。

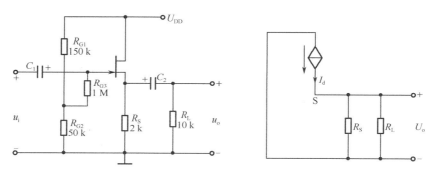

图 2-55　共漏极放大电路及其微变等效电路

电压放大倍数

$$A_u = \frac{g_m R_L'}{1 + g_m R_L'} \approx 1$$

输入电阻

$$R_i = R_G = R_{G3} + R_{G1} /\!/ R_{G2}$$

输出电阻

$$R_o = \frac{U_o}{I_o} = \frac{U}{\dfrac{U}{R_S} + g_m U} = \frac{1}{\dfrac{1}{R_S} + \dfrac{1}{\dfrac{1}{g_m}}} = R_S /\!/ \frac{1}{g_m}$$

共栅电路与共基电路相似，请试着自行分析。

项目评价与小结

1. 项目评价

考核类型	考核项目	评分内容与标准	分值	自评	教师考核
技能	元器件的识别与检测	能够识别和检测三极管	10		
	焊接技能	按原理图组正确安装焊接电路，布局合理，无虚焊，接线正确	10		
	仪器的使用	能够正确操作信号源产生要求的波形	5		
		能够正确使用示波器进行测试	5		
		能够正确使用万用表测试	5		
	调试技能	能够掌握静态工作点的测量	5		
		能调试静态工作点，并分析对波形的影响及原因	10		
		能测量放大电路性能参数	5		
		能调试并分析静态工作点对放大倍数的影响	5		
	故障排除技能	电路异常时制订调试计划	5		
		能够根据故障现象分析原因，并解决	10		
职业素养	安全规范	安全用电规范操作	5		
	工作态度	主动分析解决问题，并能协助他人	5		
		整理工位，符合 6S 规范	5		
	项目报告	整理数据，分析现象结果	10		

2. 项目小结

1）半导体三极管的放大作用和放大条件

三极管又称双极型晶体管，是一种电流控制型器件，具有电流放大作用。所谓电流放大作用，实质上是一种能量控制作用。要实现放大，必须满足两个外部条件，即发射结正偏、集电结反偏。必须要给电路设置合适的静态工作点。

2）静态工作点与失真

为使放大信号不失真，要有正确的直流偏置电路，且直流工作点设置必须适合，使整个波形处于放大区，否则会产生饱和或者截止失真现象。静态工作点合适，如果信号过大会也产生双向失真。

3）放大电路的分析方法

放大电路的分析包括静态分析和动态分析。静态分析用于确定放大电路的静态工作点，静态分析一般采用估算法；动态分析用于确定放大电路的动态性能，一般采用微变等效电路分析法。微变等效电路分析法是当放大电路已经设置了合适的静态工作点，并且工作在小信号时，将三极管用一个交流电压和电流的关系与它相同的线性电路（微变等效电路）来代替，然后用线性电路的分析方法来分析放大电路交流分量之间的关系。

静态分析的基本思路是画出电路的直流通路，并求出 I_{BQ}、I_{CQ}、U_{CEQ}。

动态分析的基本思路是画出电路的微变等效电路，并求出电压增益 A_u、输入电阻 R_i、输出电阻 R_o。

4）放大电路的三种组态

放大电路分为共射、共集和共基电路。共射极放大电路是反相电压器，输出与输入同频反相，具有电压和电流放大能力；共集电极放大电路是同相电压器，输出与输入同频同相，具有电流放大能力，无电压放大能力；共基极放大电路是同相电压器，输出与输入同频同相，具有电压放大能力，无电流放大能力。

5）场效应管放大电路

场效应管是一种电压控制元件，它是利用栅极与源极之间的电压 U_{GS} 的变化来控制漏极电流 i_D 的变化的；对于场效应管来说，应预先设置一个静态偏置电压 U_{GSQ}。场效应管 FET 三种基本组态放大器的性能特点与分析方法与三极管放大电路相似。

课后习题

1．判断题

（1）共发射极放大电路中集电极电阻 R_c 的作用，是将集电极电流转换成集电极电压，并改变放大器的电压放大倍数。　　　　　　　　　　　　　　　　　（　　）

（2）放大电路静态工作点的设置只对直流通路有影响，并不影响交流输出信号。（　　）

（3）只要将输入回路中的基极偏置电阻 R_b 增大，便可以解决饱和失真的问题。（　　）

（4）在温度升高时，基本放大电路的静态工作点 Q 不会改变。　　　　　　（　　）

（5）共集电极放大电路中，输入信号与输出信号的相位相反。　　　　　　（　　）

（6）在画放大电路的直流通路时，电容视为短路，交流通路中电容视为开路。（　　）

2．填空题

（1）半导体三极管有_____型和_____型，前者的图形符号是_____，后者的图形符号是_____。三极管工作在放大状态时，其_____结反偏，_____结正偏。集电极电流与基极电流的关系是_____。

（2）放大电路的性能指标主要有_____、_____和_____。

（3）在三极管微变等效电路中，三极管的基极和发射极之间可以等效为_____。

（4）共集电极放大电路也称射极输出器，它的电压放大倍数_____，输入电阻_____，输出电阻_____，输入输出电压_____。

（5）基本放大电路的三种组态分别是_____、_____和_____。三种基本放大电路中，输入电阻最大的是_____放大电路，输出电阻最小的是_____放大电路。

（6）根据结构不同，场效应管分为_____和_____两大类，它们都有_____沟道和_____沟道两种，绝缘栅型场效应管又有_____型和_____型。

3．选择题

（1）三极管工作在放大区时，具有（　　）特点。

  A．发射结正偏，集电结反偏　　 B．发射结反偏，集电结正偏

  C．发射结正偏，集电结正偏　　 D．发射结反偏，集电结反偏

（2）三极管工作在饱和区时，具有（　　）的特点。

  A．发射结正偏，集电结反偏　　 B．发射结反偏，集电结正偏

  C．发射结正偏，集电结正偏　　 D．发射结反偏，集电结反偏

（3）在共射、共集、共基三种基本组态放大电路中，电压放大倍数小于 1 的是（　　）组态。

  A．共射　　 B．共集　　 C．共基　　 D．不确定

（4）用万用表 $R×1$ kΩ挡测量一只正常的三极管。用红表棒接触一只引脚，黑表棒接触另两只引脚时，测得的电阻都很大，则该三极管是（　　）。

  A．PNP 型　　 B．NPN 型　　 C．无法确定

（5）用万用表的电阻挡测得三极管任意两引脚间的电阻均很小，说明该管（　　）。

  A．两个 PN 结均击穿　　 B．两个 PN 结均开路

  C．发射结击穿，集电结正常　　 D．发射结正常，集电结击穿

4．某人在检修一台电子设备时，由于三极管上标号不清，于是利用测量三极管各电极电位的方法判断管子的电极、类型及材料，测得三个电极对地的电位分别为 $U_A=-6$ V，$U_B=-2.2$ V，$U_C=-2.0$ V，试判断出三个引脚的电极、管子的类型和材料。

5．测得某电路中几个三极管各极的电位如图 2-56 所示，试判断各三极管分别工作在截止区、放大区还是饱和区。

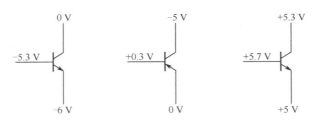

图 2-56　5 题图

6．什么是静态工作点？如何设置静态工作点？若静态工作点设置不当会出现什么问题？估算静态工作点时，应根据放大电路的直流通路还是交流通路？

7．电路如图 2-57 所示，晶体管的 $\beta=50$，$U_{BE}=0.2$ V，饱和管压降 $U_{CES}=0.1$ V；稳压管的稳定电压 $U_Z=5$ V，正向导通电压 $U_D=0.5$ V。试问：当 $u_I=0$ V 时 u_O？当 $u_I=5$ V 时 u_O？

8．共集电极放大电路有哪些特点？共基极放大电路有何特点？试将三种组态放大电路的性能进行比较，说明各电路的适合场合。

9．什么是截止失真和饱和失真？与静态工作点有什么关系？如何调整电路参数来消除失真？

10．单管共射放大电路如图 2-58 所示，电路参数如图标示，如已知 $\beta=100$，试完成：

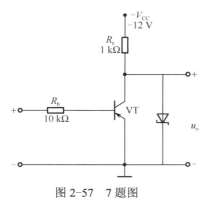

图 2-57　7 题图

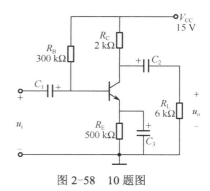

图 2-58　10 题图

（1）画出直流通路，估算电路的静态工作点；

（2）计算电路的电压放大倍数、输入电阻和输出电阻；

（3）估算最大不失真输出电压的幅值；

（4）当 u_i 足够大时，输出电压首先出现何种失真，如何调节 R_B 消除失真？

11．如图 2-59 所示的分压偏置式电路中，三极管为硅管，$\beta = 40$，$U_{BE} = 0.7\,V$，其他参数如图标示。

（1）画出直流通路，估算电路的静态工作点；

（2）若接入 5 kΩ的负载电阻，画微变等效电路，求电压放大倍数、输入电阻和输出电阻；

（3）若射极旁路电容 C_E 断开，重复（2）中的计算。

12．试比较场效应管与双极性三极管的特点。

13．如图 2-60 所示，$V_{DD} = 24\,V$，所用场效应管为 N 沟道耗尽型，其参数 $I_{DSS} = 0.9\,mA$，$U_{GSoff} = -4\,V$，跨导 $g_m = 1.5\,mA/V$。电路参数 $R_1 = 200\,k\Omega$，$R_2 = 64\,k\Omega$，$R_G = 1\,M\Omega$，$R_D = R_S = R_L = 10\,k\Omega$，试求：

（1）静态工作点；

（2）电压放大倍数；

（3）输入电阻和输出电阻。

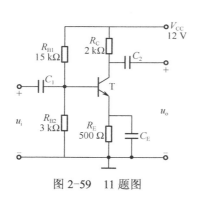

图 2-59　11 题图

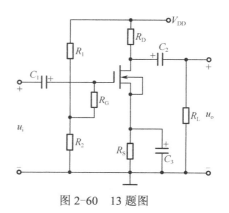

图 2-60　13 题图

信号发生器的使用

RIGOL DG1000 系列函数/任意波形发生器能产生精确、稳定、低失真的输出信号。双通道输出，100 MSa/s 采样率，14 b 垂直分辨率，最高 25 MHz（图 2-61）。

1. 选择波形

按下屏幕上的波形按键，比如按下正弦波指示灯点亮，屏幕显示正弦波形（图 2-62）。

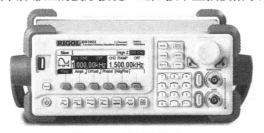

图 2-61 波形发生器

图 2-62 按键

2. 频率设置

按下与屏幕所对应的频率按键选择，选中频率设置，通过面板旋钮或者数字键盘可设置需要的数值及单位（图 2-63）。

3. 大小设置

按下与屏幕所对应的幅值按键，选中电压设置，通过面板旋钮或者数字键盘可设置需要的数值及单位（图 2-64）。

图 2-63 频率设置

图 2-64 大小设置

4. 波形输出

输出有 CH1、CH2 两个通道，连接所选通道线缆，如设置好 CH1 通道参数后，可按下 CH1 按钮，指示灯亮，波形输出（图 2-65）。

例如：完成上述设置，此时可输出频率为 1 kHz，大小为 10 mVrms 的正弦波形。

图 2-65 波形输出

项目 3

多级负反馈放大电路分析与调试

教学导航

<table>
<tr><td rowspan="4">教</td><td>知识重点</td><td>1. 多级放大电路的组成、安装及调试
2. 反馈的基本概念、类型判别
3. 差动放大电路的组成及分析</td></tr>
<tr><td>知识难点</td><td>1. 反馈的基本概念、类型判别
2. 差动放大电路的原理</td></tr>
<tr><td>推荐教学方式</td><td>　　本项目通过制作一个两级放大器加深对单管放大器的理解。多级放大电路的每一级分开测试，测试方法同单管放大电路的测试相同。在完成电路制作与测试后，引入反馈电路，让学生观察反馈元件对放大电路性能的影响，从而引入反馈的概念及判别方法</td></tr>
<tr><td>建议学时</td><td>14 学时</td></tr>
<tr><td rowspan="4">学</td><td>推荐学习方法</td><td>　　多级放大电路的每一级分开测试，调试成功后，再进行两级电路的联调。通过多级放大电路的制作和测试，掌握电路的故障分析方法。通过观察负反馈元件对放大电路性能的影响，进入负反馈放大电路的学习。从而掌握负反馈放大电路的工作原理、类型判别</td></tr>
<tr><td>必须掌握的理论知识</td><td>1. 两级放大器的原理
2. 反馈类型的判断</td></tr>
<tr><td>必须掌握的技能</td><td>1. 单管放大电路的分析与调试
2. 放大电路的故障分析</td></tr>
</table>

项目描述

本项目制作一个两级带负反馈的音频放大电路。电路如图 3-1 所示,制作完成的电路如图 3-2 所示。

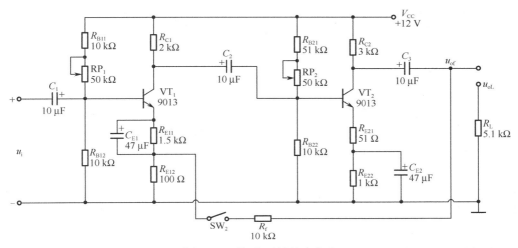

图 3-1 两级负反馈放大电路

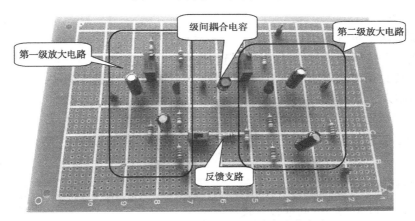

图 3-2 多级负反馈放大电路制作完成的电路

项目所用元器件清单见表 3-1。

表 3-1 多级负反馈放大电路元器件清单

序 号	元件代号	名称	型号及参数	功 能
1	VT_1、VT_2	三极管	9013	分别为第一、二级放大元件
2	R_{B11}、R_{B12}、R_{B22}	电阻	10 kΩ	基极偏置电阻,为三极管提供合适、稳定的偏置电压
3	R_{B21}	电阻	51 kΩ	
4	RP_1、RP_2	电位器	50 kΩ	分别为第一、二级基极偏置电路电位器,调节电路静态工作点

续表

序 号	元 件 代 号	名称	型号及参数	功 能
5	C_1、C_2、C_3	电容	10 μF	分别为输入耦合电容、级间耦合电容和输出耦合电容，作用为传递交流信号，使交流信号能顺利从输入端到达输出端；隔断直流信号，使其静态工作点不相互影响
6	C_{E1}、C_{E2}	电容	47 μF	旁路电容
7	R_{C1}	电阻	2 kΩ	分别为第一、二级电路的集电极电阻，作用为将三极管的电流放大作用转变成电压放大作用
8	R_{C2}	电阻	3 kΩ	
9	R_{E11}	电阻	1.5 kΩ	发射极电阻，用于稳定静态工作点
10	R_{E12}	电阻	100 Ω	
11	R_{E21}	电阻	51 Ω	
12	R_{E22}	电阻	1 kΩ	
13	R_L	电阻	5.1 kΩ	负载电阻
14	R_f	电阻	10 kΩ	反馈电阻
15	SW_1	开关		反馈电路开关，便于观察反馈电路对电路的影响

◆ **项目分析**

本项目采用两个单管放大电路组成一个多级放大电路，作用是对输入的小信号进行足够放大。一般输入信号都比较小，例如话筒的输出电压仅有 2～5 mV，经过一级放大后信号还是较弱，要采用多级放大后才能满足要求。但多级放大电路容易引起失真和不稳定，所以在电路中引入了负反馈。

要完成本项目安装调试，要在掌握项目二单管放大电路的基础上，分析多级放大电路的特点，借助示波器对信号波形的观察，了解负反馈对电路的影响，进而对负反馈电路进行分析。

◆ **知识目标**

（1）了解多级放大电路级间耦合方式及特点。

（2）掌握多级放大电路的放大倍数与各级放大倍数的关系。

（3）掌握负反馈对放大电路性能的影响以及反馈类型的判定。

（4）了解差动放大电路。

◆ **能力目标**

（1）能对电路合理布局、安装、调试及故障排查。

（2）熟练识别与检测电路中各元器件。

（3）熟练使用示波器和信号发生器。

（4）能判断电路中反馈的类型。

3.1 多级放大电路安装与调试

3.1.1 电路安装与测试内容

两级放大电路如图 3-3 所示。

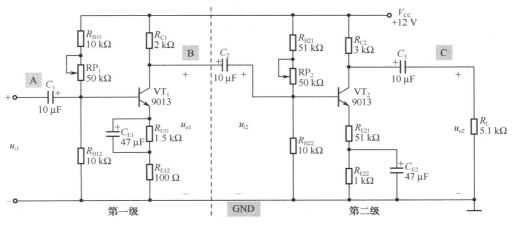

图 3-3 两级放大电路原理图

1. 元器件领取与检测

根据图 3-3 所示两级放大电路原理图，以及表 3-1 所列电路元器件型号和功能，领取并检测元器件，并记录检测结果。

（1）用万用表检测三极管，正确判断三极管的 B、C、E 极以便正确安装，记录在表 3-2 中。

表 3-2　三极管检测结果

名　称	型　号	类型（NPN 或 PNP）	引脚排列（平面对着自己，从左至右）	
VT$_1$				
VT$_2$				1 2 3

（2）对其他要安装的元件一一辨识并检测。

2. 电路安装和焊接

电路焊接工具：电烙铁、烙铁架、焊锡丝、松香、吸锡器、镊子、斜口钳等。

元件的安装首先应考虑布局，布局原则按信号流向按模块布局，安装排针方便后续测试。元件布局可参考图 3-2，注意元件排列整齐，便于测量，焊点可靠。

（1）根据原理图，仔细核对器件位置及参数。

（2）注意极性器件插装，如电解电容，三极管等，不得装反。

（3）测试点（V_{CC}，u_{i1}，u_{o1}，u_{o2}，接地端）端子处焊接排针，方便电路测试。

（4）三极管的三个引脚留有适当高度，方便后续测量。

通电前首先采用自检与互检相结合的方式仔细检查电路板。焊接好的电路板应清洁、无锡渣，无明显的错焊、漏焊、虚焊和短路，可用万用表检测电路的通断。要重点检查电解电容、三极管是否焊反，元件参数是否按照清单提供的焊接等。

用万用表测试下电源两端，确定没有短路后，给电路接上+12 V的直流稳压电源，注意电源的正、负极。观察电路有无异常，如元件冒烟、发烫、变形等，若有异常，立即断电检查电路。

3. 电路测试内容

测试电路连接如图 3-4 所示。

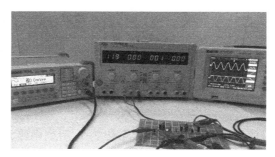

图 3-4　两级放大电路测试图

1）各级放大电路最佳静态工作点的调整

先调节第一级放大电路的静态工作点。接通+12 V电源，首先进行初调：用万用表直流电压挡测量 C、E 两点电压，调节 RP_1，使得 U_{CE} 约为 6 V。

将信号发生器输出信号接到第一级放大电路的输入端（即图 3-3 中的测试点 A 点与测试点 GND），示波器接到第一级放大电路的输出端（即图 3-3 中的测试点 B 点与测试点 GND）。调节信号发生器产生频率为 1 kHz，峰-峰值为 20 mV 的正弦波信号送入电路的输入端，用示波器监测 u_{o1} 波形，增大输入信号，当输出波形出现失真时，调节电位器 RP_1 使失真消除，然后再增大输入信号，再调节 RP_1，直到输出端得到一个最大不失真波形，此时即为电路的最佳静态工作点。用万用表直流电压挡测量三极管基极、集电极、发射极对地电压 U_B、U_C、U_E，将数据记录在表 3-3 中。

然后再调节第二级放大电路的静态工作点。信号发生器接到第二级放大电路的输入端（即图 3-3 中的测试点 B 点与测试点 GND），示波器接到第二级放大电路的输出端（即图 3-3 中的测试点 C 点与测试点 GND）。采用同样的方法调节第二级放大电路的最佳静态工作点。相关数据填入表 3-3 中。

2）第一级放大电路放大倍数测试

将信号发生器接到第一级放大电路的输入端（即图 3-3 中的测试点 A 点与测试点 GND），示波器第一通道同时接到第一级放大电路的输入端试，示波器第二通道接第一级放大电路的输出端（即图 3-3 中的测试点 B 点与测试点 GND）。调节信号发生器产生一个频率为 1 kHz，峰-峰值为 20 mV 的正弦波信号，接通+12 V 电源，示波器同时监测输入信号和第一级放大电路的输出信号波形，观察输入输出信号的相位关系，并测量输入输出信号的大小，计算放大电路电压放大倍数 A_{u1}，将波形及数据记入表 3-4 中。若在测试过程中输出信号出现失真，可减小信号发生器输出，直至输出信号不失真。以下步骤同理。

表 3-3　静态数据记录表

测 试 项 目		U_B（V）	U_C（V）	U_E（V）	三极管工作状态
第一级放大电路	最佳静态				
第二级放大电路	最佳静态				

❀ 关于三极管静态工作点的测量，详细步骤见项目二单管放大部分电路分析调试部分。确定电路的最佳静态工作点后，保持电路不变，不要再去调节电位器 RP_1 和 RP_2。

表 3-4　第一级放大电路放大倍数的测量

	u_{i1}(mV)	u_{o1} (mV)	A_{u1}	观测记录输入输出波形
第一级放大电路				u_{i1}/u_{o1} t

3）第二级放大电路放大倍数测试

将信号发生器接到第二级放大电路的输入端（即图 3-3 中的测试点 B 点与测试点 GND），示波器第一通道同时接到第二级放大电路的输入端，示波器第二通道接第二级放大电路的输出端（即图 3-3 中的测试点 C 点与测试点 GND）。调节信号发生器在输入端同样加入一个频率为 1 kHz，峰-峰值为 20 mV 的正弦波信号，接通+12 V 电源，用示波器同时监测输入输出信号，计算放大电路电压放大倍数 A_{u2}，将波形及数据记入表 3-5 中。

表 3-5　第二级放大电路放大倍数的测量

	u_{i2}(mV)	u_{o2}(mV)	A_{u2}	观测记录输入输出波形
第二级放大电路				u_{i2}/u_{o2} t

4）两级放大电路的放大倍数测试

将信号发生器接到第一级放大电路的输入端（即图 3-3 中的测试点 A 点与测试点 GND），示波器第一通道同时接到第一级放大电路的输入端，示波器第二通道接第二级放大电路的输出端（即图 3-3 中的测试点 C 点与测试点 GND）。调节信号发生器在输入端同样加一个频率为 1 kHz，峰-峰值约 20 mV 的正弦波信号，接通+12V 电源，用示波器同时监测输入输出信号，计算放大电路电压放大倍数 A_u，将波形及数据记入表 3-6 中。

表 3-6　两级放大电路放大倍数测量

两级放大电路	$u_{i1}(mV)$	$u_{o2}(mV)$	A_u	观测记录输入输出波形
				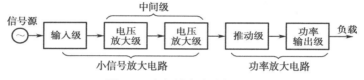

❓ 思考与分析：

（1）多级放大电路的放大倍数与各单级放大电路的放大倍数有什么关系？

（2）多级放大电路级与级之间是如何联系的？

3.1.2　多级放大电路的相关知识

1. 多级放大电路的定义

前面讲过的单管放大电路，其电压放大倍数一般只能达到几十到几百。而在实际工作中，放大电路的输入信号往往都很微弱（输入电压一般为毫伏或微伏级，输入功率常在 1 mW 以下），要将其放大到推动负载工作，则必须通过多级放大电路对微弱信号进行连续放大，这样才可以满足实际要求。

多级放大电路一般由输入级、中间级和输出级组成，如图 3-5 所示。

图 3-5　多级放大电路的组成

根据信号源和负载性质的不同，对各级电路有不同要求。

1）输入级

输入级也称前置级，主要作用为将信号源的信号有效、可靠并尽可能大地引入电路进行放大。要求电路具有较大的输入电阻和良好的频率特性。常用的输入级电路有射极输出器电路等。

2）中间级

中间级电路的主要作用是电压放大，是将信号电压不失真地放大到一定幅值。一般由一级或多级基本放大电路组成。前置级与中间级主要实现对输入信号源的小信号电压的放大作用。

3）输出级

输出级也叫末级，主要作用是对传送过来的信号进行功率放大，以推动负载工作。输出级电路一般是功率放大电路。

2. 多级放大电路级间耦合方式及特点

在多级放大电路中，组成多级放大电路的每一个基本放大电路称为一级，放大电路级与级之间的连接方式称为级间耦合。根据各个放大电路级间耦合方式（连接和传递信号方式）的不同，多级放大电路可分为直接耦合放大电路、阻容耦合放大电路、变压器耦合放大电路和光电耦合放大电路等。

1）直接耦合放大电路

直接耦合放大电路是指各放大电路之间直接用导线连接起来的多级放大电路。直接耦合放大电路如图 3-6 所示。

交流信号从第一级放大电路 VT_1 的基极输入，然后从集电极直接输出到第二级放大电路 VT_2 基极，最后从第二级放大电路的集电极输出。直接耦合的特点如下。

优点：既可以放大交流信号，也可以放大直流信号或者变化非常缓慢的信号；信号传输效率高；

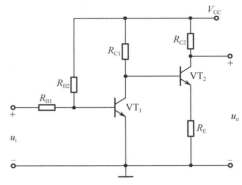

图 3-6　直接耦合的两级放大电路

具有结构简单、便于集成化等优点，集成电路中多采用这种耦合方式。

缺点：存在各级静态工作点相互影响和零点漂移两个问题。

2）阻容耦合放大电路

我们把级与级之间用电容连接起来的放大电路称为阻容耦合放大电路。阻容耦合放大电路如图 3-7 所示。

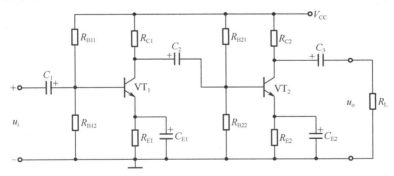

图 3-7　阻容耦合的两级放大电路

交流信号经耦合电容 C_1 送到第一级放大电路的三极管 VT_1 基极，放大后从集电极输出，再经耦合电容 C_2 送到第二级放大电路的 VT_2 基极，放大后从集电极输出通过耦合电容 C_3 送往下一级电路。

特点：级与级之间通过电容连接。

优点：因为电容具有"隔直"作用，所以各级放大电路的静态工作点相互独立，互不影响。还具有体积小、重量轻等优点。

缺点：因电容对交流信号有一定的容抗，所以在信号传输过程中，会受到一定的衰减，从而使电路的频率特性受到影响；不能传送直流信号或变化缓慢的交流信号；因为存在大容量的电容，不便于集成化。

3）变压器耦合放大电路

变压器耦合放大电路是指各放大电路之间用变压器连接起来的多级放大电路。变压器耦合放大电路如图 3-8 所示。

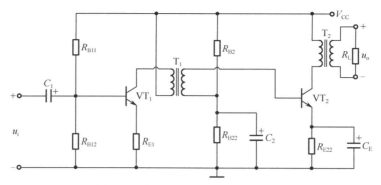

图 3-8　变压器耦合的两级放大电路

交流信号送到第一级放大电路的三极管 VT_1 基极，放大后从集电极输出送到变压器 T_1 的初级线圈，再感应到次级线圈，然后送到第二级放大电路 VT_2 的基极，放大后从集电极输出通过变压器 T_2 送往下一级电路。

特点是：级与级之间通过变压器连接。

优点：各级电路之间的静态工作点相互独立、互不影响；可以进行阻抗变换，适应当设置初、次线圈的匝数，可以让第一级电路的信号最大程度地送到第二级电路。

缺点：变压器体积大而重，不利于集成；低频特性差，不适合放大直流及缓慢变化的信号。目前这种耦合方式应用得较少。

4）光电耦合放大电路

光电耦合是以光信号为媒介来实现电信号的耦合和传递的，光电耦合器是实现光耦合的基本器件。当第一级放大电路输出的电信号加载到光电耦合器的输入端时，发光二极管发光，光敏晶体管受光线照射后导通，输出相应的电信号，送到第二级放大电路的输入端，实现了电信号的传递。级与级之间隔离程度好。凭借其优良的抗干扰能力和良好的频率特性得到越来越广泛的应用。

光电耦合放大电路如图 3-9 所示。

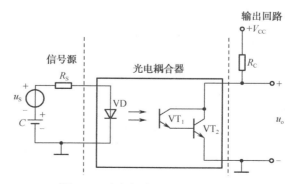

图 3-9　光电耦合的两级放大电路

❓ **思考与分析：**

本项目中的两级放大电路采用的是什么耦合方式？这种耦合方式有什么优缺点？

3. 多级放大电路性能参数

1）电压放大倍数

在多级放大电路中，各级放大电路的电压放大倍数分别为 A_{u1}，A_{u2}，$\cdots$，A_{un}，如图 3-10 所示，由放大倍数的定义及框图可知：

$$A_u = \frac{u_o}{u_i} = \frac{u_{o1}}{u_i} \frac{u_{o2}}{u_{i2}} \frac{u_{o3}}{u_{i3}} \cdots \frac{u_o}{u_{in}} = A_{u1} A_{u2} A_{u3} \cdots A_{un}$$

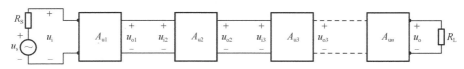

图 3-10 多级放大器的电压放大倍数

即多级放大电路电压放大倍数等于各级电压放大倍数的乘积。

若以分贝为单位（增益）来表示电压放大倍数，则有：

$$20\lg A_u(\text{dB}) = 20\lg A_{u1} + 20\lg A_{u2} + 20\lg A_{u3} + \cdots + 20\lg A_{un}$$

电压放大倍数相乘的关系转为相加，即总的电压增益等于各级电压增益之和。

2）输入电阻

多级放大电路的输入电阻等于第一级的输入电阻：

$$R_i = R_{i1}$$

3）输出电阻

多级放大电路的输出电阻等于最后一级的输出电阻：

$$R_o = R_{on}$$

注意：在计算各级电路的电压放大倍数和输入、输出电阻时，必须考虑前后级之间的相互影响：要把后级电路的输入电阻作为前级的负载电阻或前级的输出阻抗作为后一级的输入阻抗。

实例 3-1 如图 3-11 所示为两级阻容耦合放大电路，已知 $U_{CC} = 12$ V，$R_{B1} = R'_{B1} = 20$ kΩ，$R_{B2} = R'_{B2} = 10$ kΩ，$R_{C1} = R_{C2} = 2$ kΩ，$R_{E1} = R_{E2} = 2$ kΩ，$R_L = 2$ kΩ，$\beta_1 = \beta_2 = 50$，$U_{BE1} = U_{BE2} = 0.6$ V。

（1）求前、后级放大电路的静态值。

（2）画出微变等效电路。

（3）求各级电压放大倍数 A_{u1}、A_{u2} 和总电压放大倍数 A_u。

分析：两级放大电路都是共发射极的分压式偏置放大电路，各级电路的静态值可分别计算，动态分析时须注意第一级的负载电阻就是第二级的输入电阻，即 $R_{L1} = r_{i2}$。

解：（1）各级电路静态值的计算采用估算法。

第一级：

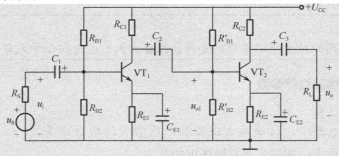

图 3-11　实例 3-1 两级阻容耦合放大电路

$$U_{B1} = \frac{R_{B2}}{R_{B1}+R_{B2}}U_{CC} = \frac{10}{20+10}\times12 = 4\,(V)$$

$$I_{C1} \approx I_{E1} = \frac{U_{B1}-U_{BE1}}{R_{E1}} = \frac{4-0.6}{2} = 1.7\,(mA)$$

$$I_{B1} = \frac{I_{C1}}{\beta_1} = \frac{1.7}{50} = 0.034\,（mA）$$

$$U_{CE1} = U_{CC} - I_{C1}(R_{C1}+R_{E1}) = 12-1.7\times(2+2) = 5.2\,(V)$$

第二级：

$$U_{B2} = \frac{R'_{B2}}{R'_{B1}+R'_{B2}}U_{CC} = \frac{10}{20+10}\times12 = 4\,(V)$$

$$I_{C2} \approx I_{E2} = \frac{U_{B2}-U_{BE2}}{R_{E2}} = \frac{4-0.6}{2} = 1.7\,(mA)$$

$$I_{B2} = \frac{I_{C2}}{\beta_2} = \frac{1.7}{50} = 0.034\,(mA)$$

$$U_{CE2} = U_{CC} - I_{C2}(R_{C2}+R_{E2}) = 12-1.7\times(2+2) = 5.2\,(V)$$

（2）微变等效电路如图 3-12 所示。

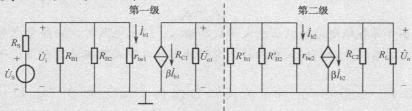

图 3-12　实例 3-1 微变等效电路

（3）求各级电路的电压放大倍数 A_{u1}、 A_{u2} 和总电压放大倍数 A_u。

三极管 VT_1 的动态输入电阻为：

$$r_{be1} = 300 + (1+\beta_1)\frac{26}{I_{E1}} = 300+(1+50)\times\frac{26}{1.7} = 1\,080\,(\Omega)$$

三极管 VT_2 的动态输入电阻为：

$$r_{be2} = 300 + (1+\beta_2)\frac{26}{I_{E2}} = 300+(1+50)\times\frac{26}{1.7} = 1\,080\,(\Omega)$$

第二级输入电阻为：

$$r_{i2} = R'_{B1} \,/\!/\, R'_{B2} \,/\!/\, r_{be2} = 20 \,/\!/\, 10 \,/\!/\, 1.08 = 0.93\,(\text{k}\Omega)$$

第一级等效负载电阻为：

$$R'_{L1} = R_{C1} \,/\!/\, r_{i2} = 2 \,/\!/\, 0.93 = 0.63\,(\text{k}\Omega)$$

第二级等效负载电阻为：

$$R'_{L2} = R_{C2} \,/\!/\, R_L = 2 \,/\!/\, 2 = 1\,(\text{k}\Omega)$$

第一级电压放大倍数为：

$$\dot{A}_{u1} = -\frac{\beta_1 R'_{L1}}{r_{be1}} = -\frac{50 \times 0.63}{1.08} = -30$$

第二级电压放大倍数为：

$$\dot{A}_{u2} = -\frac{\beta_2 R'_{L2}}{r_{be2}} = -\frac{50 \times 1}{1.08} = -50$$

两级总电压放大倍数为：

$$\dot{A}_u = \dot{A}_{u1}\dot{A}_{u2} = (-30) \times (-50) = 1\,500$$

3.1.3　电路调试与故障排查

1. 调试电路

在调试电路的过程中要自己学会测试电路，会根据需要，测试关键点的电压或电流，并根据所学理论知识判断测试结果是否正确；会分析故障，排除故障，直至电路正常工作。

电路工作正常时应测得两级放大电路的放大倍数等于各单级放大电路放大倍数的乘积，即 $A_u = A_{u1}A_{u2}$。

本项目是由两个单管放大电路组成的多级放大电路，调试时应该按照信号流向分级进行测试，每一级要先调试静态工作点，再进行动态分析，步骤如下。

（1）先单独调试第一级放大电路，方法参照项目二中单管放大电路的调试方法，调试目的是确定电路的最佳静态工作点以及电路能正常放大交流信号。

（2）用同样的方法再单独调试第二级放大电路。

（3）最后进行两级电路联调。两级电路联调时，要注意保持调试好的静态工作点不变。

2. 电路故障分析与排除

1）有输入信号，各级电路无输出或输出为杂乱无章波形

分析检测方法：首先检查 12 V 电源是否供电正常，然后用万用表直流电压 20 V 电压挡分别测试三极管各点电压，看三极管是否工作在放大状态，最后输入正弦波信号，用示波器按信号流向测试信号流经的各个元器件，找到故障点，排除故障。

2）测试各三极管工作都正常，但是两级放大电路联调时无波形输出

故障范围：故障一般与级间耦合电路有关，应重点检查电容 C_2 及级间通路。

检测方法：首先查看电容是否正负极接反，然后查看级间电路焊接是否短路、虚焊、假焊，最后查看是否元器件本身损坏（开关坏等）。

3.2 两级负反馈放大电路的分析与调试

3.2.1 电路制作与测试

1. 电路安装

按照图 3-13 在两级放大电路的电路板上焊接反馈支路，即电阻 R_f 和开关 SW$_1$。开关的作用是为了方便观察反馈对放大电路性能的影响。安装完成以后，用万用表检查下电路是否连通。

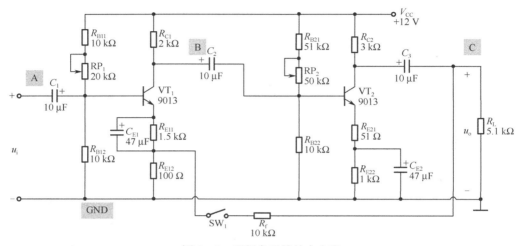

图 3-13　两级负反馈放大电路

2. 电路测试内容

1）测试负反馈对波形失真的改善

开关 SW$_1$ 断开，将信号发生器接到第一级放大电路的输入端（即图 3-13 中的测试点 A 与测试点 GND），示波器接到第二级放大电路的输出端（即图 3-13 中的测试点 C 与测试点 GND）。电路连接如图 3-14 所示。

（a）SW$_1$ 断开电路输出波形　　　　（b）SW$_1$ 闭合电路输出波形

图 3-14　电路有无负反馈电路输出波形

调节信号发生器，输入频率为 1 kHz，峰-峰值为 20 mV 正弦波信号，用示波器测试输出波形 u_o，增大输入信号，直到输出波形 u_o 出现失真，记录输出波形到表 3-7 中。

保持上一步增大后的输入信号不变，将开关 SW$_1$ 闭合，用示波器测试输出波形 u_o，观

察此时输出信号的变化，并将输出波形记录到表 3-7 中。

表3-7　有无负反馈电路输出波形记录

	输　出　波　形
无反馈 （SW₁断开）	
有反馈 （SW₁闭合）	

2）测量负反馈对放大倍数的影响

开关 SW₁ 断开，将信号发生器接到第一级放大电路的输入端（即图 3-13 中的测试点 A 与测试点 GND），示波器第一通道同时接到输入端，示波器第二通道接到第二级放大电路的输出端（即图 3-13 中的测试点 C 与测试点 GND）。调节信号发生器，输入频率为 1 kHz，峰-峰值为 20 mV 正弦波信号，用示波器同时测试输入输出波形及大小。记录相关数据到表 3-8 中，计算放大倍数。

输入信号保持不变，闭上开关 SW₁ 计算放大倍数，用示波器测试接入反馈以后的输入/输出信号波形及大小，记录相关数据到表 3-8 中，计算放大倍数。

表3-8　两级最大不失真波形数据记录表

	输入电压 V_{iP-P}(mV)	输出电压 V_{oP-P}(mV)	放大倍数 A_u
无反馈（SW₁断开）			
有反馈（SW₂闭合）			

> ❓ 思考：
> （1）为什么开关 SW₁ 闭合，电路放大倍数会发生变化？
> （2）开关 SW₁ 闭合后，输出的失真信号有什么变化？

3.2.2　负反馈的知识链接

由刚才的测试可以知道：当电路输出信号出现失真时，闭合开关 SW₁，连接上 R_f 支路后，输出波形的失真得到明显改善；当电路处于正常放大信号时，闭合开关 SW₁，连接上 R_f 支路后，电路的放大倍数减小了，这是为什么？

观察 R_f 支路，当开关闭合时，输出信号通过这条支路送回到了电路的输入端，此时电路引入了反馈。下面我们对这类电路进行分析。

1. 反馈的基本概念

反馈就是将基本放大电路的输出量（电压或电流）的一部分或全部，经过一定的电路或元件送回到放大电路的输入端，并同输入信号一起参与放大电路的输入控制作用。其组成框图如图 3-15 所示，图中 x_i、x_i'、x_o、x_f 分别表示放大电路的输入信号、净输入信号、输出信号和反馈信号。

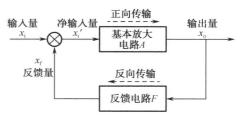

图 3-15　反馈放大电路框图

净输入信号是电路输入端的实际信号 x_i 与输出端反馈信号 x_f 的代数和 $x_i' = x_i + x_f$。正反馈使净输入信号增大，即 $x_i' > x_i$，主要用于振荡电路。负反馈使净输入信号减小，即 $x_i' < x_i$，放大电路普遍采用的是负反馈。

如果不存在反馈，即只存在放大输入信号的正向传输途径，称为开环。在开环时，$x_i' = x_i$，开环放大倍数

$$A = \frac{x_o}{x_i'}$$

基本放大电路输出经反馈网络反向传输到输入端形成闭合环路，称为闭环放大电路。反馈系数

$$F = \frac{x_f}{x_o}$$

负反馈时 $x_i' = x_i - x_f$，闭环放大倍数

$$A_f = \frac{x_o}{x_i} = \frac{x_o}{x_i' + x_f} = \frac{Ax_i'}{x_i' + Fx_o} = \frac{Ax_i'}{x_i' + FAx_i'} = \frac{A}{1 + AF}$$

式中 $1+AF$ 称为反馈深度，值越大则负反馈越深。当 $|1 + AF| \gg 1$ 时，称其为深度负反馈，在此条件下，负反馈放大电路的闭环放大倍数基本上等于反馈系数 $A_f = \frac{1}{F}$。

实例 3-2　判断图 3-16 中电路是否有反馈电路，如有请判断反馈元件。

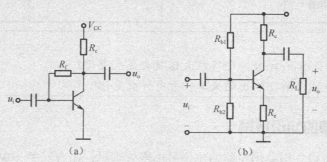

图 3-16　实例 3-2 电路图

解：判断电路是否存在反馈，主要是看输入回路和输出回路之间是否存在反馈电路。若有反馈电路，则存在反馈，否则没有反馈。

在图 3-16（a）中，R_f 为反馈元件，连接在输入与输出之间构成反馈电路。

在图 3-16（b）中，R_e 为反馈元件。

2. 反馈的类型及判定方法

1）正反馈和负反馈

按反馈极性分为正反馈和负反馈。

正反馈：反馈信号使净输入信号增强的反馈为正反馈。

负反馈：反馈信号使净输入信号减弱的反馈为负反馈。

判断正、负反馈通常使用瞬时极性法。判断步骤如下：

① 假设输入信号对地的瞬时极性（用 $\oplus$ 表示正极性，用 $\ominus$ 表示负极性）。

② 按照信号沿放大电路、反馈电路的传递路径，逐级标出关键点的瞬时极性，从而得到反馈信号的极性。

③ 比较电路引入反馈后，净输入量是增加还是减小，从而确定反馈是正反馈还是负反馈。若净输入增加，是正反馈；若净输入减小，是负反馈。

实例 3-3　判断图 3-16（b）中反馈元件 R_e 引入的是正反馈还是负反馈。

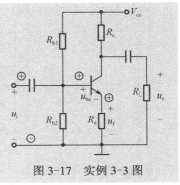

图 3-17　实例 3-3 图

解：采用瞬时极性法判断：

（1）假设输入电压 u_i 极性为正，用 $\oplus$ 表示，如图 3-17 所示。

（2）按信号沿放大电路、反馈电路的传递路径，标出关键点的瞬时极性，如图 3-17 所示。可知 u_f 瞬时极性为正。

（3）净输入信号 $u_{be}=u_i-u_f$，反馈信号极性为正，减去正的，所以净输入减小，引入的反馈为负反馈。

实例 3-4　判断图 3-18 所示电路引入的反馈是正反馈还是负反馈。

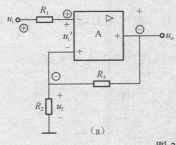 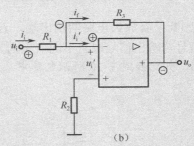

图 3-18　实例 3-4 图

解：图中方框表示的器件为集成运算放大器，项目 4 会进一步具体介绍。此处应了解集成运算放大器的特性：输出端信号极性与标有 "+" 的输入端信号极性同相，与标有 "-" 的输入端信号极性反相。

判断正、负反馈仍采用瞬时极性法，注意运算放大器输入与输出的极性关系。

（1）图 3-18（a）中，R_3 为反馈元件。

① 假设输入电压 u_i 极性为正，用 $\oplus$ 表示，如图 3-18（a）所示。

② 输入信号接入运算放大器 "−" 输入端，所以输出为负极性，信号经 R_3 反馈到运算放大器的 "+" 输入端，极性为负，反馈信号为负极性。

③ 运算放大器的净输入信号为两输入端的差值，即净输入信号 $u_i' = u_i - u_f$，反馈信号为负极性，减去负的，所以，净输入信号增加，引入的反馈为正反馈。

（2）图 3-18（b）中，R_3 为反馈元件。

① 假设输入电压 u_i 极性为正，用 ⊕ 表示，如图 3-18（b）所示。

② 输入信号接入运算放大器 "−" 输入端，所以输出为负极性，信号经 R_3 反馈到运算放大器的 "−" 输入端。极性为负。

③ 反馈信号此时与输入信号接入的是同一端，而反馈信号瞬时极性为负，因此净输入信号 u_i'，减小，所以引入的反馈为负反馈。

2）电压反馈和电流反馈

按取样方式分为电压反馈和电流反馈（图 3-19）。

电压反馈：反馈信号取自负载上的输出电压，和电压成正比。

电流反馈：反馈信号取自负载中的输出电流，和电流成正比。

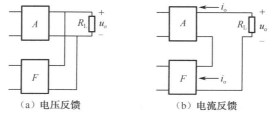

（a）电压反馈　　　　　　　　（b）电流反馈

图 3-19　电压反馈和电流反馈结构框图

判断方法如下。

① 假设负载短路法：将输出端短路，若反馈信号为零，则为电压反馈；反之为电流反馈。

② 直接判断：看放大电路的输出端，若反馈信号与输出信号取自同一点，则为电压反馈；若反馈信号与输出信号取自不同点，则为电流反馈。

实例 3-5　判断如图 3-20 所示电路中，反馈是电流反馈还是电压反馈。

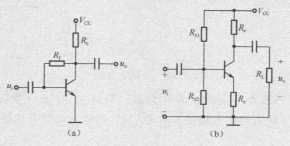

（a）　　　　　　　　　　　（b）

图 3-20　实例 3-5 图

解：图 3-20（a）反馈信号和输出电压取自一点，R_f 与输出相连，所以为电压反馈。

图 3-20（b）反馈信号和输出电压取自不同点，R_e 为电流反馈。

实例3-6　判断图3-21所示运算放大器组成电路，反馈是电流反馈还是电压反馈。

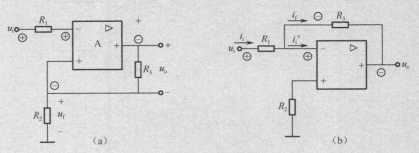

图3-21　实例3-6图

解：图3-21（a）中反馈信号和输出电压取自不同点，为电流反馈。请注意，实例3-4中图3-18（a）电路与此题的不一样，为电压反馈，请自行分析原因。

图3-21（b）中反馈信号和输出电压取自一点，R_3与输出相连，所以为电压反馈。

3）串联反馈和并联反馈

按反馈电路在放大器的输入端的连接形式可分为串联反馈与并联反馈。

串联反馈：反馈信号与信号源串联后加至放大电路的输入端。反馈信号与输入信号以电压相加减的形式在输入端出现，如图3-22（a）所示。

并联反馈：反馈信号与信号源并联后加至放大电路的输入端，反馈信号与输入信号以电流相加减的形式在输入端出现，如图3-22（b）所示。

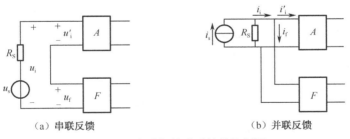

（a）串联反馈　　　　　　　　　（b）并联反馈

图3-22　串联与并联反馈结构框图

判断方法如下。

①　短路法：将输入端对地短接，若反馈信号仍能加到放大电路的净输入端，则为串联反馈；反之为并联反馈。

②　直接法：看放大电路的输入端，输入端与反馈端同一点为并联反馈，输入端与反馈端不同点为串联反馈。可简单快捷地判断出实例3-3的电路图中，图3-16（a）为并联反馈，图3-16（b）为串联反馈。

实例3-7　判断图3-23所示运算放大器组成电路，反馈是串联反馈还是并联反馈。

解：图3-23（a）中反馈信号和输入电压接入不同点，为串联反馈。与实例3-4中图3-18（a）电路一样，为串联反馈，请自行分析原因。

图3-23（b）反馈信号和输入电压接入同一点，为并联反馈。

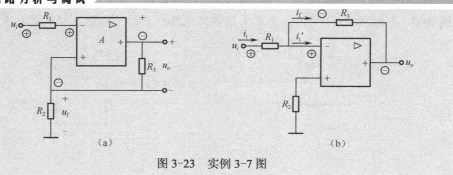

图 3-23　实例 3-7 图

实例 3-8　判断图 3-24 所示电路中，级间反馈是串联反馈还是并联反馈。

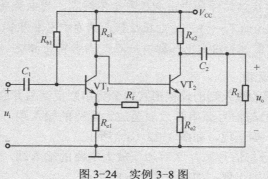

图 3-24　实例 3-8 图

解：信号从 VT_1 的基极送入，R_f 引导的反馈网络的反馈信号从 VT_1 的发射级送入，与输入信号不在同一点输入，所以为串联反馈。

4）本级反馈与级间反馈

反馈可以在同一级放大电路内存在，称为本级反馈；反馈网络连接在两级或两级以上的放大电路的输出回路和输入回路之间，称为级间反馈。级间反馈影响整个放大电路的性能，本级反馈只改善本级电路的性能。

实例 3-9　判断图 3-24 所示电路的本级与级间反馈元件。

解：图中 R_{e1}、R_{e2} 属于本级反馈，R_f 连接在第一级和第二级之间，是级间反馈。

5）直流反馈和交流反馈

按照反馈量中包含的交、直流成分不同可分为直流反馈、交流反馈和交直流反馈。

直流反馈：反馈信号是直流量，或者仅在直流通路中存在，主要作用是稳定电路的静态工作点。

交流反馈：反馈信号是交流量，或者仅在交流通路中存在，主要用于改善放大电路的动态性能。

交直流反馈：反馈信号中既有直流成分又有交流成分，在交流、直流通路中都存在，既可稳定静态工作点，又可改善动态性能。

实例 3-10　判断图 3-25 所示电路的反馈是直流还是交流反馈。

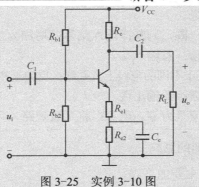

图 3-25 实例 3-10 图

解： 图中 R_{e2} 和 R_{e1} 都有直流反馈。R_{e1} 不但有上述的直流反馈，而且有交流反馈，而 R_{e2} 仅有直流反馈，没有交流反馈。

实例 3-11 判断图 3-26 所示电路中 R_f 的反馈类型。

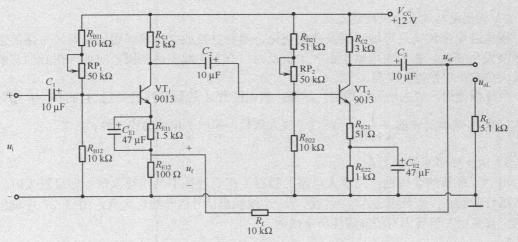

图 3-26 实例 3-11 图

解： 判断步骤如下。

（1）找出反馈元件：R_f、R_{E11}、R_{E12}。

（2）将输出端短路，反馈信号为零，故为电压反馈。

（3）在输入端，信号源与反馈信号不是接在同一端，故为串联反馈。

（4）在输入端加一对地为 ⊕ 的信号，则 VT_1 管的集电极电位对地为 ⊖，VT_2 管的集电极电位为 ⊕，则反馈到输入端 e 的信号为 ⊕。净输入电压 $u_i'=u_i-u_f$，减小，所以为负反馈。

结论： 级间反馈 R_f 为电压串联负反馈。

反馈判断小结

（1）有无反馈：找联系

看除了基本放大电路以外，还有没有将输入端（回路）和输出端（回路）联系起来的通路。若有联系通路则有反馈，若没有联系通路则没有反馈。

（2）正、负反馈：看结果

瞬时极性法，沿环路走一圈，判断净输入信号：增加为正；减小为负。

（3）串联反馈、并联反馈：看输入端

串联：反馈量和输入量接于不同的电极上。并联：反馈量和输入量接于相同的电极上。

（4）电压反馈、电流反馈：看输出端

电压：将负载短路，反馈量为零。电流：将负载短路，反馈量仍然存在。

3. 负反馈对放大电路性能的影响

负反馈对放大电路的影响主要如下。

1）负反馈使放大倍数减小

电路为负反馈时，$1+AF>1$，并且 $A_f = \dfrac{A}{1+AF}$，所以 $A_f < A$，可见负反馈使信号放大电路的放大倍数下降了。从前面的实验结果能看到加了负反馈后放大倍数减小了。

2）提高电路放大倍数的稳定性

受电源电压波动、环境温度及负载变化、器件更换或老化等因素的影响，电路的放大倍数会发生变化，在放大电路中引入了负反馈，会大大减小这些因素对放大倍数的影响，使放大倍数稳定性得到提高。

负反馈越深，放大倍数的稳定性越好。放大倍数 A_f 的稳定性提高到 A 的 $1+AF$ 倍时，放大倍数 A_f 减小到 A 的 $\dfrac{1}{1+AF}$，牺牲了放大倍数，换取了电路的稳定性。

3）减少电路非线性失真

由于三极管的非线性，当放大电路的静态工作点选择不当或输入信号幅度过大时，会使三极管的动态工作范围进入非线性区域，造成输出信号的非线性失真。图 3-27 中输出波形的失真是由三极管固有的非线性所造成的。

图 3-27 开环非线性失真

输出波形的失真是由三极管的非线性造成的，引入反馈后，反馈信号的波形与输出信号波形相似，相位相差 180 度，结果使前后半周的输出幅度趋于一致，输出波形接近正弦波。当然减小非线性失真的程度也与反馈深度有关（图 3-28）。

应当指出，由于负反馈的引入，在减小非线性失真的同时，降低了输出幅度。此外输入信号本身固有的失真，是不能用引入负反馈来改善的。

4）扩展了通频带

通频带指的是放大电路有效放大信号的频率范围。由于负反馈放大电路具有稳定放大倍数的作用，因此在低频区和高频区，放大倍数下降的速率减慢了，相当于通频带展宽了

（图 3-29）。

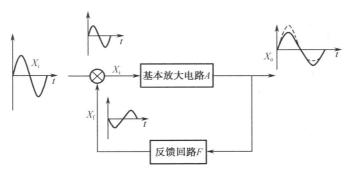

图 3-28　负反馈对非线性失真的改善

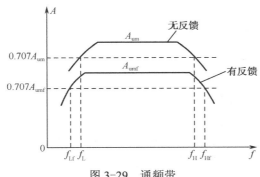

图 3-29　通频带

5）对输入输出电阻的影响

负反馈对放大电路输入电阻的影响主要取决于串联、并联反馈。

① 串联负反馈使输入电阻增大，输入电阻是无反馈时的 $(1+AF)$ 倍；

② 并联负反馈使输入电阻减小，输入电阻是无反馈时的 $1/(1+AF)$。

负反馈对放大器输出电阻的影响主要取决于输出端的取样对象是电压还是电流反馈。

① 电压负反馈使输出电阻减小，输出电阻是无反馈时的 $1/(1+AF)$；

② 电流负反馈使输出电阻增大，输出电阻是无反馈时的 $(1+AF)$ 倍。

4. 放大电路引入负反馈的一般原则

引入负反馈可以改善放大电路多方面的性能，而且反馈类型不同，所产生的影响也不相同。根据不同形式的负反馈对放大电路的影响，引入时的一般原则有以下几点。

（1）要稳定放大电路的某个量，就采用某个量的负反馈方式。要稳定直流量（如静态工作点），应引入直流负反馈；要改善交流性能（如放大倍数、频带、失真、输入电阻和输出电阻等），应引入交流负反馈。

（2）根据对输入输出电阻的要求来选择反馈类型。若要求减小输入电阻，应引入并联负反馈；若要求提高输入电阻，应该引入串联负反馈。若要求高内阻输出，应采用电流负反馈；要求低内阻输出，应采用电压负反馈。

（3）根据信号源及负载来确定反馈类型，在信号源为电压源时应引入串联负反馈，在信号源为电流源时应引入并联负反馈。当要求放大电路带负载能力强时，应采用电压负反馈；要求放大电路恒流输出时，应采用电流负反馈。

3.3 差动放大电路

3.3.1 零点漂移问题

直接耦合的多级放大电路，当输入信号为零时，输出信号电压并不为零，而且这个不为零的电压会随环境温度或电源电压发生变化时变动，这种现象称为零点漂移，简称零漂。产生零漂的最主要原因是温度变化，也称温漂。

在直流放大电路中，由于是直接耦合，所以零点漂移的影响也会随之传达到后面各级，被逐级放大，放大器的级数越多，放大倍数越大，零点漂移越严重。例如，有一个三级构成的放大电路，如图 3-30 所示。

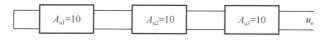

图 3-30　多级放大电路的零漂

如果每级的放大倍数为 10 倍，由于温度的变化使每级的输出电压变化量为 0.1 V，这样即使在输入短路时，第一级输出的漂移电压就有 0.1 V，第二级输出的漂移电压除了本级的 0.1 V 以外，还包括第一级输出的漂移电压经过第二级放大后的部分，而且是第二级输出的漂移电压的主要成分为 1 V。同理，第三级输出的漂移电压，主要是第一级的漂移经过第二、三两级放大后的部分为 10 V。不难想象，如果一直放大下去，严重时零漂电压会超过有用的信号，将导致测量和控制系统出错。

抑制零漂的方法很多，如采用高稳定度的稳压电源来抑制电源电压波动引起的零漂，利用恒温系统来消除温度变化的影响等。但最常用的方法是利用两只特性相同的三极管接成差动放大电路来抑制零点漂移，在集成运放及其他模拟集成电路中常作为输入级及前置级。

3.3.2 基本差动放大电路原理

差动放大电路又称差分放大电路，能有效抑制零漂。电路结构如图 3-31 所示，从电路图中可以看出，基本差动放大器由两个完全对称的单管放大电路组成。

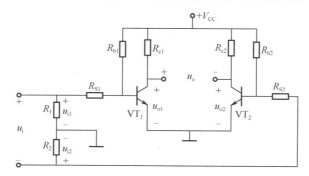

图 3-31　基本差动放大电路

图 3-31 中两个三极管及左右相对应的电阻其参数基本一致。u_i 输入电压，它经 R_1、R_2

分压为 u_{i1} 与 u_{i2} 分别加到两管的基极，经过放大后获得输出电压 u_o，它等于两管集电极输出电压之差 $u_o = u_{o1} - u_{o2}$。

因左右两个放大电路完全对称，所以在没有信号情况下，即输入信号 $u_i = 0$ 时，$u_{o1} = u_{o2}$，因此输出电压 $u_o = 0$，表明差动放大器具有零输入时零输出的特点。当温度变化时，左右两个管子的输出电压 u_{o1}，u_{o2} 都要发生变动，但由于电路对称，两管的输出变化量（即每管的零漂）相同，即 $\Delta u_{o1} = \Delta u_{o2}$，则 $u_o = 0$，可见利用两管的零漂在输出端相抵消，从而有效地抑制了零点漂移。

对差分放大器电路来说，放大的信号分为两种：一种是差模信号，是需要放大的有用信号；另一种是共模信号，是要尽量抑制的信号。

1. 差模输入

在基本放大电路中，若把信号 u_i 加到两输入端之间（即双端输入），由于电路对称，则加到两管基极至地的信号是极性相反、大小相等的（即 $u_{i1} = \frac{1}{2} u_i$，$u_{i1} = -\frac{1}{2} u_i$）。通常把这种大小相等、极性相反的信号称为"差模信号"，称这种输入方式为"差模输入"。

$$A_{u1} = A_{u2} = A_u$$

差动放大器的放大倍数 A_{ud}（称为差模放大倍数）为

$$A_{ud} = \frac{u_o}{u_i} = \frac{u_{o1} - u_{o2}}{u_i} = \frac{A_{u1}u_{i1} - A_{u2}u_{i2}}{u_i} = \frac{\frac{1}{2}u_i A_u - \left(-\frac{1}{2}u_i\right)A_u}{u_i} = A_u$$

即

$$A_{ud} = A_u$$

上式说明，两个三极管组成的差动放大电路的放大倍数与基本放大器（单管）的相同，所以是多用一个放大管来换取对零点漂移的抑制。

2. 共模输入

共模信号：在差动放大器输入端加一对极性相同、大小相等的信号（即 $u_{i1} = u_{i2} = u_i$），这种输入方式称为"共模输入"。在实际工作中，共模信号总是会遇到的。例如外界干扰信号同时从两管基极输入时，就相当于共模输入。

输出电压 $$u_o = u_{o1} - u_{o2} = 0$$

共模电压放大倍数 $$A_{uc} = \frac{u_o}{u_i} = 0$$

注：在理想情况下，温度变化、电源电压波动引起两管的输出电压漂移 Δu_{o1} 和 Δu_{o2} 相等，分别折合为各自的输入电压漂移也必然相等，即为共模信号，可见零点漂移等效于共模输入。实际上差动放大器不可能绝对对称，故共模放大信号不为零。

共模放大倍数 A_{uc} 越小，则表明抑制零漂能力越强。

3. 共模抑制比 K_{CMR}

在差动放大器中，共模抑制比 K_{CMR} 为差模放大倍数与共模放大倍数之比。常用 K_{CMR} 来衡量放大器对有用信号的放大能力及对无用漂移信号的抑制能力，即放大差模信号，抑制共模信号。共模抑制比越大，说明差动放大器的性能越好。

$$K_{CMR} = \left| \frac{A_{ud}}{A_{uc}} \right|$$

A_{ud} 是差动放大器对差模信号的放大倍数，A_{uc} 是对共模信号的放大倍数。

3.3.3 长尾式差动放大电路

如图 3-32 所示是一种改进电路，是更实用的差动放大电路，它是在基本差动放大器的基础上加一个调零电位器 RP、一个共发射极电阻 R_e、一个辅助电源 V_{EE}，具有进一步抑制零漂的能力。

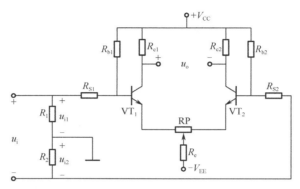

图 3-32 长尾式差动放大电路

RP——调零电位器，有如下作用：由于差分放大电路不可能完全对称，所以三极管 VT_1、VT_2 的基极和集电极电流、电压也不可能完全相等，以消除由于三极管特性不一致或元器件参数对称性不好所引起的电路静态不平衡。调节 RP 使 u_o=0，RP 一般取值几百至 1 kΩ。

R_e——引入共模负反馈，对共模信号有反馈作用，但对差模信号无影响。当电路完全对称时，若温度或电源电压变化（相当于共模信号）引起 VT_1、VT_2 参数变化时，R_e 的反馈过程如下。

由于受温度影响而产生的共模信号：

$$T(温度)\uparrow \rightarrow \left[\begin{array}{l} \rightarrow i_{C1}\uparrow \rightarrow i_E\uparrow \rightarrow u_E\uparrow \rightarrow u_{BE1}\downarrow \rightarrow i_{B1}\downarrow \rightarrow i_{C1}\downarrow \\ \rightarrow i_{C2}\uparrow \rightarrow i_E\uparrow \rightarrow u_E\uparrow \rightarrow u_{BE2}\downarrow \rightarrow i_{B2}\downarrow \rightarrow i_{C2}\downarrow \end{array} \right]$$

而对差模信号，若 i_{C1} 增加，则 i_{C2} 减小，因而流过 R_e 的总电流不变。因此，对差模信号没有反馈作用。

V_{EE}——发射级辅助电源。

R_e 越大，共模反馈越强，零漂越小。但 R_e 的引入，使 $u_{CE} = u_C - u_E$ 下降，故用一个对地为负的电源 V_{EE} 来补偿 R_e 上的直流压降。

3.3.4 差动放大电路的信号输入、输出方式及特点

在实际使用时，差动放大电路一般有几种连接方式（表 3-9）。

表 3-9　差动放大电路的连接方式

（1）双端输入，双端输出

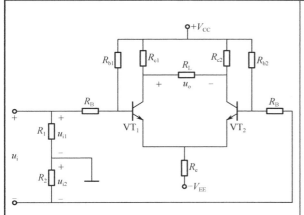

差模电压放大倍数 $A_{ud} = -\beta \dfrac{R_C // \dfrac{R_L}{2}}{R_B + r_{be}}$

$$K_{CMR} = \infty$$

适用于对称输入和对称输出，输入、输出均不接地的情况

（2）双端输入，单端输出

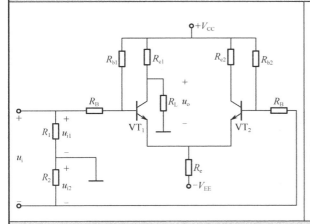

差模电压放大倍数 $A_{ud} = -\beta \dfrac{R_C // R_L}{2(R_B + r_{be})}$

$$K_{CMR} = \dfrac{\beta R_E}{R_B + r_{be}}$$

只利用了一个集电极输出的变化量，所以它的差模电压放大倍数是双端输出的二分之一。适用于将差分信号转换为单端输出信号

（3）单端输入，双端输出

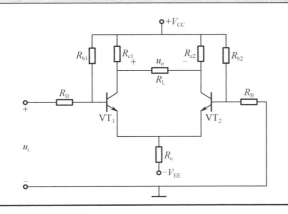

$$A_{ud} = -\beta \dfrac{R_C // \dfrac{R_L}{2}}{R_B + r_{be}}$$

$$K_{CMR} = \infty$$

这种放大电路忽略共模信号的放大作用时，它就等效为双端输入的情况。这种方式用于将单端信号转换成双端差分信号，可用于输出负载不接地的情况

（4）单端输入，单端输出

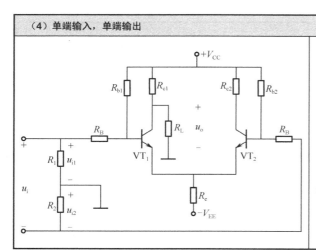

$$A_{ud} = -\frac{\beta}{2}\left(\frac{R_C // R_L}{R_B + r_{be}}\right)$$

$$K_{CMR} = \frac{\beta R_E}{R_B + r_{be}}$$

等效于双端输入、单端输出。

特点是：比单管基本放大电路抑制零漂的能力强，可根据不同的输出端，得到同相或反相关系

可见，差动放大电路电压放大倍数仅与输出形式有关，只要是双端输出，它的差模电压放大倍数与单管基本的放大电路相同；如为单端输出，它的差模电压放大倍数是单管基本电压放大倍数的一半，输入电阻都相同。

项目评价与小结

1. 项目评价

考核类型	考核项目	评分内容与标准	分值	自评	教师考核
技能	元器件的识别与检测	能够识别和检测三极管	10		
	焊接技能	按原理图正确安装焊接电路，布局合理，无虚焊，接线正确	10		
	仪器的使用	能够正确操作信号源产生要求的波形	5		
		能够正确使用示波器进行测试	5		
		能够正确使用万用表进行测试	5		
	调试技能	能够掌握静态工作点的测量	5		
		能测量多级放大电路性能参数	10		
		能测量多级负反馈放大电路性能参数	10		
	故障排除技能	电路异常时制定调试计划	5		
		能够根据故障现象分析原因，并解决	10		
职业素养	安全规范	安全用电规范操作	5		
	工作态度	主动分析解决问题，并能协助他人	5		
		整理工位，符合6S规范	5		
	项目报告	整理数据，分析现象结果	10		

2. 项目小结

本项目从实际应用电路入手，通过信号波形测试直观认识什么是多级放大电路，通过引入负反馈，了解负反馈对于放大电路性能的影响，使学生对负反馈放大电路有一个全面的了解和认识。主要有以下知识点。

（1）多级放大电路一般包含多个单级放大电路，由输入级、中间级和输出级组成。

（2）多级放大电路的耦合方式主要有：直接耦合放大电路、阻容耦合放大电路、变压器耦合放大电路和光电耦合放大电路。

（3）多级放大电路电压放大倍数等于各级电压放大倍数的乘积，输入电阻等于第一级的输入电阻，输出电阻等于最后一级的输出电阻。

（4）在电子系统中，把基本放大电路的输出量（电压或电流）的一部分或全部，经过一定的电路或元件送回到基本放大器的输入端，从而影响输出量，这种措施称为反馈。

（5）反馈放大电路的一般关系式。

① 开环放大倍数：$A = \dfrac{X_\mathrm{o}}{X_\mathrm{i}}$

② 反馈系数：$F = \dfrac{X_\mathrm{f}}{X_\mathrm{o}}$

③ 闭环放大倍数：$A_\mathrm{f} = \dfrac{X}{X_\mathrm{i}'}$

④ 负反馈放大倍数 $A_\mathrm{f} = \dfrac{X_\mathrm{o}}{X_\mathrm{i}'} = \dfrac{X_\mathrm{o}}{X_\mathrm{i}\left(1 + AF\right)} = \dfrac{A}{1 + AF}$

（6）反馈类型。

① 按反馈信号的不同分：直流反馈、交流反馈。

② 按反馈的极性来分：正反馈、负反馈。

③ 按反馈电路与输出端连接方式分：电压反馈、电流反馈。

④ 按反馈电路与输入端连接方式分： 串联反馈、并联反馈。

（7）反馈类型判断方法：

① 有无反馈：找联系。

看除了基本放大电路以外，还有没有将输入端（回路）和输出端（回路）联系起来的通路。若有联系通路则有反馈，若没有联系通路则没有反馈。

② 正、负反馈：看结果。

瞬时极性法，沿环路走一圈，判断净输入信号：增加为正，减小为负。

③ 串联反馈、并联反馈：看输入端。

串联：反馈量 X_f 和输入量 X_i 接于不同的电极上。

并联：反馈量 X_f 和输入量 X_i 接于相同的电极上。

④ 电压反馈、电流反馈：看输出端。

电压：将负载短路，反馈量为零。

电流：将负载短路，反馈量仍然存在。

⑤ 交、直流反馈：看通路。

（8）负反馈是改善放大电路性能的重要技术措施，广泛应用于放大电路和反馈控制系统中。

① 放大倍数下降。

② 提高电路放大倍数的稳定性。

③ 减少电路非线性失真。

④ 拓宽通频带。

⑤ 改变输入电阻和输出电阻。

（9）零点漂移：输入为零，输出不为零的现象，产生的主要原因是温度变化、电源电压波动、三极管老化等。

（10）差动放大器又称差分放大器或差值放大器，它是一种能够有效地抑制零漂的直流放大器，抑制共模信号，放大差模信号。

课后习题

1．填空题

（1）在电子设备中，我们把_____称为一"级"，包含_____个单级放大电路的电子线路就称为_____。它一般由_____、_____和_____组成。

（2）在多级放大电路中，输入级电路的主要作用是将_____信号有效、可靠并尽可能大地引入电路_____。要求电路具有_____和_____。中间级电路的主要作用是_____。一般由_____电路构成。输出电路一般是_____电路。

（3）负反馈就是将放大电路中_____信号的一部分或全部，通过_____反送到_____影响放大电路输入信号的过程。负反馈不但能_____还能对放大电路的_____产生重大影响。

（4）级与级之间的连接称为_____。多级放大电路中常用的耦合方式主要有_____、_____、_____、_____四种方式。

（5）阻容耦合的基本特性是各级静态工作点相互_____便于调整。但不能耦合_____信号，对超低频信号的耦合_____，对低频信号的耦合要求_____。其_____特性较差，主要应用于_____放大电路中。

（6）变压器耦合电路具有_____和实现_____变换的功能，常常用在_____放大电路中。

（7）直接耦合放大电路的优点在于_____。另外其便于实现_____，在_____电路中得到广泛应用。但是直接耦合放大电路的_____相互影响，调试比较_____，存在_____等问题。

（8）光电耦合放大电路之间只存在_____信号连接，因此光电耦合放大电路的最大优点是_____级与级之间的_____最好。再加上其_____彼此独立、具有较强_____能力和_____特性。

（9）多级放大电路的电压放大倍数是各级放大电路电压放大倍数的_____。多级放大电路的输入电阻等于_____的输入电阻，输出电阻等于_____电路的输出电阻。

（10）带有_____的放大电路称为反馈放大电路，反馈放大电路包含_____电路与_____两部分。

（11）放大电路中的反馈，按信号的类型分为_____、_____、_____反馈。按反馈信号与输入信号的极性分为_____、_____反馈。按反馈信号与输入信号的关系分为_____、_____反馈。

（12）零点漂移是在_____放大电路中，即使_____信号为零，_____信号也会因为_____、_____等原因，偏离稳定值（零点）而发生缓慢的、无规则变化的现象，简称_____。

（13）产生零点漂移的主要原因有_____、_____等，一般情况下_____是主要原因。

（14）抑制零点漂移的主要措施有：选用_____的硅管、采用_____反馈、采用_____电源等。从根本上抑制零点漂移最有效的方法是采用_____电路。

2．名词解释

（1）耦合

（2）多级放大器

（3）反馈

（4）正反馈、负反馈

（5）反馈深度

（6）开环放大倍数

（7）闭环放大倍数

（8）反馈系数

（9）零点漂移

（10）差模信号、共模信号

3．简答题

（1）画出负反馈放大电路的组成框图。

（2）为什么在放大电路中常常引入一些适当的负反馈？负反馈对于放大电路的性能有何影响？

（3）什么叫多级放大器？按耦合方式的不同可以分为哪几类？

（4）差分放大电路抑制零点漂移的原理是什么？

4．在如图 3-33 所示的两级阻容耦合放大电路中，已知 $U_{CC} = 12$ V，$R_{B1} = 30$ kΩ，$R_{B2} = 20$ kΩ，$R_{C1} = R_{E1} = 4$ kΩ，$R_{B3} = 130$ kΩ，$R_{E2} = 3$ kΩ，$R_L = 1.5$ kΩ，$\beta_1 = \beta_2 = 50$，$U_{BE1} = U_{BE2} = 0.8$ V。

（1）求前、后级放大电路的静态值。

（2）画出微变等效电路。

（3）求各级电压放大倍数 A_{u1}、A_{u2} 和总电压放大倍数 A_u。

（4）后级采用射极输出器有何好处？

5．指出如图 3-34 所示各放大电路中的反馈环节，判别其反馈极性和类型。

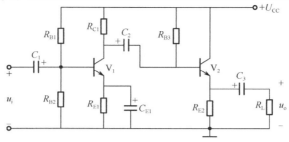

图 3-33　4 题图

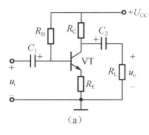

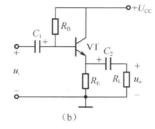

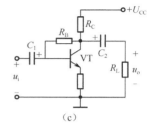

（a）　　　　　　　　　　（b）　　　　　　　　　　（c）

图 3-34　5 题图

6. 在如图 3-35 所示的两级放大电路中，试回答：

（1）哪些是直流反馈？

（2）哪些是交流反馈？并说明其反馈极性及类型。

（3）如果 R_f 不接在 VT_2 的集电极，而是接在 C_2 与 R_L 之间，两者有何不同？

（4）如果 R_f 的另一端不是接在 VT_1 的发射极，而是接在 VT_1 的基极，有何不同？是否会变成正反馈？

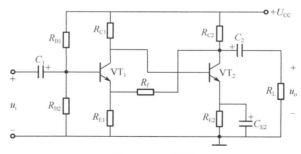

图 3-35　6 题图

7. 指出如图 3-36 所示放大电路中的反馈环节，判别其反馈极性和类型。

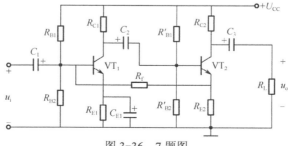

图 3-36　7 题图

8．试说明对于如图 3-37 所示放大电路欲达到下述目的，应分别引入何种方式的负反馈，并分别画出接线图。

（1）增大输入电阻。

（2）稳定输出电压。

（3）稳定电压放大倍数 A_u。

（4）减小输出电阻但不影响输入电阻。

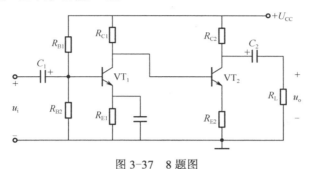

图 3-37　8 题图

9．指出如图 3-38 所示各放大电路中的反馈环节，判别其反馈极性和类型。

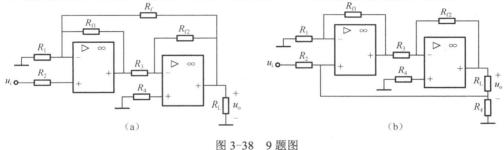

图 3-38　9 题图

10．为了增加运算放大器的输出功率，通常在其后面加接互补对称电路来做输出级，如图 3-39 所示。分析图中各电路负反馈的类型，并指出能稳定输出电压还是输出电流，输入电阻、输出电阻如何变化？

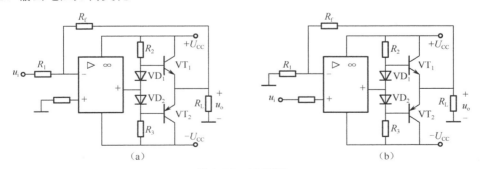

图 3-39　10 题图

11．如图 3-40 所示为单端输入单端输出差动放大电路，$U_{CC}=15\,\text{V}$，$U_{EE}=15\,\text{V}$，$R_C=10\,\text{k}\Omega$，$R_E=14.3\,\text{k}\Omega$，$\beta=50$，$U_{BE}=0.7\,\text{V}$，试计算静态值 I_C、U_C 和差模电压放大倍

数 $A_d = \dfrac{u_o}{u_i}$ 。

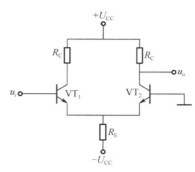

图 3-40 11 题图

12．如图 3-41 所示双端输入双端输出差动放大电路，$U_{CC} = 12\ V$，$U_{EE} = 12\ V$，$R_C = 12\ k\Omega$，$R_E = 12\ k\Omega$，$\beta = 50$，$U_{BE} = 0\ V$，输入电压 $u_{i1} = 9\ mV$，$u_{i2} = 3\ mV$。

（1）计算放大电路的静态值 I_B、I_C 及 U_C。

（2）把输入电压 u_{i1}、u_{i2} 分解为共模分量 u_{ic} 和差模分量 u_{id}。

（3）求单端共模输出 u_{oc1} 和 u_{oc2}（共摸电压放大倍数为 $A_c \approx -\dfrac{R_C}{2R_E}$）。

（4）求单端差模输出 u_{od1} 和 u_{od2}。

（5）求单端总输出 u_{o1} 和 u_{o2}。

（6）求双端共摸输出 u_{oc}、双端差模输出 u_{od} 和双端总输出 u_o。

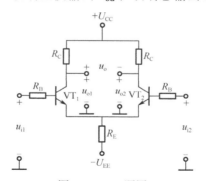

图 3-41 12 题图

项目 4

集成运放应用电路分析与调试

教学导航

教	知识重点	1. 集成运放的识别与检测 2. 集成运放前置放大电路分析与调试 3. 集成运放线性应用和非线性应用电路特点及分析方法 4. 比例放大电路、加减法运算电路、积分电路、微分电路的分析
	知识难点	1. 迟滞比较器的分析 2. 波形产生电路的分析
	推荐教学方式	以一个实际项目为载体，从实践操作入手，激起学生学习相关理论知识的兴趣，然后在理论知识的指导下完成对实践电路的分析和调试，从而将理论知识和实践融为一体，做到"理、实"一体化，"教、学、做"一体化。在学生掌握集成运放电路分析方法的基础上，再进一步对集成运放其他应用电路进行分析
	建议学时	16 学时
学	推荐学习方法	通过动手制作一个集成运放典型应用电路，熟悉元器件和电路的构成，并通过初步测试了解电路的功能，进一步学习相关理论知识，然后在理论知识的指导下完成对实践电路的分析和调试，从而深入掌握集成运放应用电路的分析方法，再进一步对集成运放其他应用电路进行分析
	必须掌握的理论知识	1. 集成运放线性应用和非线性应用电路特点及分析方法 2. 集成运放应用电路分析
	必须掌握的技能	1. 集成运放的识别与检测 2. 集成运放应用电路安装与调试

项目描述

本项目实践电路为音响系统中的前置放大电路，它的任务是把音频信号进行足够的放大，供给功率放大器，驱动扬声器发出声音。电路原理图如图 4-1 所示，制作完成的电路板如图 4-2 所示。

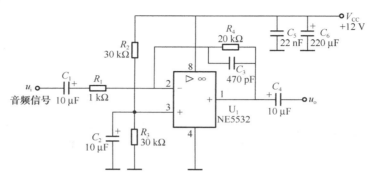

图 4-1 集成运放音频前置放大电路原理图

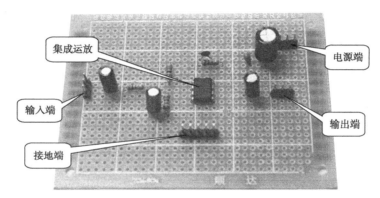

图 4-2 制作完成的电路板

项目所用元器件清单见表 4-1。

表 4-1 音频前置放大电路元器件清单

序 号	元件代号	名 称	型号及参数	功 能
1	U_1	集成运放	NE5532	高增益集成运算放大器（集成运放）
1	C_1	电解电容	10 μF	输入耦合电容：耦合交流信号，隔离反相输入端直流偏置电压
2	C_4	电解电容	10 μF	输出耦合电容：耦合交流信号，隔离输出端直流偏置电压
3	R_2 R_3 C_2	电阻 电阻 电解电容	30 kΩ 30 kΩ 10 μF	直流偏置电路：双电源供电的集成运放改为单电源供电时，保证同相输入端、反相输入端和输出端三端的直流电位相等，并且等于电源电压的一半 C_2：隔直通交

续表

序　号	元件代号	名　称	型号及参数	功　能
4	R_4	电阻	20 kΩ	负反馈网络：改变电阻 R_4 和 R_1 的比值，可改变电路的放大倍数
	R_1	电阻	1 kΩ	
	C_3	瓷片电容	470 pF	C_3：消除高频自激（消振）
5	C_5	独石电容	22 nF	电源去耦电容：C_5 消除可能产生的高频耦合干扰，C_6 消除可能产生的低频耦合干扰
	C_6	电解电容	220 μF	
6	$+V_{CC}$	直流电源	+12 V	直流电源：为放大电路工作提供工作电流
7		排针		电源端、输入端、输出端、接地端，供连接信号和测试信号用

◆ 项目分析

　　本项目中输入端接音频输入信号，如话筒输出信号，但话筒的输出电压仅有 2～5 mV，由于话筒输出的信号电压太小，须先经前置放大后再送入功放电路才能驱动扬声器发出声响。在这个项目中使用了集成运放，要完成这个电路的安装调试，要能正确识别与检测集成运放，掌握集成运放的相关知识，并掌握集成运放应用电路的分析方法，能对集成运放各种典型应用电路进行分析调试。

◆ 知识目标

（1）了解集成运放的制造工艺。
（2）理解集成运放的性能指标。
（3）熟悉集成运放常用型号、引脚功能。
（4）掌握集成运放构成的各种典型应用电路。

◆ 能力目标

（1）能正确使用集成电路。
（2）会使用网络资源查找集成电路的数据手册，并能初步看懂数据手册。
（3）会分析集成运放构成的典型应用电路。
（4）在实际应用电路中能对电路进行调试、分析并排除故障。

4.1　集成运放识别与检测

4.1.1　查阅常用集成运放

　　集成运放常用型号有：NE5532、μA741、TL082、LM124、LM324、LM358、F007、OP07 等。

　　通过上网或集成电路手册，查阅上述集成运放的技术文档资料，并将元件的引脚功能图填写在表 4-2 中。

表4-2　常用集成运放

名　称	实 物 图	引脚功能图	名　称	实 物 图	引脚功能图
NE5532			LM324		
μA741			LM358		
TL082			LM124		
F007			OP07		

　　要查阅电子元器件技术文档资料，可直接百度搜索，也可通过专业网站，如中国电子网（http://datasheet.21ic.com/）。在搜索栏中输入要查询的元件型号，如 NE5532，可以查阅到 NE5532 元件的技术文档，如图 4-3 所示。该元件技术文档共有 15 页，这是文档的第一页，可以看到元件的引脚功能图，这是一个双运放集成电路，内部集成了两个运算放大器：1、2、3 脚是一个集成运放，其中 2 脚是反相输入端，3 脚是同相输入端，1 脚是输出端；5、6、7 脚是另一个集成运放，其中 5 脚是同相输入端，6 脚是反相输入端，7 脚是输出端；4 脚是负电源端，8 脚是正电源端。

图4-3　NE5532 技术文档资料

❓ 思考：

对于一个实际元件，引脚序号如何确定？

4.1.2　集成运放相关知识

1. 集成电路

由单个元件连接起来的电路，称为分立元件电路。随着科学技术的发展，要求电子电路所完成的功能越来越多，电路的复杂程度不断增加。例如，一台电子计算机上所采用的元器件数目高达几千甚至上万个。元件数目的庞大，给分立元件电路的应用带来了极大的问题：一是元器件数目增多必然导致设备的体积、重量、耗电增大；二是元件之间的焊点太多，连线复杂，必然导致设备故障率提高。为了解决上述问题，研制出了集成电路。

集成电路（Integrated Circuit，IC）是 20 世纪 60 年代初出现的一种新型器件，它在半导体制造工艺的基础上，将电路所需的电阻、电容、二极管和三极管等元器件以及电路的连接导线制作在一块硅基片上，构成具有特定功能的电子电路，同时引出引脚供设计者使用。随着电子技术的飞速发展，集成电路的集成规模越来越大，在硅片单位面积上集成更多的元件，集成电路设计在不断地向超大规模、极低功耗和超高速方向发展；在功能上，现代集成电路已能实现单片电子系统（System on Chip，SoC）的功能。

1）集成电路的特点

与分立元件电路相比，集成电路除了体积小，元件高度集中外，还有以下特点。

（1）由于元件在同一块硅片上采用相同的工艺过程制造，集成电路中元件参数具有同向偏差，温度特性一致，适合制造对称性要求高的元件。

（2）由于电阻元件由硅半导体的体电阻构成，因而阻值范围受到局限，一般不超过几千欧，过大的电阻制造起来困难较大。大电阻采用外接或用晶体管恒流源来代替。

（3）集成电路工艺也不适合制造几十皮法以上的电容，更难于制造电感元件。集成电路大都采用直接耦合方式。

2）集成电路的常用封装

集成电路常用的封装有双列直插式、表面贴装式、单列直插式、圆壳式等，如图 4-4 所示。

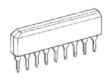

双列直插式　　　　表面贴装式　　　　单列直插式　　　　圆壳式

图 4-4　常用集成电路封装

3）集成电路的分类

集成电路按其功能、结构的不同，可以分为模拟集成电路和数字集成电路两大类。模拟集成电路用来产生、放大和处理各种模拟信号，数字集成电路用来产生、放大和处理各种数字信号。

（1）按工作的信号类型分类（表4-3）

表4-3　按工作信号类型分类

种 类 名 称	主 要 特 点
模拟集成电路	产生、放大和处理各种模拟信号
数字集成电路	产生、放大和处理各种数字信号

（2）按元件的集成度分类（表4-4）

表4-4　按元件的集成度分类

种 类 名 称	主 要 特 点
小规模集成电路（SSI）	集成度少于100个元件或10个门电路
中规模集成电路（MSI）	集成度在100～1 000个元件或10～100个门电路
大规模集成电路（LSI）	集成度在1 000个元件以上或100个门电路以上
超大规模集成电路（VLSI）	集成度在10万个元件或1万个门电路以上

（3）按导电类型分类（表4-5）

表4-5　按导电类型分类

种 类 名 称	主 要 特 点
双极性 IC	由双极性三极管构成的半导体集成电路
单极性 IC	由场效应管（MOS管）构成的半导体集成电路

2. 集成运放

集成运算放大电路是应用最为广泛的模拟集成电路器件，简称集成运放，它实质上是一个多级直接耦合高增益的放大器。由于早期的运算放大电路主要用于各种数学运算，故至今仍保留这个名字。随着电子技术的飞速发展，集成运放的各项性能指标不断提高，集成运放已广泛应用于自动检测、信息处理、计算机技术及通信技术等各个电子领域。随着集成电路的发展，集成运放已成为当前模拟电子技术领域中的核心器件。

1）集成运放的内部组成结构

集成运放的产品型号很多，有国外公司生产的，也有国内公司生产的。性能各异，内部电路也不完全相同，但只要是集成运放，内部电路的基本结构大致相同。

图4-5是 NE5532 技术文档资料提供的内部电路。

由图 4-5 可见，集成电路的内部电路结构复杂，但集成运放的基本组成均由输入级、中间级、输出级和偏置电路几部分组成。其组成框图如图4-6所示。

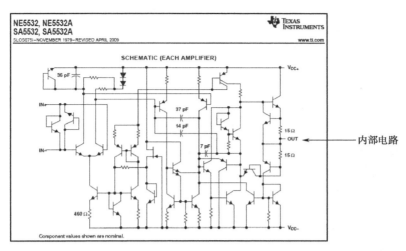

图 4-5　NE5532 内部电路

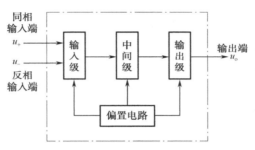

图 4-6　集成运放内部结构框图

　　输入级的性能对整个集成电路的质量起决定性作用。由于大电容很难在集成电路中制作，在集成电路内部级与级通常采用直接耦合，直接耦合会引起电路的零点漂移。为了减小电路的零点漂移和抑制共模干扰信号，要求输入级共模抑制比大、输入电阻很高。因此，一般集成运放输入级均采用具有恒流源的差动放大电路。

　　中间级又称中间增益级，主要为集成运算放大电路提供高的电压放大倍数。一般由多级电压放大电路组成。

　　输出级要求输出电阻小，能给负载提供一定的输出功率，失真要小，效率要高。一般采用射级输出器或互补对称电路作为输出级。

　　偏置电路用来为各级放大电路提供合适的偏置电压和电流，使之具有适当的静态工作点。一般由恒流源电路构成。

　　2）集成运放的电路符号

　　集成运放的电路符号如图 4-7 所示，其中图 4-7（a）为现行国际标准符号，图 4-7（b）为过去曾经用过的符号。它有两个输入端：一个为同相输入端，另一个为反相输入端，在符号中分别用"＋"、"－"表示。有一个输出端，当信号从同相输入端加入时，电路输出信号与输入信号同相；当信号从反相输入端加入时，电路输出信号与输入信号反相。

（a）现行国际标准符号　　　　　　（b）曾用符号

图 4-7　集成运放的电路符号

3）集成运放的主要性能指标

集成运放的质量如何？根据什么来测试集成运放？这就涉及集成运放的技术指标。实际应用可以通过元器件手册直接查询到各种型号运放的技术指标。了解各项技术指标的含义，对于正确选择和使用各种集成运放是必要的。

（1）开环差模电压放大倍数 A_{od}

A_{od} 是集成运放在开环时（无外加反馈），输出电压与输入差模信号电压之比，通常用 dB（分贝）表示。这个值越大越好，一般可达 100 dB，目前最高可达 140 dB。

（2）输入失调电压 U_{IO}

理想情况下，集成运放的差分输入级完全对称，能够达到输入电压为零时输出电压亦为零。然而实际上，并非如此理想，当输入电压为零时输出电压并不为零，若在输入端加一个适当的补偿电压使输出电压为零，则外加的这个补偿电压称为输入失调电压 U_{IO}。U_{IO} 越小越好，高质量的集成运放可达 1 mV 以下。

（3）输入失调电流 I_{IO}

I_{IO} 用来表征输入级差分对管的电流不对称所造成的影响，当输入信号为零时，两个输入端的静态输入电流之差称为输入失调电流 I_{IO}。I_{IO} 越小越好，一般为 1 nA～0.1 μA。

（4）开环差模输入电阻 R_{id}

R_{id} 是指集成运放无反馈回路时，在两个输入端之间的等效电阻。R_{id} 反映了集成运放向差分信号源索取电流的能力，数值越大越好，一般为 MΩ 数量级，以场效应管为输入级的可达 10^6 MΩ。

（5）开环输出电阻 R_{od}

R_{od} 是集成运放开环工作时，从输出端往里看进去的等效电阻，R_{od} 反映了集成运放向负载提供电流的能力，即带负载能力，数值越小越好，一般为几十欧姆。

（6）共模抑制比 K_{CMR}

K_{CMR} 是差模放大倍数 A_{od} 与共模放大倍数 A_{oc} 之比，即 $K_{CMR}=|A_{od}/A_{oc}|$，若以分贝表示，则 $K_{CMR}=20\lg(|A_{od}/A_{oc}|)$(dB)。$K_{CMR}$ 反映了集成运放对共模信号的抑制能力，该值越大越好，一般为 100 dB 以上，好的可达 160 dB。

（7）带宽 BW

BW 是指当输入不同频率的信号时，集成运放开环差模电压放大倍数 A_{od} 下降 3dB 时所对应的信号频率范围。BW 反映了电路的工作频率范围，越大越好。

图 4-8 是 NE5532 技术文档资料提供的主要性能指标。

由技术文档可知，NE5532 的主要性能指标如下。

① 开环差模电压放大倍数 A_{od}：10 kHz 时为 2 200。

② 输入失调电压 U_{IO}：0.5 mV。

电气性能指标 ——

TEXAS INSTRUMENTS www.ti.com					NE5532, NE5532A SA5532, SA5532A SLOS075I–NOVEMBER 1979–REVISED APRIL 2009			

RECOMMENDED OPERATING CONDITIONS

				MIN	MAX	UNIT
V_{CC+}	Supply voltage			5	15	V
V_{CC-}	Supply voltage			–5	–15	V
T_A	Operating free-air temperature		NE5532, NE5532A	0	70	°C
			SA5532, SA5532A	–40	85	

ELECTRICAL CHARACTERISTICS
$V_{CC\pm} = \pm 15$ V, $T_A = 25°C$ (unless otherwise noted)

PARAMETER		TEST CONDITIONS(1)		MIN	TYP	MAX	UNIT
V_{IO}	Input offset voltage	$V_O = 0$	$T_A = 25°C$		0.5	4	mV
			$T_A = $ Full range(2)			5	
I_{IO}	Input offset current		$T_A = 25°C$		10	150	nA
			$T_A = $ Full range(2)			200	
I_{IB}	Input bias current		$T_A = 25°C$		200	800	nA
			$T_A = $ Full range(2)			1000	
V_{ICR}	Common-mode input-voltage range			±12	±13		V
V_{OPP}	Maximum peak-to-peak output-voltage swing	$R_L \geq 600$ Ω, $V_{CC\pm} = \pm 15$ V		24	26		V
A_{VD}	Large-signal differential-voltage amplification	$R_L \geq 600$ Ω, $V_O = \pm 10$ V	$T_A = 25°C$	15	50		V/mV
			$T_A = $ Full range(2)	10			
		$R_L \geq 2$ kΩ, $V_O = \pm 10$ V	$T_A = 25°C$	25	100		
			$T_A = $ Full range(2)	15			
A_{vd}	Small-signal differential-voltage amplification	$f = 10$ kHz			2.2		V/mV
B_{OM}	Maximum output-swing bandwidth	$R_L = 600$ Ω, $V_O = \pm 10$ V			140		kHz
B_1	Unity-gain bandwidth	$R_L = 600$ Ω, $C_L = 100$ pF			10		MHz
r_i	Input resistance			30	300		kΩ
z_o	Output impedance	$A_{VD} = 30$ dB, $R_L = 600$ Ω, $f = 10$ kHz			0.3		Ω
CMRR	Common-mode rejection ratio	$V_{IC} = V_{ICR}$ min		70	100		dB
k_{SVR}	Supply-voltage rejection ratio ($\Delta V_{CC\pm}/\Delta V_{IO}$)	$V_{CC\pm} = \pm 9$ V to ±15 V, $V_O = 0$		80	100		dB
I_{OS}	Output short-circuit current			10	38	60	mA
I_{CC}	Total supply current	$V_O = 0$, No load			8	16	mA
	Crosstalk attenuation (V_{O1}/V_{O2})	$V_O = 10$ V peak, $f = 1$ kHz			110		dB

图 4-8　NE5532 的主要性能指标

③ 输入失调电流 I_{IO}：10 nA。

④ 开环差模输入电阻 R_{id}：300 kΩ。

⑤ 开环输出电阻 R_{od}：0.3 Ω。

⑥ 共模抑制比 K_{CMR}：100 dB。

⑦ 带宽 BW：10 MHz。

4）理想集成运放的性能指标

（1）开环差模电压放大倍数 $A_{od}=\infty$；

（2）开环差模输入电阻 $R_{id}=\infty$；

（3）开环输出电阻 $R_{od}=0$；

（4）共模抑制比 $K_{CMR}=\infty$；

（5）带宽 BW$=\infty$；

（6）失调电压和失调电流及温漂为零，即输入信号为零时，输出信号恒为零。

比较实际集成运放（如 NE5532）和理想集成运放的性能指标，可以看到实际集成运放的各项技术指标与理想运放的指标非常接近。因此，尽管真正的理想集成运放并不存在，但在实际分析集成运放电路时，常常将集成运放理想化。

4.1.3　集成运放的检测

1. 封装外形与引脚顺序识别

在使用集成电路时，首先遇到的一个问题就是如何正确识别集成电路的各引脚，使之与电路图中所标的引脚相对应，这是使用者必须熟练掌握的一项基本技能。下面介绍常用集成电路封装外形的引脚排列方法。

（1）圆筒形和菱形金属壳封装的集成电路，识别引脚时将引脚朝下，由定位标记开始按逆时针方向依次 1 脚、2 脚、3 脚……数到底即可，如图 4-9（a）所示。如果将引脚朝上，由定位标记所对应的引脚开始，按顺时针方向依次数到底即可，如图 4-9（b）所示，两种方法是一致的。常见的定位标记有突耳、圆孔等。

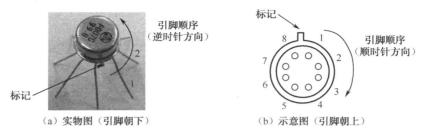

图 4-9　圆壳封装顺序图

（2）单列直插式集成电路，识别其引脚时，将引脚朝下，面对型号或定位标记，自定位标记对应一侧的第一只引脚数起，依次为 1 脚、2 脚、3 脚……，如图 4-10 所示。这一类集成电路上常用的定位标记为色点、凹坑、小孔、线条、色带、缺角等。

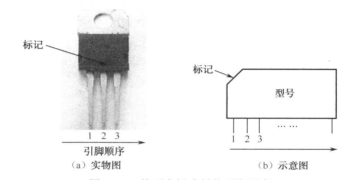

图 4-10　单列直插式封装引脚顺序

（3）双列直插式集成电路，识别其引脚时，将引脚向下，即其型号、商标向上，定位标记在左边，则从左下角第一只引脚开始，按逆时针方向，依次为 1 脚、2 脚、3 脚……，如图 4-11 所示。

图 4-11　双列直插式封装引脚顺序

2. 集成电路好坏的判断

通常集成电路要用专门的集成电路测试仪来进行测量，判断好坏。但实际中往往用下面的方面简单测试判断。

1）电阻测试法

适合于非在路集成电路的测试。首先测试质量完好的单个集成电路各引脚对其接地端的阻值并做好记录，然后测试待测集成电路各引脚对其接地端的阻值，将测试结果进行比较，判断被测集成电路的好坏。

2）电压测试法

适合于在路集成电路的测试。当集成电路供电端电压正常时，集成电路各引脚电压有两种情况：一是有的引脚电压数据取决于外部条件及外接元件；二是有的引脚电压数据是由集成电路内部给出的。如果在路测得的电压与标准数据的规定有较大的差异，应首先确认外部条件及外接元件是否正常，在排除外部条件及外接元件有质量问题后，大多数情况下可确认集成电路已损坏。

3）代换法

代换法是用已知完好的同型号、同规格集成电路来代换被测集成电路，可以判断出该集成电路是否损坏。

3. 实操练习

识别 NE5532 等集成运放的引脚，查阅其技术文档资料，初步看懂文档资料，用电阻测试法测量各引脚对地电阻值，并判断元件的好坏。将测试结果填入表 4-6 中，与相同型号好的集成运放比较，判断自己所测的集成运放的好坏。

表 4-6 各引脚对地电阻测试结果

NE5532 引脚	1	2	3	4	5	6	7	8	质 量 好 坏
功能									
电阻									

4.2 集成运放音频前置放大电路安装调试

4.2.1 电路安装与测试内容

电路原理图如图 4-12 所示。

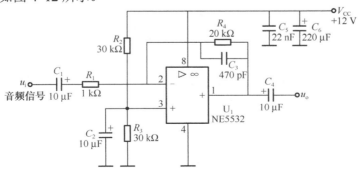

图 4-12 集成运放音频前置放大电路原理图

1. 电路焊接

（1）识别并检测所有元器件的好坏。

（2）将元器件进行合理布局，整齐美观，并方便后续走线。

（3）焊接 NE5532 集成运放的集成插座 DIP-8，方便集成电路的插接，集成电路的插座如 4-13 所示。

图 4-13　集成电路（IC）的插座 DIP-8

（4）按图 4-12 焊接电路，注意元件的布局和连接。在电路输入端、输出端、电源端、接地端安装若干插针，方便电路连接与测试。将集成运放 NE5532 按标记方向插入集成电路插座。

（5）仔细检查焊接的电路，核对安装的元件参数、电解电容的极性、集成电路的安装方向、引脚的连接、有无虚焊等。

元件布局和测试端的安装可参考图 4-2 所示电路板。

2. 电路测试内容

测试电路如图 4-14 所示。

（1）电路确认无误后，在电源端接上+12 V 的直流电源，注意电源的正、负端的连接。

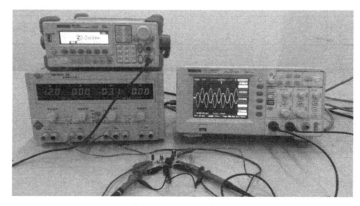

图 4-14　测试电路

（2）用万用表直流电压挡测量集成运放的输入脚（3 脚、2 脚）、输出脚（1 脚）的直流电位并记录于表 4-7 中。

表 4-7　直流电位测量记录表

V_{CC}	U_3（V）	U_2（V）	U_1（V）
+12 V			

（3）调试信号发生器产生一个峰-峰值 V_{p-p}=10 mV，f=1 kHz 的交流信号，将这个信号接到电路的输入端，并用示波器同时测试输入、输出信号，将结果记录在表 4-8 中。

表 4-8　输入、输出信号测量记录表

	峰-峰值 V_{p-p}	频率 f（Hz）	观测并记录 u_i、u_o 波形
输入信号 u_i			
输出信号 u_o			

（4）根据测试结果计算电路电压放大倍数 $A_u = \dfrac{V_{o(p-p)}}{V_{i(p-p)}} = $ _____。

（5）观测到的输入、输出信号波形的相位关系是_____（同相/反相）。

> ❓ **思考：**
>
> 　　在上一节的学习中，我们已经知道集成运放实质上是一个电压放大倍数很大的多级直接耦合放大电路（如 NE5532 的开环差模电压放大倍数是 2 200 倍），而我们测试的电路的电压放大倍数只有 20 倍。这是为什么呢？

4.2.2　音频前置放大电路相关知识

　　回答这个问题，首先要区分清楚通常说的集成运放和集成运放电路。集成运放就是指 IC 本身，在电路中相当于一个元件。集成运放电路是由集成运放以及外围元件组成的应用电路。很显然，我们焊接测试的音频前置放大电路是集成运放的一个应用电路，我们测试到的是集成运放应用电路的放大倍数。这个放大倍数与哪些因素有关？与集成运放开环差模放大倍数有没有关系？

　　下面我们对电路进行分析。

1. 集成运放工作在线性区与非线性区的特点

　　要分析集成运放的应用电路，必须分清集成运放是工作在线性区还是非线性区。工作在不同的区域，所遵循的规律是不相同的。

　　1）线性区

　　当集成运放工作在线性区时，其输出信号随两输入端差模输入信号做如下变化：

$$u_o = A_{od}(u_+ - u_-) = A_{od}u_{id} \tag{4-1}$$

式（4-1）说明集成运放工作在线性区时输出电压与两输入端差模输入电压呈线性关系。

由于集成运放开环差模电压放大倍数 A_{od} 值很大，为了使集成运放工作在线性区，电路大都接有深度负反馈，以减小其净输入电压（即集成运放两输入端的差模输入电压），使其输出电压不超出线性范围，所以，集成运放工作在线性区的必要条件是：电路引入负反馈。

集成运放工作在线性区时，有以下两个重要特点。

（1）虚短——同相输入端的电位等于反相输入端的电位。

因为集成运放工作在线性区时，$u_o = A_{od}(u_+ - u_-)$，所以

$$u_+ - u_- = \frac{u_o}{A_{od}}$$

由于实际集成运放性能接近理想特性，在分析集成运放电路时，可以把集成运放当成理想集成运放。由于理想运放的 $A_{od}=\infty$，而 u_o 为有限数值，故有 u_+ 与 u_- 的差趋近于零，即 $\lim\limits_{A_{od} \to \infty}(u_+ - u_-) = 0$，为了简便，可直接写成 $u_+ - u_- = 0$，即

$$u_+ = u_- \tag{4-2}$$

式（4-2）这种现象称为"虚短"。"虚短"的意思就是：集成运放同相输入端的电位等于反相输入端的电位，两输入端间相当于短路，但并非真正的短路，否则，输出就为零了。

（2）虚断——两输入端电流等于零。

由于理想运放的 $R_{id}=\infty$，所以有

$$i_+ = i_- = 0 \tag{4-3}$$

式（4-3）这种现象称为"虚断"。"虚断"只是指两输入端电流趋近于零，相当于断路，但并非输入端真的断开。

集成运放工作在线性区（电路引入了负反馈）时，同时具有"虚短"和"虚断"两个重要特点。当集成运放工作于线性区时，用上述两个特点可以较方便地分析集成运放电路。

2）非线性区

由于集成运放的开环电压放大倍数 A_{od} 很大，当它工作在开环状态（未接负反馈）或接有正反馈时，只要有差摸信号输入，哪怕是微小的电压信号，集成运放输出都将进入饱和，其输出电压不再与输入电压呈线性变化，而是输出正的最大值或负的最大值。此时，集成运放工作在非线性区。

集成运放工作在非线性区时，有以下两个特点。

（1）输入电压 u_+ 与 u_- 不等时，输出正的最大值或负的最大值，即

$$当 u_+>u_- 时，u_O=+U_{OM}$$
$$当 u_+<u_- 时，u_O=-U_{OM}$$

而 $u_+=u_-$ 时是两种状态的转换临界点。

（2）两输入端电流为零。

由于理想运放的 $R_{id}=\infty$，而集成运放两输入端间的电压有限，所以有

$$i_+ = i_- = 0$$

可见，"虚断"在非线性区仍然成立。

3）分析音频前置放大电路工作于线性区还是非线性区

分析电路工作于线性区还是非线性区，主要是判断电路有否引入反馈，引入了正反馈还是负反馈。若电路引入了负反馈，则电路工作于线性区，可以用"虚短"和"虚断"对电路进行分析；若电路没有引入反馈，工作于开环状态，或引入了正反馈，则电路工作于非线性区，用电路处于非线性区工作的特点进行分析。

本项目安装测试的音频前置放大电路，R_2、R_3、C_2 的作用是确定电路静态时的直流偏置电压；C_5、C_6 是电源的去耦电容；C_3 可消除电路可能出现的高频自激；C_1 是输入耦合电容，C_4 是输出耦合电容；

在音频工作范围内，C_3 可等效为开路，其余耦合电容等效为短路，可得到电路的交流等效电路如图 4-15 所示。

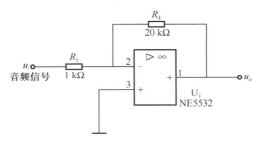

图 4-15　音频前置放大电路交流等效电路

对电路进行分析判断可知：R_4 是反馈电阻，电路中引入了电压并联负反馈，由于集成运放的放大倍数很大，所以，电路工作在深度负反馈，集成运放工作在线性区。

2. 反相输入放大电路

图 4-15 所示音频前置放大电路的交流等效电路是集成运放反相输入放大电路（又称反相输入比例运算电路）。

从图 4-15 可以看出，输入信号 u_i 经电阻 R_1 加到集成运放反相输入端，输出电压 u_o 通过反馈电阻 R_4 送回到反相输入端。电路引入了负反馈，由于集成运放的放大倍数很大，电路工作在深度负反馈，是一个电压并联深度负反馈。所以集成运放工作在线性区，可以用"虚短"和"虚断"的特点对电路进行分析。为了便于分析，在图上标注了电压和电流，如图 4-16 所示。

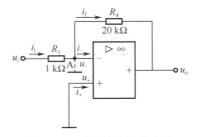

图 4-16　反相输入放大电路

根据集成运放工作在线性区具有"虚短"和"虚断"的特点，有

$$i_+ = i_- = 0$$

$$u_+ = u_-$$

由电路可知，$u_+=0$，所以，$u_-=0$。也就是说，反相输入端 A 点电位几乎为地电位，但反相输入端并没有真正接地，故称此时反相输入端"虚地"。

根据"虚地"，$u_-=0$，有

$$i_1 = \frac{u_i - u_-}{R_1} = \frac{u_i}{R_1}$$

$$i_f = \frac{u_- - u_o}{R_4} = -\frac{u_o}{R_4}$$

根据"虚断"，$i_-=0$，有

$$i_1 = i_f$$

所以

$$\frac{u_i}{R_1} = -\frac{u_o}{R_4}$$

即

$$u_o = -\frac{R_4}{R_1} u_i$$

所以电路的闭环电压放大倍数为

$$A_{uf} = \frac{u_o}{u_i} = -\frac{R_4}{R_1} \tag{4-4}$$

式（4-4）说明：该集成运放电路的输出电压与输入电压之间呈比例关系，比例系数（即电路闭环电压放大倍数）仅取决于反馈电阻 R_4 和 R_1，而与集成运放的开环放大倍数无关。当选用不同的电阻时，就可以改变该电路的放大倍数。上式中的负号表示输出电压与输入电压反相。本项目安装的音频前置放大电路，$R_4=20\ \text{k}\Omega$，$R_1=1\ \text{k}\Omega$，将阻值代入式（4-4）中，可求得该电路的放大倍数

$$A_{uf} = \frac{u_o}{u_i} = -\frac{R_4}{R_1} = -\frac{20}{1} = -20$$

考虑到直流平衡，反相输入放大电路的一般形式如图 4-17 所示。

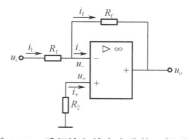

图 4-17　反相输入放大电路的一般形式

这个电路中 R_2 为集成运放静态平衡电阻，这个电阻是为了保持集成运放电路静态平衡而设置的。集成运放的输入级均由差动放大电路组成，其两边的参数值需要对称，以保持静态平衡。在静态时，输入信号为零，输出信号也为零，电阻 R_1 和 R_f 相当于并联在运放反相输入端和地之间，为使两输入端对地电阻相等，在同相输入端与地之间也接入一个电阻

R_2，并使 $R_2=R_1/\!/R_f$ ，称为平衡电阻。

这个电阻的接入，并不会影响到交流工作，因为 $i_+=0$，所以 R_2 上无压降，即 $u_+=0$，再由 $u_+=u_-$，有 $u=0$。所以，反相输入端同样是"虚地"。

所以电路的闭环电压放大倍数一般表达为

$$A_{uf}=\frac{u_o}{u_i}=-\frac{R_f}{R_1} \tag{4-5}$$

当 $R_f=R_1$ 时，

$$A_{uf}=\frac{u_o}{u_i}=-\frac{R_f}{R_1}=-1 \tag{4-6}$$

即输出电压与输入电压大小相等，相位相反。此时电路称为反相器。

3. 同相输入放大电路

如果信号从同相输入端输入，同时电路引入负反馈，可以构成同相输入放大电路（又称同相输入比例运算电路），电路的一般形式如图 4-18 所示，它实际上是一个深度电压串联负反馈放大电路。输入信号 u_i 经电阻 R_2 加至集成运放同相输入端。R_f 为反馈电阻，将输出电压 u_o 反馈到反相输入端。R_2 是平衡电阻，要求 $R_2=R_1/\!/R_f$。

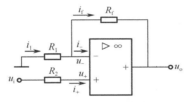

图 4-18 同相输入比例运算电路

根据"虚断"特点有

$$i_+=i_-=0$$

所以

$$i_1=i_f$$

由于 $i_+=0$，所以 R_2 电阻两端的电压为零，故有 $u_+=u_i$，根据"虚短"特点又有 $u_+=u_-$，所以

$$u_-=u_i$$

根据电路可以求出

$$i_1=\frac{0-u_-}{R_1}=\frac{0-u_i}{R_1}=-\frac{u_i}{R_1}$$

$$i_f=\frac{u_--u_o}{R_f}=\frac{u_i-u_o}{R_f}$$

所以

$$-\frac{u_i}{R_1}=\frac{u_i-u_o}{R_f}$$

$$u_o=u_i+\frac{u_i}{R_1}R_f$$

可求得电路闭环电压放大倍数为

$$A_{uf} = \frac{u_o}{u_i} = \frac{u_i + \frac{u_i}{R_1}R_f}{u_i} = 1 + \frac{R_f}{R_1} \qquad (4\text{-}7)$$

式（4-7）说明：集成运放的输出电压与输入电压之间呈比例关系，比例系数（即电路闭环电压放大倍数）取决于反馈网路的电阻 R_f 和 R_1。改变 R_f 和 R_1 的值可以改变电路的电压放大倍数。A_{uf} 为正值表明输出电压与输入电压同相。

当 $R_f=0$ 或 $R_1 \to \infty$ 时，

$$A_{uf} = \frac{u_o}{u_i} = 1 + \frac{R_f}{R_1} = 1 \qquad (4\text{-}8)$$

即电路的输出电压 u_o 与输入电压 u_i 大小相等，相位相同，此时的电路称为电压跟随器，如图 4-19 所示，它是同相输入比例运算放大电路的特例。

集成运放构成的电压跟随器与项目 2 中介绍的射极跟随器类似，但由于电路工作在深度负反馈，跟随性能更好，工作更稳定，所以在电路中常用作隔离器。

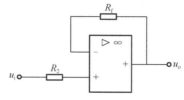

图 4-19　电压跟随器

❓ **思考：**

观察本项目交流等效后的电路图（图 4-15），可以看出电路是反相输入放大电路，该电路的电压放大倍数为 $A_{uf} = -\frac{R_f}{R_1} = -\frac{R_4}{R_1} = -\frac{20}{1} = -20$，电路的输出电压与输入电压反相。

你测得的放大倍数是多少？相位关系如何？

---

4. 集成运放电源供电

很多集成运算放大器在工作时需要正、负两组电源供电，且大都需要正、负电源对称，如图 4-20 所示，图 4-20（a）是双电源供电的一般画法，图 4-20（b）是双电源供电的具体连接图。

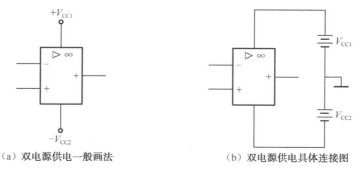

（a）双电源供电一般画法　　　　（b）双电源供电具体连接图

图 4-20　集成运放双电源供电

但为了简化电路，特别是集成运放工作在线性区，对交流信号进行放大时，双电源供电可改成单电源的供电方式，也可直接选用单电源供电的集成运放。

将双电源供电的集成运算放大电路改为单电源供电时，必须满足条件：

$$U_+ = U_- = U_O = \frac{1}{2}V_{CC} \tag{4-9}$$

式（4-9）说明同相输入端、反相输入端和输出端三端的直流电位相等，并且等于电源电压的一半。

本项目音频前置放大电路中 R_2、R_3 构成直流分压偏置电路，如图 4-21 所示，使需要正、负两组电源供电的集成运算放大器 NE5532 可采用单电源的供电方式。电阻 $R_2=R_3=30\text{ k}\Omega$，保证同相输入端、反相输入端、输出端的直流电压等于电源电压 V_{CC} 的一半。

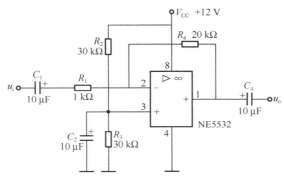

图 4-21　反相输入放大电路双电源改单电源供电方式

同相输入端直流电压　　　　　$U_+ = \dfrac{R_3}{R_2 + R_3}V_{CC} = \dfrac{1}{2}V_{CC}$

静态时，由于 $I_{R1}=0$，则 $I_{R4}=0$，因此，输出端直流电位 $U_O=U_-$，所以有

$$U_O = U_- = U_+ = \frac{1}{2}V_{CC}$$

电路中 C_1、C_2、C_4 电容起到"隔直通交"的作用，保证电路中直流工作正常，同时又能使信号顺利通过。

图 4-22 所示电路是同相输入交流放大电路集成运放双电源供电改为单电源供电的电路形式。为了保持同相输入高阻抗的特点，在 R_2 和 R_3 的分压点串入了电阻 R_4，提高电路的输入阻抗。

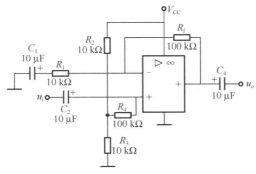

图 4-22　同相输入放大电路双电源改单电源供电方式

5. 电路消除自激振荡措施

运放工作时很容易产生自激振荡（自激振荡的原理将在项目 6 中详细讲述），容易受到外界和内部一些无规则信号的影响。噪声、干扰和自激振荡的存在都妨碍了对有用信号的观察和测量，严重时将淹没有用信号，使得放大器不能正常工作。所以必须抑制干扰、噪声和消除自激振荡，才能使电路正常工作。

1）电源去耦电路

电源总有一定的内阻 R_0，特别是电池用得时间过长或稳压电源质量不高，使得内阻 R_0 比较大时，则会引起 V_{CC} 处电位的波动，V_{CC} 的波动作用到前级，使前级输出电压相应变化，经放大后，使波动更厉害，如此循环，就会造成振荡现象。最常用的消除办法是在电源端加去耦电容，使可能产生的干扰信号接地。

如本项目电路中的 C_5 和 C_6 为电源的去耦电容，如图 4-23 所示，C_6 消除可能产生的低频干扰，C_5 消除可能产生的高频干扰。

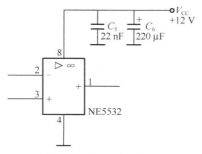

图 4-23　电源去耦电路

2）消除自激振荡

集成运放线性应用时，通常要接入深度负反馈，很容易产生自激振荡。这是因为运放内部电路级数较多，电抗元件的存在，使得信号在传输过程中产生附加相移，形成正反馈，使放大器在没有输入信号时，有一定幅度和频率的电压输出，产生自激振荡。

本项目电路中的 C_3 元件的作用主要是消除电路可能产生的自激振荡，称为消振电容，并联在反馈电阻两端，如图 4-24 所示。C_3 主要消除电路的高频自激，对高频信号，电路的放大倍数大大减小，同时引入相移对电路进行相位补偿，达到消除自激振荡的目的。

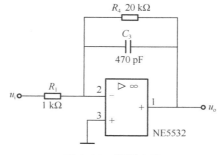

图 4-24　消振电路

4.2.3　电路调试及故障分析与排除

1. 调试电路

调试电路是一个综合应用理论知识和实践知识的过程。在调试电路的过程中要自己学会测试电路，会根据需要，测试关键点的电压或电流，并根据所学理论知识判断测试结果是否正确，如果不正确，会分析故障，排除故障，直至电路正常工作。

（1）继续按 4.2.1 节中测试内容调试自己焊接的电路，并判断测试的结果是否正确，若结果不正确，分析故障原因并排除故障，直到电路调试成功。

然后按以下测试内容对电路进一步研究。

（2）集成运放各引脚直流电压的测量。

电路工作正常后，再用万用表直流电压挡测量集成运放正常工作时各引脚直流电压值，并将测量的数据记录在表 4-9 中。

表 4-9　集成运放正常工作时各引脚直流电压值

NE5532 引脚	1	2	3	4	5	6	7	8
直流电压值								

（3）改变反馈电阻 R_4 和输入电阻 R_1 的大小，对电路进一步测试。

按表 4-10 改变电阻 R_4、R_1 的大小，用信号发生器产生一个频率为 1 kHz 的正弦信号，将信号接入电路输入端，用示波器同时观察电路的输入和输出信号波形，调节输入信号的大小，使输出信号波形不失真。

用示波器数据测量功能，测量此时输出信号峰-峰值 $V_{o(p-p)}$ 和输入信号峰-峰值 $V_{i(p-p)}$ 的大小，将测量的数据填入表 4-10 中，观察输出信号与输入信号的相位关系并填入表中，用测量值计算出电路的放大倍数，用理论公式计算出电路的放大倍数并分别填入表中。比较电路的测量数据，总结负反馈电阻 R_4 和输入电阻 R_1 对电路放大倍数的影响，并写出调整电路放大倍数的方法，将总结及放大倍数调整方案记录到结论栏中。

表 4-10　改变反馈电阻电路测量值

条件及项目 电路参数		条件：输入 1 kHz 的正弦信号，输出信号波形不失真					
		$V_{o(p-p)}$	$V_{i(p-p)}$	$A_u = \dfrac{V_{o(p-p)}}{V_{i(p-p)}}$	u_o 与 u_i 相位关系	A_u 理论计算值	结　　论
原电路	$R_4=20$ kΩ $R_1=1$ kΩ						
改变负反馈电阻 R_4、R_1 的大小	$R_4=50$ kΩ $R_1=1$ kΩ						
	$R_4=50$ kΩ $R_1=2$ kΩ						
	$R_4=2$ kΩ $R_1=2$ kΩ						
	$R_4=20$ kΩ $R_1=2$ kΩ						

（4）与功率放大电路联调。

先在功率放大电路（注：功率放大电路在项目 5 详细讲解）的输入端接入音频信号（来自手机音频输出、MP3 音频输出或直接在输入端接话筒），此时从扬声器中输出放大后的音频信号，但放大的效果不是很理想，声音不够大。

在功率放大电路的前面连接本项目制作的音频前置放大电路，待放大的音频信号从前置放大电路的输入端输入，此时从扬声器中输出放大后的音频信号，可听出明显比刚才没有加前置放大电路时声音要大，如果声音太大，出现了失真，我们可以在前置放大电路和功率放大电路之间加一个电位器，起到音量调节的作用。电路连接如图 4-25 所示。本项目集成运放构成的放大电路在电路结构上放置在功率放大器的前面，可以起到驱动功率放大电路的作用，因此称为前置放大电路。

图 4-25　与功率放大电路联调电路

2. 电路故障分析与排除

1）静态工作电压不正常

本项目电路集成运放 NE5532 的直流供电方式采用的是单电源的供电方式，静态工作时，用万用表直流电压挡测量集成运放的输入脚 3 脚、2 脚，输出脚 1 脚的直流电位应为第 8 脚电源电压 V_{CC} 的一半，若静态电压不正常，可按下列步骤进行故障分析和排除。

① 静态工作电压调试首先测量 NE5532 集成电路的第 3 脚，其值大小正常应为电源电压的一半。若第 3 脚的电压测不到或不正常，测量电源电压 V_{CC} 是否正常，正常时，应测得电源电压为 12 V，若电源不正常，检查电源供电电路。

② 电源电压正常后，再测量 NE5532 集成电路的第 3 脚，若此时的电压值仍不正常，检查电源的去耦电容 C_5、C_6 以及偏置电路 R_2、R_3、C_2 各点处的电压是否正常，并检查电路的焊接质量，有没有开路、短路的地方。

③ 如外接元件及连接判断基本没有问题，可将集成电路（NE5532）从 IC 插座上拔出，再测量 IC 插座的第 3 脚的直流电压。若此时电压正常，则需要更换集成电路（NE5532）。若电压仍不正常，继续围绕外接元件（C_5、C_6、R_2、R_3、C_2）查找，直到调试到 R_2、R_3 分压后的电压为电源电压的一半，再把集成电路插接上。

④ NE5532 集成电路的第 3 脚直流电压正常后，再测量第 2 脚、第 1 脚的直流电压也应为电源电压的一半，若不正常，检查隔直电容 C_4、R_4、C_3 元件，并检查电路的焊接质

量，有没有开路、短路的地方。如外接元件及连接判断基本没有问题，可更换集成电路（NE5532）再测量，若还不正常，继续围绕外接元件（C_4、R_4、C_3）查找，直到调试到 2 脚、1 脚处的直流电压也正常。

2）无输出信号或信号放大倍数不正常

电路静态工作电压正常后，在输入端接输入信号，对电路放大能力进行测试，若输出端无输出信号或测得电路的放大倍数不正常，可按图 4-26 所示方案进行故障分析与排除。

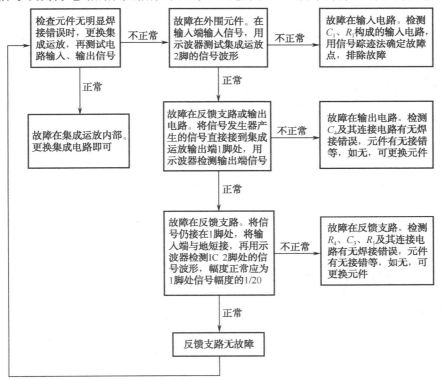

图 4-26　无输出或放大倍数不正常故障分析与排除方案示意图

3）输出信号干扰严重

集成运放线性放大电路只是放大信号的幅度，正常工作时，不应产生新的频率信号。若在输出的信号上叠加有高频干扰信号，或测得输出信号频率明显偏离输入信号的频率，说明电路产生了自激振荡。如图 4-27 所示，输出信号出现了严重的高频干扰。

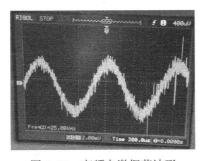

图 4-27　高频自激振荡波形

检查电路消振电容 C_3、电源去耦电容 C_4 和 C_5，若电路焊接无误，更换电容，再调试电路，若更换电容后，干扰仍然严重，可更换集成运放，再调试电路，直至输出信号基本无干扰信号。

> **总结：**
>
> 　　在排除含有集成元件电路故障时，应先检查线路的焊接质量，有没有开路、短路、焊接错误之处；在确定焊接无误的情况下，故障仍然不能排除，再更换相关外围元件检测；故障仍不能排除，再更换集成电路检测；如更换集成电路还不能排除故障，再回到相关外围元件电路检测，直至故障排除。

4.3　集成运放其他典型应用电路分析

在实际电路中，集成运放应用相当广泛。按集成运放工作的状态不同，主要分为线性应用电路和非线性应用电路两大类。集成运放工作在负反馈状态，使其处于线性工作的应用电路统称线性应用电路，如集成运放构成的各类放大电路、运算电路、有源滤波电路等；集成运放工作在开环状态或正反馈状态，使其处于非线性工作的应用电路统称非线性应用电路，如集成运放构成的各类电压比较器、信号发生器等。

下面对集成运放其他典型应用电路进行分析，为突出应用电路工作原理，集成运放的电源端子及消振电路等均在图中省略。

4.3.1　加、减法运算电路

1. 加法运算电路

图 4-28 所示为反相加法运算电路。电路有两个信号 u_{I1} 和 u_{I2} 同时加到运放的反相输入端，有一个输出信号 u_O，同时输出信号 u_O 经反馈电阻 R_f 反馈到反相输入端，引入电压并联深度负反馈，电路工作在线性区，具有"虚短"和"虚断"的特点。R_3 是平衡电阻，$R_3=R_1//R_2//R_f$。虽然图 4-28 所示电路仅有两个输入，但下面的分析可以立即一般化到任意个数的输入。

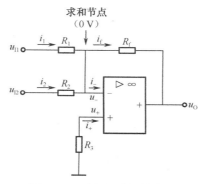

图 4-28　反相加法运算电路

因为 $i_+ = 0$，R_3 电阻两端无压降，所以 $u_+ = 0$，又因为 $u_- = u_+$ 所以

$$u_- = 0 \text{（虚地）}$$

流入虚地节点的电流等于流出该节点的电流，因为 $i_- = 0$，所以

$$i_1 + i_2 = i_f$$

因此，这个节点也称求和节点。

而

$$i_1 = \frac{u_{I1}}{R_1}$$

$$i_2 = \frac{u_{I2}}{R_2}$$

$$i_f = -\frac{u_O}{R_f}$$

所以

$$\frac{u_{I1}}{R_1} + \frac{u_{I2}}{R_2} = -\frac{u_O}{R_f}$$

即

$$u_O = -\left(\frac{R_f}{R_1}u_{I1} + \frac{R_f}{R_2}u_{I2}\right) \tag{4-10}$$

式（4-10）表明输出是各输入的加权和，权系数就是电阻的比值。

当 $R_1 = R_2 = R$ 时，

$$u_O = -\frac{R_f}{R}(u_{I1} + u_{I2}) \tag{4-11}$$

当 $R_1 = R_2 = R_f$ 时，

$$u_O = -(u_{I1} + u_{I2}) \tag{4-12}$$

可见，通过选用适当电阻值，可使输出电压与输入电压之和成正比，完成加法运算。式中负号是因反相输入所引起的，若在输出端再接一级反相器，则可消去负号，实现常规加法运算。相加的输入信号可以增加到 3 个以上。

上述结论也可以用叠加原理来分析得出。

u_{I1} 单独作用时，$u_{I2}=0$，则有

$$u_{O1} = -\frac{R_f}{R_1}u_{I1}$$

u_{I2} 单独作用时，$u_{I1}=0$，则有

$$u_{O2} = -\frac{R_f}{R_2}u_{I2}$$

u_{I1}、u_{I2} 共同作用时，则有

$$u_O = u_{O1} + u_{O2} = -\left(\frac{R_f}{R_1}u_{I1} + \frac{R_f}{R_2}u_{I2}\right)$$

2. 减法运算电路

减法运算电路如图 4-29 所示，从电路结构上看，它是反相输入和同相输入相结合的放大器，又称差分输入放大器。电路输出信号 u_O 经反馈电阻 R_f 反馈到反相输入端，引入的是

深度负反馈，电路工作在线性区，具有"虚短"和"虚断"的特点。考虑到直流平衡，通常取 $R_1=R_2$，$R_3=R_f$。

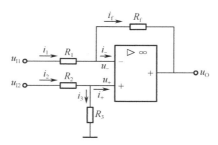

图 4-29　减法运算电路

根据"虚断"特点，有 $i_+ = i_- = 0$，所以 $i_1 = i_f$，$i_2 = i_3$，根据电路可求得

$$u_- = u_{I1} - i_1 R_1 = u_{I1} - \frac{u_{I1} - u_O}{R_1 + R_f} R_1$$

$$u_+ = \frac{R_3}{R_2 + R_3} u_{I2}$$

根据"虚短"特点，有 $u_+ = u_-$。

所以

$$u_{I1} - \frac{u_{I1} - u_O}{R_1 + R_f} R_1 = \frac{R_3}{R_2 + R_3} u_{I2}$$

整理得

$$u_O = \left(\frac{R_1 + R_f}{R_1} \right) \left(\frac{R_3}{R_2 + R_3} \right) u_{I2} - \frac{R_f}{R_1} u_{I1} \qquad (4\text{-}13)$$

当 $R_1=R_2$，$R_3=R_f$ 时，

$$u_O = \frac{R_f}{R_1} (u_{I2} - u_{I1}) \qquad (4\text{-}14)$$

当 $R_1=R_f$ 时，

$$u_O = u_{I2} - u_{I1} \qquad (4\text{-}15)$$

即输出电压与两输入电压的差值成比例，完成减法运算。

上述电路输出与输入之间的函数关系也可以用叠加原理来导出，请读者自行推导。

3. 加减运算电路

加减运算电路如图 4-30 所示，它实际由两级加法运算电路构成，以图中虚线为界，它可以分为第一级和第二级。观察电路，第一级是一个三输入反相加法运算电路，输入电压是 u_{I1}、u_{I2}、u_{I3}，输出电压是 u_{O1}；第二级相当于一个两输入反相加法运算电路，其中一个输入电压是第一级的输出电压 u_{O1}，另一个输入电压是外部输入电压 u_{I4}。

根据反相加法运算电路输出电压与输入电压之间的函数关系，有

$$u_{O1} = -\left(\frac{R_{f1}}{R_1} u_{I1} + \frac{R_{f1}}{R_2} u_{I2} + \frac{R_{f1}}{R_3} u_{I3} \right) \qquad (4\text{-}16)$$

$$u_O = -\left(\frac{R_{f2}}{R_5} u_{O1} + \frac{R_{f2}}{R_6} u_{I4} \right) \qquad (4\text{-}17)$$

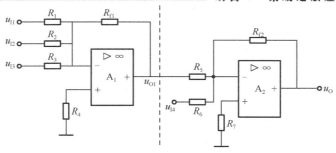

图 4-30　多运放电路

将式（4-16）代入式（4-17），可得到电路输出与各输入之间的函数关系：

$$u_O = \frac{R_{f2}}{R_5}\left(\frac{R_{f1}}{R_1}u_{I1} + \frac{R_{f1}}{R_2}u_{I2} + \frac{R_{f1}}{R_3}u_{I3}\right) - \frac{R_{f2}}{R_6}u_{I4} \qquad (4\text{-}18)$$

由式（4-18）可知，这个电路可以实现多个信号之间的加减运算。

4.3.2　积分和微分电路

1．积分电路

积分电路的输出电压与输入电压成积分关系。在反相输入比例运算电路中，将反馈电阻 R_f 用电容 C 代替，就构成了积分运算电路，如图 4-31 所示。图中平衡电阻 $R_2=R_1$。

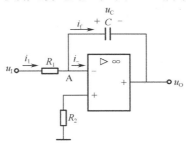

图 4-31　积分电路

根据集成运放线性应用的特点"虚短"和"虚断"可知：A 点为"虚地"，则有

$$i_1 = i_f = \frac{u_I}{R_1}$$

输出电压 u_O 与电容电压 u_C 反相，即

$$u_O = -u_C = -\frac{1}{C}\int i_f \mathrm{d}t = -\frac{1}{C}\int \frac{u_I}{R_1}\mathrm{d}t$$

故得

$$u_O = -\frac{1}{R_1 C}\int u_I \mathrm{d}t \qquad (4\text{-}19)$$

式（4-19）说明电路的输出电压与输入电压的积分成正比，实现了输出电压与输入电压的积分关系，$R_1 C$ 为积分时间常数。负号表示输出与输入反相。

假若在 u_I 作用的 t_0 时刻前，输出电压已有初始电压 u_{O0}，则 $t_0 \sim t$ 的一段时间，积分运算的输出电压为

$$u_O = -\frac{1}{R_1 C}\int_{t_0}^{t} u_1 \mathrm{d}t + u_{O0} \tag{4-20}$$

假若 u_1 为恒定电压 U_I，则为恒流充电，积分运算的输出电压为

$$u_O = -\frac{1}{R_1 C}\int_{t_0}^{t} U_1 \mathrm{d}t + u_{O0} = -\frac{U_1}{R_1 C}(t - t_0) + u_{O0} \tag{4-21}$$

实例 4-1 在积分电路中，电路参数如图 4-32（a）所示，当输入信号 u_1 是方波信号 [见图 4-32（b）] 时，在 $t=0$ 时刻电容两端的电压为零。试画出输出电压 u_O 的波形。

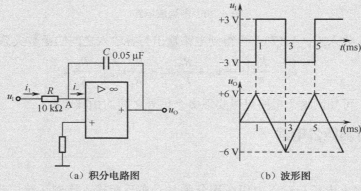

（a）积分电路图　　　　　（b）波形图

图 4-32　积分电路及信号波形

解： 用分段函数积分来进行求解。

（1）当 $0 \leqslant t \leqslant 1$ ms 时，$u_I=-3$ V，$t=0$ 时刻电容两端的电压为零，即输出电压初始电压为零，根据电路可求出输出电压：

$$\begin{aligned}
u_O &= -\frac{1}{RC}\int_{t_0}^{t} U_1 \mathrm{d}t + u_{O0} \\
&= -\frac{1}{10\times10^3 \times 0.05\times10^{-6}}\int_{0}^{t}(-3)\mathrm{d}t + 0 \\
&= -2\times10^3\int_{0}^{t}(-3)\mathrm{d}t \\
&= 6\times10^3 t
\end{aligned}$$

当 $t=1$ ms 时，$u_O = 6\times10^3 \times 1\times10^{-3} = 6$（V）。

在 $0 \leqslant t \leqslant 1$ ms 时间内，输出电压从 0 V 线性增加到 6 V。

（2）当 1 ms $\leqslant t \leqslant 3$ ms 时，$u_I=+3$ V，此时输出电压的初始值是 6 V。

$$\begin{aligned}
u_O &= -\frac{1}{RC}\int_{t_0}^{t} U_1 \mathrm{d}t + u_{O0} \\
&= -2\times10^3\int_{1\times10^{-3}}^{t}(+3)\mathrm{d}t + 6 = -6\times10^3(t - 1\times10^{-3}) + 6
\end{aligned}$$

当 $t=1$ ms 时，$u_O = -6\times10^3(1\times10^{-3} - 1\times10^{-3}) + 6 = 6$（V）。

当 $t=3$ ms 时，$u_O = -6\times10^3(3\times10^{-3} - 1\times10^{-3}) + 6 = -6$（V）。

在 1 ms $\leqslant t \leqslant 3$ ms 时间内，输出电压从 6 V 线性减小到 -6 V。

（3）当 3 ms $\leqslant t \leqslant 5$ ms 时，$u_I=-3$ V，此时输出电压的初始值是 -6 V。

$$u_O = -\frac{1}{RC}\int_{t_0}^{t} U_I dt + u_{O0}$$

$$= -2\times10^3\int_{3\times10^{-3}}^{t}(-3)dt + (-6) = 6\times10^3(t-3\times10^{-3})-6$$

当 $t=3$ ms 时，$u_O = 6\times10^3(3\times10^{-3}-3\times10^{-3})-6 = -6$（V）。

当 $t=5$ ms 时，$u_O = 6\times10^3(5\times10^{-3}-3\times10^{-3})-6 = 6$（V）。

在 $3\ \text{ms} \leqslant t \leqslant 5\ \text{ms}$ 时间内，输出电压从-6 V 线性增加到 6 V。

根据所求各段输出电压的函数及关键点可以画出输出电压的波形，如图 4-32（b）所示。

从这个例子我们知道：积分电路能进行波形变换，将方波变换成三角波。

2. 微分电路

微分是积分的逆运算。将积分运算电路中的 R_1 和 C 位置互换，就形成了微分运算电路，如图 4-33（a）所示。

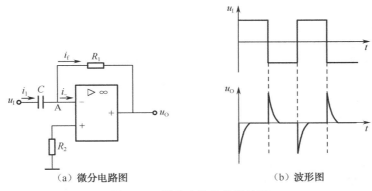

（a）微分电路图　　　　　　　　（b）波形图

图 4-33　微分电路及信号波形

根据"虚短"和"虚断"的特点，有

$$i_1 = i_f$$

$$u_+ = u_- = 0 \qquad （\text{A 点虚地}）$$

而

$$i_1 = C\frac{du_C}{dt} = C\frac{du_1}{dt}$$

$$i_f = \frac{u_- - u_O}{R_1} = -\frac{u_O}{R_1}$$

所以

$$u_O = -R_1 C\frac{du_1}{dt} \qquad\qquad\qquad (4\text{-}22)$$

式（4-22）表明输出电压正比于输入电压对时间的微分，输出电压与输入电压是微分关系。如在电路输入端输入方波信号，则输出信号为正、负尖脉冲波，如图 4-33（b）所示。

4.3.3　电压比较器

1. 简单电压比较器

电压比较器是将输入电压接入运放的一个输入端，将参考电压接入另一个输入端，电路将对两个电压进行幅度比较，由输出状态（高电平或低电平）反映所比较的结果。它是模拟电路与数字电路联系的桥梁。通常用于自动控制、超限报警、模数转换和非正弦波产生电路中。

简单的电压比较器电路如图 4-34（a）所示。

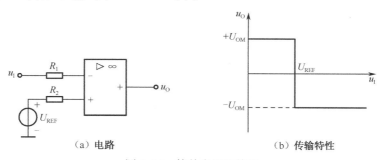

（a）电路　　　　　　　　　　　　（b）传输特性

图 4-34　简单电压比较器

1）电路工作原理

电路没有接反馈，集成运放处于开环状态，工作于非线性区，所以电压比较器是集成运放非线性应用电路。集成运放工作在非线性区的特点，在 4.2.2 节已分析过：当 $u_+>u_-$ 时，输出正的最大值$+U_{OM}$；当 $u_+<u_-$ 时，输出负的最大值$-U_{OM}$。电路中输入信号 u_I 接入集成运放的反相输入端，基准电压 U_{REF} 接入集成运放同相输入端。

当 $u_I<U_{REF}$ 时，即 $u_-<u_+$，则 $u_O=+U_{OM}$；

当 $u_I>U_{REF}$ 时，即 $u_->u_+$，则 $u_O=-U_{OM}$；

当 $u_I=U_{REF}$ 时，输出状态发生翻转。

电路的传输特性如图 4-34（b）所示。

传输特性就是输出电压与输入电压的关系特性。在坐标系中横坐标是输入电压，纵坐标是输出电压，传输特性曲线表示的就是随着输入电压的变化输出电压如何变化的关系曲线。

2）过零比较器

如果 $U_{REF}=0$，即以零电压作为基准电压，电路构成一个过零比较器，其电路如图 4-35（a）所示。

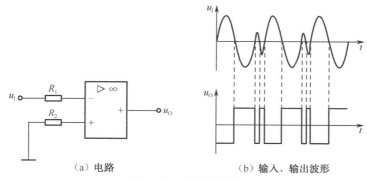

（a）电路　　　　　　　　　　　　（b）输入、输出波形

图 4-35　过零比较器

由前面分析可知，当输入信号电压经过零电平时，过零比较器输出信号发生翻转，如果在过零比较器的输入端输入的是正弦波信号，输出端将得到方波信号，但如果输入信号在零电压附近受到干扰，过零比较器会将这些干扰信号转换为干扰脉冲，如图 4-35（b）所示。可见，简单比较器存在抗干扰能力差的缺点。

2. 迟滞电压比较器

迟滞比较器又称施密特触发器，它是在简单比较器的基础上引入了正反馈，具有较强的抗干扰能力。电路如图 4-36（a）所示。

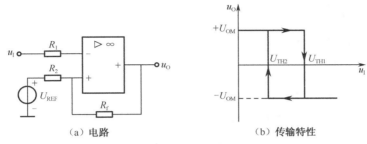

（a）电路　　　　　　　　　（b）传输特性

图 4-36　迟滞电压比较器

1）电路工作原理

电路增加了正反馈元件 R_f，集成运放工作于非线性状态。输入信号 u_I 接入电路的反相输入端，在电路的同相输入端接有参考电压 U_{REF}，由于输出电压通过反馈元件反馈到集成运放的同相输入端，所以同相输入端的电压同时受参考电压和输出电压的约束，应用叠加原理分析同相输入端的电压。

① 当输出电压为正的最大值 $+U_{OM}$ 时，同相输入端的电压为

$$u_+ = \frac{R_f}{R_2 + R_f} U_{REF} + \frac{R_2}{R_2 + R_f} U_{OM} = U_{TH1}$$

而

$$u_- = u_I$$

所以，只要 $u_I < U_{TH1}$，则 $u_- < u_+$，输出电压将保持 $+U_{OM}$；只有当输入电压 u_I 增加到使 $u_- > u_+$，即 $u_I > U_{TH1}$ 时，输出电压 u_O 才由正的最大值 $+U_{OM}$ 翻转为负的最大值 $-U_{OM}$。

② 当输出电压为负的最大值 $-U_{OM}$ 时，同相输入端的电压为

$$u_+ = \frac{R_f}{R_2 + R_f} U_{REF} - \frac{R_2}{R_2 + R_f} U_{OM} = U_{TH2}$$

而

$$u_- = u_I$$

所以，只要 $u_I > U_{TH2}$，则 $u_- > u_+$，输出电压将保持 $-U_{OM}$；只有当输入电压 u_I 减小到使 $u_- < u_+$，即 $u_I < U_{TH2}$ 时，输出电压 u_O 才由负的最大值 $-U_{OM}$ 翻转为正的最大值 $+U_{OM}$。

2）电路传输特性

电路的传输特性如图 4-36（b）所示。

当输入电压 u_I 足够小（$u_I < U_{TH2}$）时，电路输出正的最大值 $+U_{OM}$，此时，只有当输入电压 u_I 增大到 U_{TH1} 时，输出电压 u_O 才由 $+U_{OM}$ 翻转为 $-U_{OM}$，u_I 继续增大，输出保持为 $-U_{OM}$。

输出翻转为负的最大值 $-U_{OM}$ 后，只有当 u_I 减小到 U_{TH2} 时，输出电压 u_O 才由 $-U_{OM}$ 翻转

为 $+U_{OM}$，u_I 继续减小，输出保持为 $+U_{OM}$。

输入电压在 $U_{TH2}<u_I<U_{TH1}$ 范围内，保存原状态。

由此可见，两次翻转的电压不同，把发生翻转时刻的电压称为触发电压，由于 $U_{TH1}>U_{TH2}$，U_{TH1} 称为上限触发电压（或上限门限电压），U_{TH2} 称为下限触发电压（或下限门限电压），上、下限触发电压之差称为回差电压（或门限宽度）ΔU_{TH}，由 U_{TH1} 和 U_{TH2} 值可求得：

$$\Delta U_{TH} = U_{TH1} - U_{TH2}$$
$$= \left(\frac{R_f}{R_2+R_f}U_{REF} + \frac{R_2}{R_2+R_f}U_{OM} \right) - \left(\frac{R_f}{R_2+R_f}U_{REF} - \frac{R_2}{R_2+R_f}U_{OM} \right) \quad (4\text{-}23)$$
$$= 2\frac{R_2}{R_2+R_f}U_{OM}$$

式（4-23）表明：回差电压 ΔU_{TH} 与参考电压 U_{REF} 无关，回差电压的存在，可以大大提高电路的抗干扰能力。只要回差电压大于干扰信号的变化幅度，就能有效抑制干扰信号，而且回差电压越大，抗干扰能力越强，但电路的灵敏度将会降低。

实例 4-2 迟滞比较器如图 4-37 所示，电路参数如图所示。分析电路，画出电路的传输特性图。若输入信号如图 4-38（b）所示，试画出电路的输出波形。

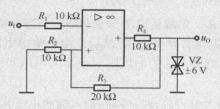

图 4-37 迟滞比较器

解：这是一个基准电压为零的迟滞比较器，即 $U_{REF}=0$ V。输出端接 VZ，VZ 为双向稳压二极管，以限定电路最高和最低输出电压。由 VZ 参数可知，$+U_{OM}=+6$ V，$-U_{OM}=-6$ V。

上限触发电压 $U_{TH1} = \dfrac{R_2}{R_2+R_3}(+U_{OM}) = \dfrac{10}{10+20} \times (+6) = +2 \text{ V}$

下限触发电压 $U_{TH2} = \dfrac{R_2}{R_2+R_3}(-U_{OM}) = \dfrac{10}{10+20} \times (-6) = -2 \text{ V}$

当输入电压小于 -2 V 时，$u_-<u_+$，输出 +6 V；当输入电压增大到 +2 V 时，输出翻转为 -6 V；输出 -6 V 后，只有当输入电压减小到 -2 V 时，输出才由 -6 V 翻转为 +6 V。据此，画出的电路的传输特性如图 4-38（a）所示。

根据电路的输出特性以及电路的输入信号波形，可以画出电路的输出波形如图 4-38（b）所示。

可以看到，由于干扰信号的幅度在回差电压范围内，电路并没有将这些干扰信号转换为干扰脉冲，可见，迟滞比较器具有抗干扰能力强的特点。

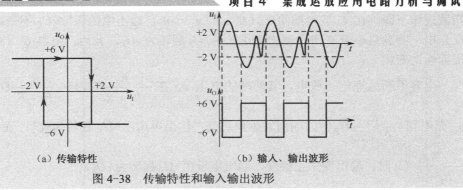

（a）传输特性　　　　　　　　（b）输入、输出波形

图 4-38　传输特性和输入输出波形

4.3.4　波形发生器

1. 方波发生器

图 4-39（a）所示为方波发生器，它是在迟滞比较器的基础上，增加了一条 RC 充放电回路组成的。

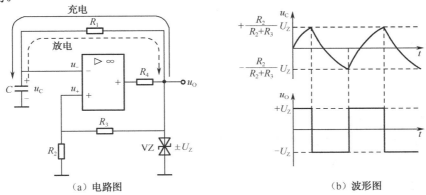

（a）电路图　　　　　　　　　　（b）波形图

图 4-39　方波发生器和波形

1）电路工作原理

图 4-39（a）电路中，由于正反馈，集成运放工作在非线性区，电路的输出只有两个稳定的状态，输出正的最大值 $+U_Z$ 或负的最大值 $-U_Z$。双向稳压二极管 **VZ** 使输出电压幅度限制在其稳定值 $\pm U_Z$ 之内。

设电源接通时刻，电容 C 两端的电压 $u_C=0$，电路的输出电压 $u_O=+U_Z$，则集成运放同相输入端此时的电位为

$$U_+ = \frac{R_2}{R_2 + R_3}(+U_z)$$

而 $u_O=+U_Z$ 时，输出经 R_1 向 C 充电，使 u_C 按指数规律上升。在 C 充电期间，只要 u_C（u_-）$<u_+$，输出电压保持 $+U_Z$ 不变。当 u_C（u_-）上升到略大于 u_+ 时，输出电压由 $+U_Z$ 翻转为 $-U_Z$。此时，集成运放同相输入端的电压变为

$$U_+ = \frac{R_2}{R_2 + R_3}(-U_z)$$

由于电容 C 两端的电压 u_C 不能跳变，当 $u_O=-U_Z$ 时，电容 C 将通过 R_1 放电，使 u_C 按

指数规律下降。在 C 放电期间，只要 u_C（u_-）$>u_+$，输出电压保持$-U_Z$不变。直到 u_C（u_-）反充电下降到略小于 u_+时，输出电压才由$-U_Z$翻转为$+U_Z$。此后，电容 C 又进行充电，如此周期性地变化下去。

电容不断地充电、放电，其两端的电压 u_C 在 $+\dfrac{R_2}{R_2+R_3}U_Z$ 与 $-\dfrac{R_2}{R_2+R_3}U_Z$ 之间变化。当 u_C 充电到$+\dfrac{R_2}{R_2+R_3}U_Z$时，输出发生负跳变，输出电压由$+U_Z$ 翻转为$-U_Z$；而当 u_C 反充电到 $-\dfrac{R_2}{R_2+R_3}U_Z$时，输出发生正跳变，输出电压由$-U_Z$翻转为$+U_Z$。

电容 C 两端的电压 u_C 和输出电压 u_O 的波形如图 4-39（b）所示。

2）振荡频率

电路输出的方波电压的周期，取决于充、放电的 RC 时间常数。应用《电工基础》中关于 RC 电路充、放电过渡过程的三要素法，可求得电路的振荡周期为

$$T = 2R_1C\ln\left(1+\frac{2R_2}{R_3}\right) \tag{4-24}$$

若取 $R_2=R_3$，则有

$$T = 2R_1C\ln 3 \approx 2.2R_1C \tag{4-25}$$

即振荡频率

$$f \approx \frac{1}{2.2R_1C} \tag{4-26}$$

改变 R_1C 的值就可以调节电路的振荡频率。

需要指出的是，方波发生器产生的是高电平、低电平所占时间相等的波形，是矩形波的一种特例。通常将矩形波为高电平的时间与波形周期时间之比称为占空比，方波的占空比为 50%。

2. 矩形波发生器

若要得到高电平、低电平所占时间不相等的矩形波，也就是占空比小于或大于50%的矩形波，则只要适当改变电容充电、放电的时间常数，让它们不等即可。图 4-40（a）所示为一矩形波发生器电路，该电路中，由于二极管的单向导电性，电容充电电阻为 R_1+R_5，放电电阻为 R_1+R_6，只要选择 R_5 不等于 R_6，使电容充放电时间常数不相等，即可得到矩形波，波形如图 4-40（b）所示。

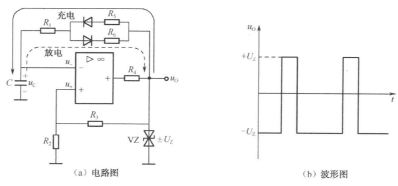

图 4-40　占空比不等的矩形波发生器和波形

3. 三角波发生器

图 4-39 所示方波发生器电容两端的电压接近三角波，但曲线按指数规律变化，线性度比较差。我们知道积分电路可以将矩形波变换成线性度高的三角波，但当调整矩形波频率时，三角波的频率和幅度会同时发生变化。

为了克服以上缺点，三角波发生电路设计成如图 4-41 （a）所示结构。它由两级集成运放电路构成。第一级构成的是迟滞比较器，输入信号就是第二级积分器的输出信号；第二级构成的是反相积分器，反相积分器的输入信号是第一级迟滞比较器的输出信号。第一级迟滞比较器产生矩形波，第二级积分器产生三角波。所以，这个电路能同时产生两种波形。

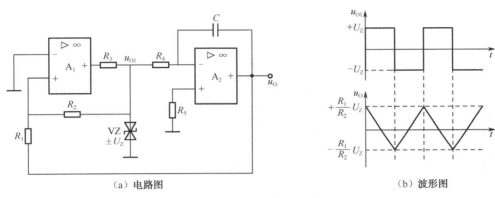

（a）电路图　　　　　　　　　　　　　　　　（b）波形图

图 4-41　三角波发生器和波形

1）电路工作原理

应用叠加原理，可求得迟滞比较器 A_1 同相输入端的电压为

$$U_+ = \frac{R_1}{R_1+R_2}u_{O1} + \frac{R_2}{R_1+R_2}u_O$$

当 $u_{O1}=+U_Z$ 时，迟滞比较器 $U_+ = +\frac{R_1}{R_1+R_2}U_Z + \frac{R_2}{R_1+R_2}u_O$，由于积分器的输入电压为正（$+U_Z$），电容 C 充电，因输出电压 $u_O=-u_C$，所以输出电压 u_O 按线性规律逐渐下降，同时使迟滞比较器同相输入端的电压 u_+ 下降，当 u_+ 下降到略小于 u_-，即略小于零时，迟滞比较器翻转，u_{O1} 由 $+U_Z$ 跳变为 $-U_Z$。此时积分器的输出电压将至最低点。

当 u_{O1} 跳变为 $-U_Z$ 后，迟滞比较器 $U_+ = -\frac{R_1}{R_1+R_2}U_Z + \frac{R_2}{R_1+R_2}u_O$，由于积分器的输入电压为负（$-U_Z$），电容 C 放电再反充电，输出电压 u_O 按线性规律逐渐上升，同时使迟滞比较器同相输入端的电压 u_+ 上升，当 u_+ 上升到略大于 u_-，即略大于零时，迟滞比较器翻转，u_{O1} 由 $-U_Z$ 跳变为 $+U_Z$。此时积分器的输出电压将至最高点。

如此周期性变化下去，在迟滞比较器的输出端产生矩形波，在积分器的输出端产生三角波，波形图如图 4-41（b）所示。

2）输出信号 u_O 的峰值

由波形图可知，当迟滞比较器的输出 u_{O1} 发生翻转时，u_O 的值就是输出电压的峰值。而迟滞比较器发生翻转时的临界条件就是 $u_+ = u_- = 0$。

由 $U_+ = +\dfrac{R_1}{R_1 + R_2}U_Z + \dfrac{R_2}{R_1 + R_2}u_O = 0$，求得 $u_O = -\dfrac{R_1}{R_2}U_Z$（负向峰值）。

由 $U_+ = -\dfrac{R_1}{R_1 + R_2}U_Z + \dfrac{R_2}{R_1 + R_2}u_O = 0$，求得 $u_O = +\dfrac{R_1}{R_2}U_Z$（正向峰值）。

3）振荡频率

由波形图可知，输出电压 u_O 从负向峰值 $-\dfrac{R_1}{R_2}U_Z$ 上升到正向峰值 $+\dfrac{R_1}{R_2}U_Z$，积分所用的

时间是振荡周期的一半，即 $\dfrac{T}{2}$，根据积分电路输出与输入的关系可得

$$2\frac{R_1}{R_2}U_Z = -\frac{1}{C}\int_0^{\frac{T}{2}}\left(-\frac{U_Z}{R_4}\right)\mathrm{d}t$$

可求得
$$T = \frac{4R_1R_4C}{R_2} \tag{4-27}$$

因此振荡频率
$$f = \frac{R_2}{4R_1R_4C} \tag{4-28}$$

可以看到，输出信号 u_O 的峰值与 R_1 和 R_2 有关，振荡频率不仅与 R_1 和 R_2 有关，还与积分电容 C 和 R_4 有关。调整三角波信号的幅度和频率时，应当先调整 R_1 或 R_2，使三角波的幅度满足要求，然后再调整电容 C 或 R_4，使振荡频率满足要求。反之，若先调整振荡频率，那么调整幅度的时候，振荡频率也会随着改变。

4. 锯齿波发生器

同样，改变积分电路部分充放电的时间常数，使电容 C 的充电时间常数不等于放电时间常数，即可得到锯齿波输出。锯齿波是上升和下降的斜率不相等的波形，通常相差很大。而三角波上升和下降斜率是相等的。改变后的锯齿波电路如图 4-42（a）所示，电阻 R_6 远小于 R_7，波形如图 4-42（b）所示。

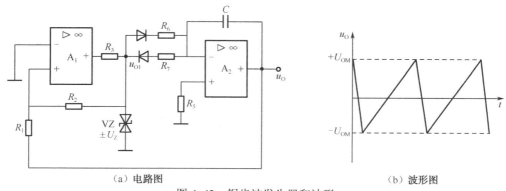

（a）电路图   （b）波形图

图 4-42　锯齿波发生器和波形

项目评价与小结

1. 项目评价

考核类型	考核项目	评分内容与标准	分值	自评	教师考核
技能	元器件的识别与检测	能够识别和正确使用集成运放	10		
	焊接技能	按原理图正确安装焊接电路，布局合理，无虚焊，接线正确	10		
	仪器的使用	能够正确操作信号源产生要求的波形	5		
		能够正确使用示波器进行测试	5		
		能够正确使用万用表测试	5		
	故障排除技能	能够掌握电路静态工作时，关键点电压的测量和调试，电路异常时制订调试计划	5		
		能够根据故障现象分析原因，并解决	10		
知识	掌握知识	能够掌握电路静态工作时，关键点电压的测量和调试	5		
		掌握电路的输入、输出信号的测试，并计算电路的放大倍数	10		
		改变电路的相关元件参数，能根据元件参数的变化，计算并测试电路的放大倍数	10		
职业素养	安全规范	安全用电，规范操作	5		
	工作态度	主动分析解决问题，并能协助他人	5		
		整理工位，符合 6S 规范	5		
	项目报告	整理数据，分析现象结果	10		

2. 项目小结

本项目在制作、调试集成运放构成的音频前置放大电路的实践基础上，介绍了集成运放的相关知识及集成运放典型应用电路的分析。

1）集成运放的识别与检测

集成运放实质上是一个多级直接耦合高电压放大倍数的放大器，是应用最为广泛的模拟集成电路器件。会利用网络资源或集成电路手册查阅具体型号集成运放的技术文档，并能看懂技术文档，正确使用集成运放。

2）集成运放应用电路的分析方法

在分析集成运放的应用电路时，必须分清集成运放是工作在线性区还是非线性区。工作在不同的区域，所遵循的规律是不相同的。

① 集成运放工作在线性区时，通常工作于深度负反馈状态，此时，两输入端间存在"虚短"和"虚断"现象，即

$$u_+ = u_- \qquad （虚短）$$

$$i_+ = i_- = 0 \quad （虚断）$$

② 集成运放工作在非线性区时，通常工作在开环状态或有正反馈状态，此时，运放输出受电源或稳压管限幅，不是正的最大值，就是负的最大值，即

$$当 u_+ > u_- 时，u_O = +U_{OM}$$
$$当 u_+ < u_- 时，u_O = -U_{OM}$$

同时仍然有 $i_+ = i_- = 0$（虚断）。

3）集成运放线性应用典型电路

有比例运算电路、加法电路、减法电路、积分电路、微分电路等运算电路。

比例运算电路的实质就是放大电路，比例系数就是电路闭环放大倍数，根据信号是从反相输入端输入，还是从同相输入端输入，有反相输入比例运算电路和同相输入比例运算电路，本项目制作的集成运放前置放大电路实质就是一个反相输入比例运算放大电路。

这些电路在电路结构上的共同点都是引入了负反馈，在分析电路工作时，都可以用"虚短"和"虚断"特点对电路进行分析，从而得到电路输出信号与输入信号之间的关系表达式，即电路能完成的运算功能。

4）集成运放非线性应用典型电路

有电压比较器和波形发生器。

电路的共同特点是引入了正反馈或者没有引入反馈，集成运放工作在正反馈状态或开环状态，集成运放的输出不是正的最大值，就是负的最大值。

在分析电路工作时，先分析计算集成运放同相输入端对地电压 u_+ 和反相输入端对地电压 u_-，然后再将 u_+ 和 u_- 进行比较，当 $u_+ > u_-$ 时，$u_O = +U_{OM}$，当 $u_+ < u_-$ 时，$u_O = -U_{OM}$。

课后习题

1．填空题

（1）集成运放实质就是_____放大器。

（2）集成电路按工作的信号类型来分，可分为_____集成电路和_____集成电路；按导电类型来分，可分为_____集成电路和_____集成电路；按集成度来分，可分为_____规模集成电路（元件数在_____个以下或门电路在_____门以下），_____规模集成电路（元件数在_____个和_____之间或门电路在_____门和_____之间），_____规模集成电路（元件数在_____个以上或门电路在_____门以上），_____规模集成电路（元件数在_____个以上或门电路在_____门以上）。

（3）理想集成运放的性能指标为：①_____；②_____；③_____；④_____；⑤_____；⑥_____。

（4）集成运放工作在线性区时，具有两个重要特点：①_____，即同相输入端电位_____反相输入端电位；②_____，即同相输入端电流_____反相输入端电流_____零。

（5）集成运放工作在非线性区时，电路的特点是：①当_____，电路输出电压为_____；②当_____，电路输出电压为_____。

（6）集成运放工作在线性区时的必要条件是电路接入了_____；集成运放工作在非线性区时的必要条件是电路工作于_____状态或接入了_____。

（7）集成运放构成反相输入比例放大电路时，集成运放工作在_____区，电路的闭环电压放大倍数等于_____。

（8）集成运放构成积分电路时，集成运放工作于_____区，输出电压与输入电压之间关系表达式为_____；集成运放构成微分电路时，集成运放工作于_____区，输出电压与输入电压之间关系表达式为_____。

2．判断题

（1）集成运放在工作时具有"虚短"和"虚断"的特点。　　　　　　　　　（　　）

（2）集成运放要接入负反馈，才能工作在线性区。　　　　　　　　　　（　　）

（3）集成运放工作在线性区时，输出电压与输入电压之间一定呈比例关系。（　　）

（4）集成运放工作在非线性区，电路一定接入了正反馈。　　　　　　　（　　）

（5）集成运放输入端电流为零，称为"虚断"，电路工作时，可以将其断开。（　　）

（6）集成运放比例运算电路实质就是信号放大电路，比例系数就是电路的放大倍数。

　　　　　　　　　　　　　　　　　　　　　　　　　　　　　　　　（　　）

（7）集成运放构成积分电路和微分电路时，电路工作在非线性区。　　　（　　）

（8）集成运放工作时一定要采用双电源供电。　　　　　　　　　　　　（　　）

（9）迟滞比较器的灵敏度没有简单比较器高，但它能有效克服干扰信号的影响。

　　　　　　　　　　　　　　　　　　　　　　　　　　　　　　　　（　　）

3．选择题

（1）当集成运放处于（　　　）状态时，可运用"虚短"和"虚断"的特点对电路进行分析研究。

　　　A．正反馈　　　　　B．深度负反馈　　　　　C．闭环　　　D．开环

（2）"虚短"和"虚断"的具体含义为（　　　）。

　　　A．$u_+=u_-=0$，$i_+=i_-=0$　　　　　B．$u_+=u_-=0$，$i_+=i_-$

　　　C．$u_+=u_-$，$i_+=i_-=0$　　　　　　D．$u_+=u_-$，$i_+=i_-$

（3）能实现运算关系 $y=a_1x_1+a_2x_2+a_3x_3$（其中 a_1、a_2、a_3 是负的常数）的电路是（　　　）。

　　　A．加减法电路　　　　　　　　　　B．反相加法电路

　　　C．乘法加法电路　　　　　　　　　D．不能确定

（4）如果在输入端接入的是直流电压，希望输出电压随着时间线性上升或下降，应选择（　　　）。

　　　A．积分电路　　　B．线性放大电路　　　C．微分电路　　　D．不能确定

（5）如果在输入端接入的是正弦波信号，希望输出端能获得方波信号，应选择（　　　）。

A．积分电路　　　B．微分电路　　　　C．过零比较器　　D．不能确定

4．图 4-43 所示电路，运放为理想运放，输出最大电压 $U_{OM}=\pm12$ V。

（1）图 4-43（a），（b）电路分别是什么电路？

（2）分别求出图 4-43（a），（b）电路中 u_O 与 u_1 的运算关系。

（3）当输入信号分别为 10 mV、–10 mV、1 V、–1 V、5 V、–5 V 时，求出图 4-43（a），（b）电路的输出电压各为多少？

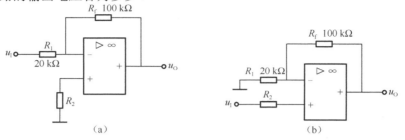

图 4-43　4 题图

5．试求图 4-44 所示电路的输出电压与输入电压的关系式。

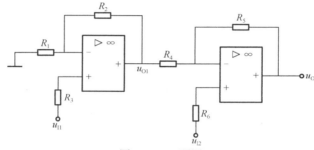

图 4-44　5 题图

6．试求图 4-45 所示电路的输出电压与输入电压的关系式。

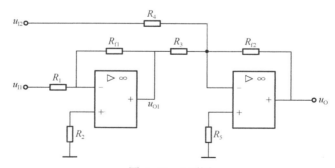

图 4-45　6 题图

7．图 4-46 所示电路中，当输出电压 $u_O \geqslant 3$V 时，驱动报警器发出报警信号。当输入信号 $u_{I1}= u_{I2}= u_{I3}=0$ 时，输出电压 $u_O=0$。如果 $u_{I1}=1$ V， $u_{I2}=-4.5$ V，试求出 u_{I3} 多大时报警器发出报警信号？

8．积分电路如图 4-47 所示，其中图 4-47（b）为输入矩形波信号。当 $t\leqslant0$ 时，输出电压 $u_O=0$，试画出 u_O 的波形。

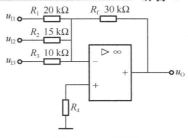

图 4-46 7 题图

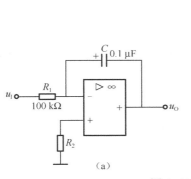

（a）

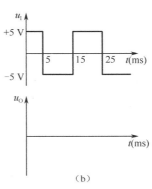

（b）

图 4-47 8 题图

9. 在图 4-48 所示电路中，$u_I=12\sin\omega t$（V）。在参考电压 U_{REF} 为-3 V 时，试画出传输特性和输出 u_O 的波形。

10. 电路如图 4-49 所示，集成运放最大输出电压 $U_{OM}=\pm12$ V，参考电压 $U_{RH}>U_{RL}$，分析并画出电路的传输特性。

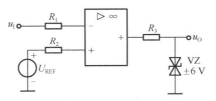

图 4-48 9 题图

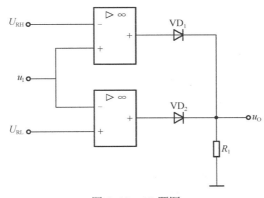

图 4-49 10 题图

11. 比较器如图 4-50 所示，求出该比较器的上限触发电压和下限触发电压，并画出传输特性曲线。若输入电压 u_I 波形如图 4-50（b）所示，画出输出电压 u_O 波形。

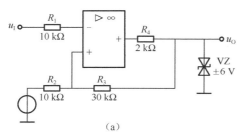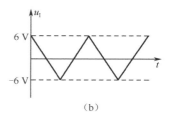

图 4-50　11 题图

12. 电路如图 4-51 所示，输入 u_I 是峰值为 10 mV 的正弦信号，VZ 为双向稳压管，稳压值为 ±6 V（电路的工作电源为 12 V）。

（1）如果要在负载 R_L 上获得峰值为 5 V 的正弦信号，R_f、R_2 的值应为多少？

（2）在装配过程中，甲同学不小心将 R_1 虚焊（开路），乙同学不小心将 R_f 虚焊（开路），则他们所获得的输出电压 u_O 将分别是多少？为什么？

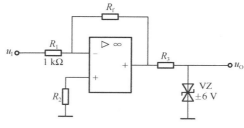

图 4-51　12 题图

13. 电路如图 4-52 所示，该电路是一个什么电路？说明电路中每个元器件的作用。估算电路的信号放大倍数。如果在测试过程中测得输出信号 $u_O \approx u_I$，试分析电路产生故障的原因与部位，并画出故障分析与排除的方案示意图。

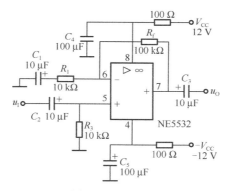

图 4-52　13 题图

14. 图 4-53 所示电路为某音响前置放大电路部分，试分析电路的工作原理。A1 级集成运放构成的是什么电路？A2 级构成的是什么电路？当出现只有话筒音量而没有伴音音量

时，试分析电路产生故障的原因与部位，并画出故障分析与排除的方案图。

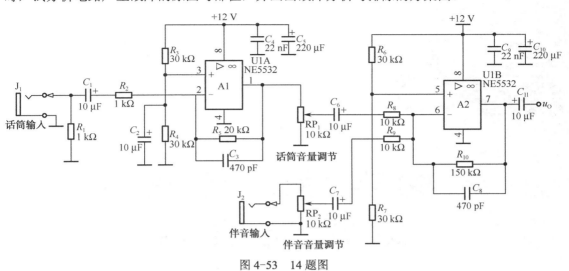

图 4-53　14 题图

项目 5

功率放大电路 分析与调试

教学导航

教	知识重点	1. 功率放大器的特点和基本要求 2. 功率放大器的分类 3. 功率放大器的电路组成和工作原理 4. 集成功率放大器的典型应用
	知识难点	1. 功率放大器的工作原理 2. 功率放大器的分析计算 3. 功率放大器的选择
	推荐教学方式	以实践项目为载体,以音频功率放大器的分析调试为主线,穿插理论知识讲解,让学生在电路调试中逐步掌握功率放大器的特点、电路组成和工作原理
	建议学时	14 学时
学	推荐学习方法	从实践项目入手,并结合前面学习过的单管放大电路的特性和分析方法,在制作和调试电路的过程中学习功率放大器的特点、工作组成和工作原理
	必须掌握的理论知识	1. 功率放大器的特点和基本要求 2. 功率放大器的工作原理 3. 功率放大器的电路组成 4. 集成功率放大电路的典型应用
	必须掌握的技能	会安装和调试分立元件构成的 OTL 功率放大电路

项目描述

本项目实践电路是一个由分立元件构成的音频功率放大电路，它可以将话筒或耳机接口输入的声音信号转化成较大功率的电信号，送入扬声器发出较大声音。本音频功率放大电路如图 5-1 所示，制作完成的电路如图 5-2 所示。

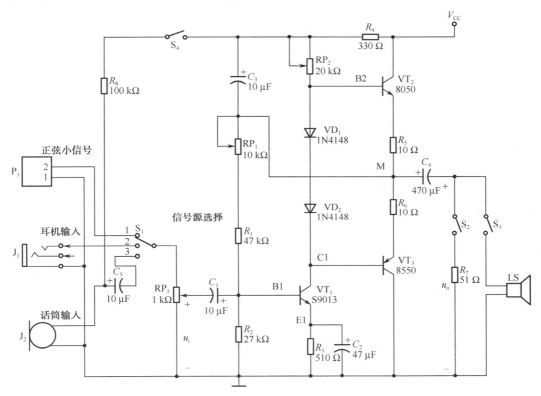

图 5-1　音频功率放大电路原理图

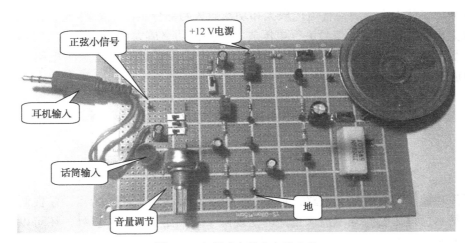

图 5-2　音频功率放大电路实物

项目所用元器件清单见表 5-1。

表 5-1　音频功率放大电路元件清单

序号	器件	名称	型号参数	功能
1	VT$_1$	三极管	S9013	激励放大管，前置电压放大
2	VD$_1$、VD$_2$	开关二极管	1N4148	在电路中用于消除交越失真
3	VT$_2$、VT$_3$	功放三极管	8050、8550	功率放大对管，构成互补对称乙类推挽 OTL 功率放大电路
4	C_1	电解电容	10 μF	输入耦合电容
5	R_1	电阻	47 kΩ	VT$_1$ 基极偏置电阻
6	R_2	电阻	27 kΩ	
7	RP$_1$	电位器	10 kΩ	调节 VT$_1$ 的静态工作点
8	RP$_2$	电位器	20 kΩ	VT$_1$ 的集电极负载电阻，同时与 VD$_1$、VD$_2$ 构成消除信号的交越失真电路
9	RP$_3$	多圈电位器	1 kΩ	输入信号大小调节，音量调节
10	R_5、R_6	电阻	10 Ω	VT$_2$、VT$_3$ 的发射极偏置电阻
11	R_3	电阻	510 Ω	VT$_1$ 发射极电阻
12	R_8	电阻	100 kΩ	提供话筒工作电压
13	C_2	电容	47 μF	发射极旁路电容
14	C_5	电容	10 μF	话筒输入耦合电容
15	C_4	电容	470 μF	输出耦合电容，并充当 VT$_3$ 回路的直流电源
16	R_7	水泥电阻	51 Ω/5 W	负载电阻，用于正弦小信号输入时，测试输出信号
17	S$_1$	三选开关		信号源选择
18	S$_2$	拨动开关		输出负载选择，闭合接 51 Ω 水泥电阻，正弦小信号输入状态下进行静态和动态测量
19	S$_3$	拨动开关		闭合接扬声器，耳机或话筒输入状态下调测
20	S$_4$	拨动开关		选择话筒输入时闭合，提供话筒工作电压
21	LS	扬声器	8 Ω/1 W	负载，音频输出

◆ **项目分析**

本音频功率放大电路由前置电压放大和功率放大两部分组成，如图 5-3 所示，先由前置电压放大电路将微弱的电信号进行电压放大，再由功率放大电路输出足够的功率去驱动扬声器。整个电路的制作和调试也相应地分为两个阶段：前置电压放大电路的制作和调试，功率放大电路的制作和调试。

图 5-3　音频功率放大电路组成框图

要制作和调试该音频放大电路，需要了解低频功率放大电路的特点，掌握低频功率放大电路的基本原理。音频功率放大电路的实现除了可以用分立元件以外，还可以用集成器件实现，本项目中还会介绍采用集成器件制作功率放大电路的典型应用。

◆ **知识目标**

（1）了解低频功率放大电路的特点和主要性能指标。

（2）掌握低频功率放大电路的类型及其电路特性。

（3）掌握 OTL 功率放大电路的基本组成和工作原理。

（4）掌握集成功放的典型电路。

◆ **能力目标**

（1）会安装和调试分立元件构成的功率放大电路。

（2）话筒、耳机接口、扬声器的检测和使用。

（3）集成功率放大电路的资料查阅、方案选取。

（4）会分析集成功率放大电路的典型应用。

5.1 音频功率放大电路的安装与测试

本项目在动手完成分立元件构成的 OTL 功率放大电路的制作和调测的过程中，介绍功率放大电路的相关理论知识，要完成的第一个任务就是根据"项目描述"中给出的电路原理图（图 5-1），依下文所述步骤完成电路实物（图 5-2）的安装测试。

5.1.1 元器件识别与检测

根据图 5-1 所示 OTL 功率放大电路原理图，以及表 5-1 所列电路元器件型号和功能，领取并检测元件，并按照要求记录检测数据和结果。

1. 检测三极管 S9013、8050、8550

在表 5-2 中记录各三极管的管型和引脚排列顺序。

表 5-2 三极管检测结果

名　　称	管　　型	引脚顺序（平面对着自己，从左至右）	
S9013			
8050			
8550			

2. 检测电位器

在表 5-3 中记录结果。

表 5-3 电位器检测结果

标　识　符	型　　号	最　大　阻　值	标出引脚排列顺序	
RP_1				
RP_2				
RP_3				

3. 检测二极管 1N4148

选用数字式万用表的—▷⊢挡进行检测，并在表 5-4 中记录结果。

表 5-4　1N4148 检测结果

名　　称	正向导通电压	标出正负极（+/−）
1N4148	_____	_____

4. 识别和检测耳机插头

本项目选用三段式插针耳机接口，其接法如图 5-4（a）所示。为保证耳机插头的正确焊接，在焊接前，必须检测耳机插头部分的三段与左声道、右声道以及地接线的对应关系。耳机插头检测方法如图 5-4（b）所示，选用数字式万用表的—▷⊢挡，红、黑表笔分别交叉接耳机插头部分的三段和接线部分的三根线，如短接，则万用表发出"滴"声，否则无声，从而确定插头部分的三段与接线部分的对应关系。

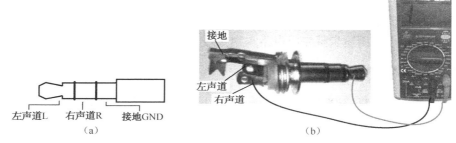

图 5-4　耳机接口接法及检测示意

5. 识别和检测话筒

电路选用两端式的驻极体话筒，驻极体话筒的外观如图 5-5 所示，用万用表检测话筒的正负极，方法可参考 5.1.2 节中话筒的检测内容介绍。记录检测结果：与外壳相连的引脚为_____（接地端/输出端），另一只引脚为_____（接地端/输出端）。

图 5-5　驻极体话筒

6. 识别和检测扬声器

扬声器型号为_____，其额定电阻为_____。将万用表调到电阻挡，测量扬声器直流电阻阻值为_____。注意识别扬声器引脚的正负极。其正极标有"+"，如图 5-6（a）所示。也可按照图 5-6（b）所示的接法测试扬声器的好坏和正负极。检测方法参见 5.1.2 节中扬声器相关知识介绍。

（a）扬声器外观

（b）测量扬声器的好坏和正负极

图 5-6　扬声器

5.1.2　电声器件相关知识

本电路中用到的电阻器、二极管、三极管等元件的识别和检测方法在前面的项目中都已经介绍过，可以凭借已经掌握的技能对这些元件进行检测，而话筒、耳机接头和扬声器在这个项目中首次用到，下面具体介绍它们的相关知识和检测方法。

1.　话筒

话筒（Microphone）又称传声器，是一种可以将声音信号转变为电信号的声电转换器件。它的工作原理是依靠声波振动其中的音膜，使其在声压的作用下运动，将产生的电信号输出，即声能→机械能→电能的转换过程。最常见的话筒外形如图 5-7 所示。

图 5-7　常见话筒外形

1）话筒的类型和工作原理

话筒的种类很多，若按能量转换原理分有动圈式、电容式、压电式、驻极体电容式、带式电动式以及碳粒式等，现在应用最广的是动圈式和驻极体电容式两大类。

（1）动圈式话筒

动圈式话筒又叫电动式话筒，它是由磁铁、音圈以及金属膜片等组成的，如图 5-8 所示。

动圈式话筒的音圈处在磁铁的磁场中，当声波作用在金属膜片使其产生振动时，膜片便带动音圈相应振动，使音圈切割磁力线而产生感应电压，从而完成声→电转换。动圈式话筒具有坚固耐用、工作稳定等特点，具有单向指向性，价格低廉，适用于语言、音乐扩音和录音。

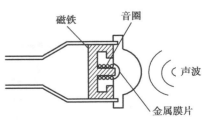

图 5-8　动圈式话筒结构示意

181

（2）电容式话筒

电容式话筒是一种利用电容量变化而引起声电转换作用的话筒，它的结构如图 5-9（a）所示，它是一个由振动膜片和固定电极板组成的一个间距很小的可变电容器。当膜片在声波作用下产生振动时，振动膜片与极板间的距离便发生变化，引起电容量的变化。如果在电容器的两端有一个负载电阻 R 及直流极化电压 U，则电容量随声波变化时，在 R 的两端就会产生交变的音频电压。电容式话筒灵敏度高，输出功率大，结构简单，音质较好，但要使用电源，并不太方便，因此多用于剧场及要求较高的语言及音乐播送场合。

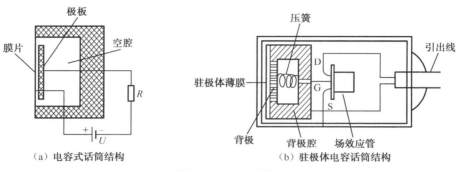

（a）电容式话筒结构　　　　　　　　　　（b）驻极体电容话筒结构

图 5-9　电容式话筒

（3）驻极体电容式话筒

用驻极体材料制成的电容式话筒称为驻极体话筒，其结构如图 5-9（b）所示，它主要由驻极体薄膜和场效应管组成，驻极体薄膜是一个塑料膜片，在它上面蒸发一层纯金薄膜，经高压电场驻极后，两面分别驻有异性电荷。膜片的蒸金面向外与金属外壳相连通，膜片的另一面用薄的绝缘垫圈隔开，这样蒸金膜面与金属极板之间就形成了一个电容器。当声波使驻极体薄膜振动时，膜片蒸镀金属膜与金属极板间形成的电容的电场发生相应变化，产生随声波变化的音频电信号，该信号通过场效应管输出。场效应管的栅极 G 接金属极板，漏极 D 和源极 S 极与外接电路连接。目前市场多见的是漏极输出的两端形式驻极体话筒，引脚如图 5-10（a）所示，这种形式的驻极体话筒内部已将源极 S 与外壳相连作为负极，漏极 D 做为输出端；其工作电路如图 5-10（b）所示，负极接地，电源（3～12 V）通过一定的电阻加到场效应管的漏极，漏极再通过耦合电容输出，其特点是输出信号具有一定的电压增益，使得话筒的灵敏度比较高，但动态范围相对要小些。

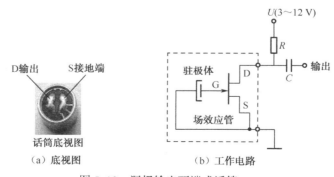

（a）底视图　　　　　　（b）工作电路

图 5-10　漏极输出两端式话筒

2）话筒的检测

在专业的话筒检测中，需要专用的话筒测试仪对其各个性能参数进行测定。一般的检测过程中，也可以使用指针式万用表对话筒进行简单的好坏判断。具体方法如下。

（1）动圈式话筒的检测：用指针式万用表 $R×100\ \Omega$ 挡，测量传感器的阻抗是否符合要求。正常情况下，用万用表 $R×10\ \Omega$ 挡断续测量音圈时，应有较大的"喀喀"声。

（2）电容式话筒的检测：在电路中，用指针式万用表 0.05 mA 电流挡，两表笔分别接话筒输出插头的两端。然后对准话筒轻轻讲话，若万用表的表针摆动，则说明该话筒正常。表针摆动幅度越大，话筒的灵敏度越高。

（3）驻极体话筒的检测（以两端式漏极输出驻极体话筒为例）。

① 检测引脚。

将指针式万用表拨至"$R×100$"或"$R×1\ k$"电阻挡，黑表笔接任意一极，红表笔接另外一极，读出电阻值数；对调两表笔后，再次读出电阻值数，并比较两次测量结果，阻值较小的一次中，黑表笔所接应为源极 S（"接地引脚"），红表笔所接应为漏极 D（"信号输出脚"）。或者观察话筒底部的连接，与外壳相接的引脚为"接地引脚"，另一端则为"信号输出脚"。

② 辨别好坏。

在前面的测量中，驻极体话筒正常测得的电阻值应该是一大一小。如果正、反向电阻值均为∞，则说明被测话筒内部的场效应管已经开路；如果正、反向电阻值均接近或等于0Ω，则说明被测话筒内部的场效应管已被击穿或发生了短路；如果正、反向电阻值相等，则说明被测话筒内部场效应管栅极 G 与源极 S 之间的晶体二极管已经开路。由于驻极体话筒是一次性压封而成，所以内部发生故障时一般不能维修，弃旧换新即可。

2. 耳机接口分类和结构简介

根据连接器直径尺寸的不同规定，分为2.5 mm 和3.5 mm 两种接口。其中3.5 mm 的耳机接口应用更广泛，可以在手机、MP3、电脑等数码产品上共同应用。本项目选用的耳机接头也是 3.5 mm 的。

3.5 mm 的耳机接口根据其结构差别又可以分为三段式插针接口和四段式插针接口。

1）三段式插针接口

传统耳机采用了三段式插针结构，其中包括了左声道、右声道和接地线，如图 5-11（a）所示。这种耳机没有 MIC 通话段，也就是说不能通过这个耳机实现通话。

2）四段式插针接口

相比于三段式插针接口，增加了一个 MIC 接线，如图 5-11（b）所示，通讯耳机基本就采用四段式插针接口。

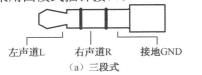
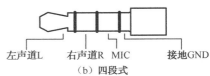

图 5-11　插针接口

四段式插针耳机接口又分为国际标准（CTIA）和国家标准（OMTP）两种，其区别在于 MIC 线和地线的顺序，国际标准（CTIA）从最前端开始数第 1、2、3、4 节，分别是左声道、右声道、地线、MIC，如图 5-12（a）所示，国际标准也是目前市场上最流行、使用量最大的接法。国家标准（OMTP）从最前端开始数第 1、2、3、4 节，分别是左声道、右声道、MIC、地线，如图 5-12（b）所示。如果把国际标准的耳机接到国家标准的接口上，就会出现只有背景声，按住麦克风上的通话键才正常出现人声的现象。可以使用耳机转换线，可以让不同标准的耳机实现互用。

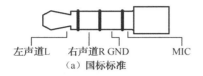
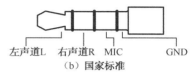

左声道L　右声道R GND　　　MIC　　　　　左声道L　右声道R　MIC　　　　GND
（a）国标标准　　　　　　　　　　　　　（b）国家标准

图 5-12　接口标准

　　本项目选用的耳机是三段式插针的，其引脚定义参见图 5-4。

3. 扬声器简介

　　1）扬声器的类型

　　扬声器是一种把电信号转变为声信号的换能器件。按其能量转换原理可分为电动式（即动圈式）、静电式（即电容式）、电磁式（即舌簧式）、压电式（即晶体式）等几种，电动式扬声器具有电声性能好、结构牢固、成本低等优点，实际工作中最常使用的是电动式扬声器。

　　根据频率响应特性的不同，扬声器又分为全频带扬声器、低频单元扬声器、中频单元扬声器、中高频单元和高频单元扬声器，音箱常常是几种不同频率扬声器的组合。

　　2）电动纸盆式扬声器的结构与原理

　　电动式扬声器又分为纸盆式、号筒式和球顶形三种。本项目选用的是纸盆式扬声器。常见的电动纸盆式扬声器的外形与内部结构如图 5-13 所示。

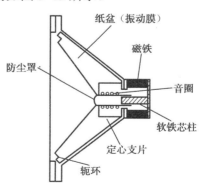

图 5-13　电动纸盆式扬声器

它由三部分组成：
① 振动系统，包括锥形纸盆、音圈和定心支片等；
② 磁路系统，包括永久磁铁、导磁板和场心柱等；

③ 辅助系统，包括盆架、接线板、压边和防尘盖等。

当处于磁场中的音圈有音频电流通过时，就产生随音频电流变化的磁场，这一磁场和永久磁铁的磁场发生相互作用，使音圈沿着轴向振动，压迫周围的弹性媒质而发声。扬声器结构简单、低音丰满、音质柔和、频带宽，但效率较低。

3）扬声器的主要性能指标

（1）额定功率

其指在额定不失真的范围内所容许的最大输入功率，又称标称功率。在扬声器的商标、技术说明书上标注的功率即为该功率值。最大功率是指扬声器在某一瞬间所能承受的峰值功率。为保证扬声器工作的可靠性，要求扬声器的最大功率为标称功率的 2～3 倍。

（2）额定阻抗

扬声器的阻抗一般和频率有关。额定阻抗是指音频为 400 Hz 时，从扬声器输入端测得的阻抗。它一般是音圈直流电阻的 1.2～1.5 倍。一般动圈式扬声器常见的阻抗有 4 Ω、8 Ω、16 Ω、32 Ω 等。

（3）频响特性

扬声器能较好地重现音频信号的频率范围。扬声器的频响特性与其直径和阻抗有关，如直径大于 200 mm，阻抗为 4 Ω 的扬声器低频特性较好，而直径小于 75 mm、阻抗大于 16 Ω 的扬声器高频特性较好。

（4）失真

扬声器不能把原来的声音逼真地重放出来的现象叫失真。失真有两种：频率失真和非线性失真。频率失真是对某些频率的信号放音较强，而对另一些频率的信号放音较弱造成的，失真破坏了原来高低音响度的比例，改变了原声音色。而非线性失真是扬声器振动系统的振动和信号的波动不够完全一致造成的，在输出的声波中增加了一新的频率成分。

4）扬声器的使用

（1）正确选择扬声器的类型。室外以语音为主的广播，可选用电动式号筒扬声器；室内一般广播，可选单只电动纸盆扬声器做成的小音箱；而以欣赏音乐为主或用于高质量的会场扩音，则应选用由高、低音扬声器组合的扬声器箱等。

（2）扬声器得到的功率不要超过它的额定功率，否则，将烧毁音圈，或将音圈振散。

（3）注意扬声器的阻抗应和功率放大电路的输出阻抗匹配，避免损坏扬声器或功率放大电路。

（4）两个以上扬声器放在一起使用时，必须注意相位问题，如果相反，声音将显著削弱。

5）扬声器的检测

（1）估测扬声器的好坏

选择数字式万用表的"200 Ω"挡，两表笔分别磁触扬声器音圈两端，如有"喀、喀"声，读取数值与扬声器所标额定阻抗相近，证明扬声器是好的。如有"喀、喀"声，但读取数值与扬声器原标阻抗值不符合，可能是部分音圈被烧毁；若没有"喀、喀"声，万用表上的读数为 0，证明音圈已被烧毁（短路）；若扬声器不发声，电阻为无穷大，说明音圈已断路，也有可能是引线断了。

采用上述测法对大点的扬声器可能不会发声（数字表输出电流太小），此时可拿一节干电池用其两极快速触碰扬声器的两个接线端，有"喀、喀"声即为正常。

（2）估测扬声器的阻抗

一般扬声器在磁体的商标上有额定阻抗值。若遇到标记不清或标记脱落的扬声器，则可用万用表的电阻挡来估测阻抗值。

测量时，万用表应置于"200 Ω"挡，用两表笔分别接扬声器的两端，测出扬声器音圈的直流电阻值，扬声器的额定阻抗通常为音圈直流电阻值的 1.2～1.5 倍。8 Ω 的扬声器直流电阻值为 6.5～7.2 Ω。在已知扬声器的标称阻值的情况下，也可用测量扬声器直流电阻值的方法来判断音圈是否正常。

（3）判断扬声器的相位

扬声器是有正负极性的，在多支扬声器并联时，应将各只扬声器的正极与正极连接，负极与负极连接，使各只扬声器同相位工作。

检测时：将数字式万用表打到"-▷⊢-"挡，用黑表笔（电源负极）与扬声器的某一端相接，红表笔（电源正极）接扬声器的另一端。若此时扬声器的纸盆向前运动，则接红表笔的一端为扬声器的正极；若纸盆向后运动，则接黑表笔的一端为扬声器的正极。

同样，也可用一节 5 号干电池正负极替代万用表的红黑表笔进行检测。

5.1.3　电路安装与测试

1.　电路焊接

按照如下顺序安装元件：　先低后高，先安装电阻，再安装三极管，最后安装电解电容。元件布局可参考图 5-2，注意元件排列整齐，便于测量，焊点可靠。

（1）根据原理图，仔细核对器件位置及参数。

（2）注意极性器件插装，电解电容、二极管、三极管等不得装反。

（3）为方便后面的电路调试和分析，在 OTL 功率放大电路原理图中设置一些测试点，包括 VT_1 的基极 B1，发射极 E1，集电极 C1，VT_2 的基极 B2，以及 VT_2 和 VT_3 构成的互补对称功率放大电路中点 M，如图 5-1 所示，焊接时在预留测试点以及输入输出端（u_i，u_o，GND）焊上排针，方便测试电路。

（4）三极管的三个脚及功率输出中点，留有适当高度方便测量。

（5）通电前首先仔细检查电路板。焊接好的电路板应清洁、无锡渣，无明显的错焊、漏焊、虚焊和短路。比如：电解电容、二极管、三极管是否焊反，参数是否按照清单提供的标号位置焊接等。

（6）电源接线测试：初学者有时会因为识图或焊接的疏忽，把电源 V_{CC} 和地线 GND 不小心混淆而短接在一起，所以在电路上电前有必要做一个短路检测。选择数字式万用表的"-▷⊢-"挡，红黑表笔分别接电路板的"V_{CC}"和"GND"接线端，若短路，则万用表会发出"滴"声，并显示两测试端间的阻值，一般为 0 到几欧姆；若未短路，则不会发声，并显示两端阻值。

（7）上电测试：给电路接上+12 V 的直流稳压电源，观察电路有无异常，如元件冒烟、

发烫、变形等，若有异常，立即断电检查电路。

2. 电路测试

1）正弦小信号输入状态

（1）输入信号源开关打到"正弦小信号"，选择当前电路为正弦小信号输入，输出负载选择 51 Ω 负载电阻（S_2 闭合，S_3 断开）。

（2）调节信号发生器，使其产生频率为 1 kHz，大小为 20 mV_{p-p}（峰-峰值）的正弦信号，把信号线接到功率放大电路的"正弦小信号"输入端。

（3）电路输出端用数字示波器接到水泥电阻的两端，监测输出波形。

（4）调节直流稳压电源电压为+12 V，接在功率放大电路的电源和地接线端。

（5）观察示波器，在输出信号不失真的情况下，记录下此时的输出电压。并计算放大电路电压放大倍数。

在输入电压为 20 mV_{p-p} 的情况下，观察示波器上的输出电压为＿＿＿＿mV_{p-p}（峰-峰值），计算此时电压放大倍数 A_u=＿＿＿＿。

> **❓ 思考：**
>
> 　　根据上述测量，可知该电路具有电压放大能力，那它与单管放大电路有什么区别吗？下面通过一个对比实验来检验一下。

2）耳机音频信号输入状态

（1）按照图 5-14 所示连接电路，输入信号选择耳机音频信号，输出端断开水泥负载电阻，连接 8 Ω/1 W 的扬声器，测试电路能否播放音乐，音量大小如何？

（2）按照同样的输入输出连接方式，给项目 2 中的单管放大电路接入耳机音频信号，测试电路播放效果，音量如何？

图 5-14　耳机音频信号输入连接示意图

> **❓ 问：**
>
> 　　对比上面的音频测试，发现单管放大电路播放音乐非常微弱，要紧贴扬声器才可以听到，而采用本项目制作的功率放大电路则可以听到较大的声音。已知二者电压放大能力接近，为何却得到不同的实验结果呢？功率放大电路是不是还有其他特点？其工作原理如何？

5.2 音频功率放大电路的分析与调试

5.2.1 功率放大电路相关知识

1. 功率放大电路概述

1）功率放大电路的特点

在实际应用电路中，往往要求放大电路的末级（即输出级）输出一定的功率，以驱动负载。能够向负载提供足够信号功率的放大电路称为功率放大电路，简称功放。从能量控制和转换的角度看，功率放大电路与其他放大电路在本质上没有区别；只是功放既不是单纯追求输出高电压，也不是单纯追求输出高电流，而是追求在电源电压确定的情况下，输出尽可能大的功率。因此，功率放大电路不同于电压放大电路，它们具有以下特点：

（1）以输出足够大的功率为主要目的。

（2）大信号输入，动态工作范围很大。

（3）分析的主要指标是输出功率、效率和非线性失真等。

2）功率放大电路的基本要求

功率放大电路不仅要有足够大的电压变化量，还要有足够大的电流变化量，这样才能输出足够大的功率，使负载正常工作。因此，对功率放大电路有以下几个基本要求。

（1）输出功率要足够大

输出功率主要是用来衡量末级功率放大的带负载能力的技术指标。在分析功率放大电路时，通常输入单一频率的正弦波信号，功率放大电路的输出功率为

$$P_{\mathrm{o}} = \frac{U_{\mathrm{om}}}{\sqrt{2}} \times \frac{I_{\mathrm{om}}}{\sqrt{2}} = \frac{1}{2} U_{\mathrm{om}} I_{\mathrm{om}} \qquad (5\text{-}1)$$

式中，U_{om} 和 I_{om} 分别是负载上的正弦波电压和电流的峰值。

在音频功放系统中，有最大输出功率、不失真输出功率和额定输出功率等技术指标。

① 最大输出功率。

最大输出功率是指不考虑失真时，功率放大电路能够输出的最大功率。

② 不失真输出功率。

不失真输出功率是指非线性失真不大于 10%的情况下，功率放大电路实际能够输出的功率。该项技术指标常用。

③ 额定输出功率。

额定输出功率又称标称功率，它是指应该达到的最低限度（由厂家自定的失真度，一般为 1%～3%）的不失真输出功率。

（2）效率要高

功率放大电路的输出功率由直流电源 V_{CC} 提供，由于功放管及电路自身的损耗，电源提供的功率 P_{DC} 一定大于负载获得的输出功率 P_{o}，我们把 P_{o} 与 P_{DC} 之比称为电路的效率 η：

$$\eta = \frac{P_{\mathrm{o}}}{P_{\mathrm{DC}}} \times 100\% \qquad (5\text{-}2)$$

显然，功率放大电路的效率越高越好。

（3）非线性失真要小

由于功率放大电路工作在大信号放大状态，信号的动态范围大，功率放大管工作易进入非线性范围。因此，功率放大电路必须想办法解决非线性失真问题，使输出信号的非线性失真尽可能地减小。

（4）注意功放管的散热保护

功率放大电路在工作时，功率放大管消耗的能量将使其自身温度升高，不但影响其工作性能，甚至导致其损坏，为此，功放管需要采取安装散热片等散热保护措施。另外，为了保证功放管安全工作，还应采用过压、过流等保护措施。

3）功率放大电路的分类

（1）按电路形式分类

① OCL 功率放大电路。

OCL 是英文 Output Capacitor Less 的缩写，意为无输出电容电路。OCL 电路针对 OTL 电路的缺点，采用正、负双电源供电，末级输出端可直接连接负载，省掉了耦合电容。因此 OCL 电路频响宽、保真度高，应用最为广泛。

② OTL 功率放大电路。

OTL 是英文 Output Transformer Less 的缩写，意为无输出变压器电路。OTL 采用一组电源供电，末级输出端对地直流电位约为 $\frac{1}{2}V_{CC}$，故末级输出与负载（如扬声器电路）之间必须有一个大容量的隔直耦合电容，这个电容会使功率放大电路频率特性变差。

③ BTL 功率放大电路。

BTL 是英文 Balanced Transformer Less 的缩写，意为平衡式无输出变压器电路。BTL 功率放大由两组 OCL（或 OTL）功率放大组成，负载接在两组功率放大的输出端之间，它的输出功率在同样电源电压下可达到 OCL（或 OTL）电路的 2～3 倍，电路保真度好。

（2）按晶体管的导通时间分类

① 甲类功率放大电路。

静态工作点 Q 点位于交流负载线的中点，静态电流 I_C 足够大，使在正弦波输入信号的整个周期内都有集电极电流 i_C 流通，如图 5-15（a）所示，输出信号失真小，但是电路效率低，前面介绍的小信号电压放大电路都属于甲类放大电路，其理论效率为 50%，实际电路效率仅为 30%～40%。

② 甲乙类功率放大电路。

静态工作点 Q 在交流负载线上低于甲类工作点，如图 5-15（b）所示，静态时，I_C 很小，在输入信号的整个周期内，三极管能对大半个周期的信号进行放大，输出信号有大半个波形，信号产生失真，但电路效率较甲类功率放大电路高。

③ 乙类功率放大电路。

静态工作点 Q 点位于交流负载线和输出特性曲线中 $I_B=0$ 的交点，静态电流 $I_{CQ}=0$，所以静态功耗 $P_{CQ}=0$，从而大大提高了功放电路的效率，但是输入信号的整个周期内，三极管只对半个周期的信号进行放大，输出信号只有半个波形，严重失真，如图 5-15（c）所示，

乙类功率放大电路效率高，达 78.5%。

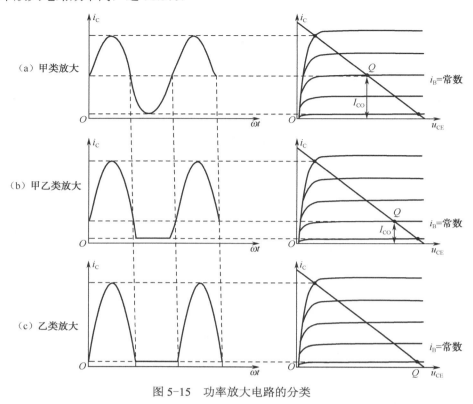

图 5-15　功率放大电路的分类

> ❓ 对比以上三种功率放大电路的特点可以发现：功率放大电路所要求的"高效率"和"不失真"是一组矛盾。如何通过电路结构的变化解决这一组矛盾，从而使得功率放大电路的要求得以满足呢？

2. 基本功率放大电路

　　射极输出器具有输入电阻高、输出阻抗低、带负载能力强等特点，所以射极输出器很适宜用于功率放大电路。甲类功率放大电路静态功耗大，所以大多采用乙类功率放大电路。但乙类放大电路只能放大半个周期的信号，为了解决这个问题，常用两个对称的乙类功率放大电路分别放大输入信号的正、负半周，然后合成为完整的波形输出，即利用两个乙类放大电路的互补特性完成整个周期信号的放大。

　　1）互补对称式 OCL 功率放大电路

　　（1）电路结构

　　互补对称 OCL 功率放大电路的原理图如图 5-16（a）所示。其中，三极管 VT_1 和 VT_2 为互补对称功率放大管，二者类型不同但放大倍数等性能参数一致，俗称"对管"，电路采用 $+V_{CC}$ 和 $-V_{CC}$ 双电源供电。

　　（2）工作原理

　　静态时，未加入输入信号，电路 M 点电位（中点电压）为 0，两个三极管基极输入电压为 0，VT_1 和 VT_2 的偏置电压为零，故 VT_1 和 VT_2 管的静态电流为零，电路工作在乙类。负载上无电流，输出电压 $u_o=0$。

动态时，设输入信号为正弦电压 u_i，在 u_i 正半周，$u_i>0$，VT_1 正偏导通，VT_2 反偏截止。VT_1 的集电极电流 i_1 由正电源 $+V_{CC}$ 经 VT_1 通过 R_L，在 R_L 上形成正半周信号电压，$u_o \approx u_i$；在 u_i 负半周，$u_i<0$，VT_2 正偏导通，VT_1 反偏截止。VT_2 的集电极电流 i_2 由负电源 $-V_{CC}$ 经 VT_2 通过 R_L，在 R_L 上形成负半周信号电压，$u_o \approx u_i$。如果忽略三极管的饱和压降及开启电压，在负载 R_L 上获得了几乎完整的正弦波信号 u_o。信号工作波形如图 5-16（b）所示。

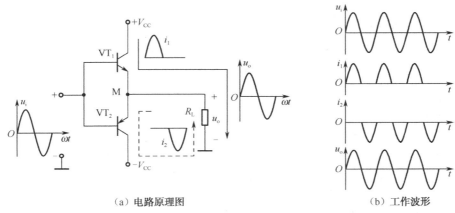

（a）电路原理图　　　　　　　　　　（b）工作波形

图 5-16　互补对称 OCL 功率放大电路

由此可见：在互补对称 OCL 功率放大电路中，VT_1、VT_2 分别构成射极输出器，都工作在乙类状态，它们交替工作，正负电源交替供电：NPN 型管对输入正半周信号放大，PNP 型管对输入负半周信号放大，它们彼此互补、推挽放大一个完整的信号。这就解决了"失真"与"效率"的矛盾。

（3）交越失真

前面讨论的互补对称 OCL 功率放大电路在实际应用中还存在一些缺陷，主要是三极管没有直流偏置电流，因此只有当输入电压大于三极管死区电压（硅管约为 0.6 V，锗管约为 0.1 V）时才有输出电流，当输入信号 u_i 低于这个数值时，VT_1 和 VT_2 都截止，i_1 和 i_2 为零，负载 R_L 上无电流输出，出现一段死区，如图 5-17（a）所示，这种信号在过零点附近产生的失真，称为交越失真。

解决这一问题的办法就是预先给三极管提供一个较小的基极偏置电流，使三极管在静态时处于微弱导通状态，即甲乙类状态。具体到实际电路，常常通过在三极管 VT_1 和 VT_2 的基极之间加一定的偏置电路（如电位器、二极管、热敏电阻等），形成一定电位差，以消除电路中的交越失真，如图 5-17（b）所示，在该电路中，RP、VD_1、VD_2 上产生的压降为互补输出级 VT_1、VT_2 提供一个适当的偏压，使之处于微导通状态，且在电路对称时，仍可保持负载 R_L 上的直流电压为 0。

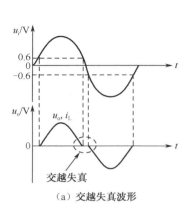

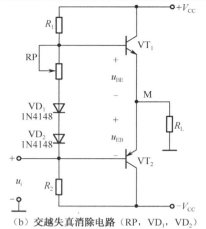

（a）交越失真波形　　　　（b）交越失真消除电路（RP，VD$_1$，VD$_2$）

图 5-17　交越失真及其消除电路

2）互补对称 OTL 功率放大电路

（1）电路结构

前面介绍的 OCL 功率放大电路采用双电源供电，且电路无须输出电容，可以放大变化较缓慢的信号，频率特性较好。但由于负载电阻直接连在两个三极管的发射极上，假如静态工作点失调或电路内元件损坏，负载上有可能因获得较大的电流而损坏，另外，采用双电源供电，对电源要求高。

针对上述问题，在实际应用中，也常用另一种结构的功率放大电路——互补对称 OTL 功率放大电路。该类型电路采用单电源供电，且有大容量输出电容与负载相连接。

互补对称 OTL 功放电路的原理示意图如图 5-18（a）所示。其中，VT$_1$、VT$_2$ 是互补对称功率放大管，RP 为 VT$_1$、VT$_2$ 的偏置电位器，C_o 为输出耦合电容，R_L 为负载。

（2）工作原理

静态时，调节 VT$_1$、VT$_2$ 的偏置电位器 RP，使中点（M 点）电压为 $\frac{1}{2}V_{CC}$。此时 C_o 两端充电电压为 $\frac{1}{2}V_{CC}$，两三极管 VT$_1$ 和 VT$_2$ 的 C、E 极之间的电压均为 $\frac{1}{2}V_{CC}$，即 $U_{CEQ1} = U_{CEQ2} = \frac{1}{2}V_{CC}$。由于两三极管基极之间的电压差为 0，VT$_1$ 和 VT$_2$ 均截止，故 VT$_1$ 和 VT$_2$ 管的静态电流为零，电路工作在乙类。负载上无电流，输出电压 $u_o=0$。

动态时，设输入信号为正弦电压 u_i，在 u_i 正半周，$u_i>0$，则 $u_N>u_M$，VT$_1$ 正偏导通，VT$_2$ 反偏截止。VT$_1$ 的集电极电流 i_1 从电源 V_{CC} "+" 极，通过 VT$_1$、C_o 和 R_L 向 C_o 充电，在 R_L 上形成正半周信号，电流流向如图 5-18（a）中实线所示；在 u_i 负半周，$u_i<0$，则 $u_N<u_M$，三极管 VT$_1$ 截止，VT$_2$ 导通。电容 C_o 通过 VT$_2$、C_o 和 R_L 放电形成三极管 VT$_2$ 集电极电流 i_2，在 R_L 上形成负半周信号，电流流向如图 5-18（a）中虚线所示。信号工作波形如图 5-18（b）所示。由于 C_o 容量较大，两端电压基本不变，因此，C_o 相当于一个输出为 $\frac{1}{2}V_{CC}$ 的电压源。

OTL 电路的缺点是耦合电容的容量很大，因而体积大，低频特性差。

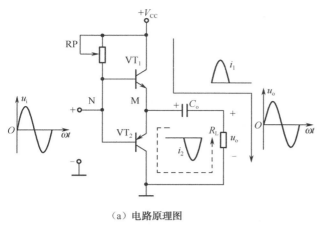

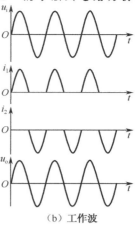

（a）电路原理图　　　　　　　　　　　　　　（b）工作波

图 5-18　互补对称 OTL 功率放大电路

与互补对称 OCL 功放电路一样，在互补对称 OTL 功放电路中，NPN 管对正半周信号放大，PNP 管对负半周信号放大。它们彼此互补，放大一个完整的信号输出。同样地，在互补对称 OTL 功放电路中，由于三极管输入特性的非线性，当信号比较小时（过零点附近），其输出波形将会产生交越失真，需要在实际电路的 VT$_1$ 和 VT$_2$ 基极之间加一定的偏置电路，形成一定电压差来消除电路中的交越失真。

（3）自举电路

带自举电路的 OTL 功放电路如图 5-19 所示，其中，R_4 和 C_4 构成"自举电路"，用于改善输出波形、提高电路的功率。其中，VT$_1$ 为激励放大管（也称推动级放大管），VT$_2$ 和 VT$_3$ 分别为 NPN 和 PNP 型互补对称功率放大管。RP$_1$、R_1、R_2 是 VT$_1$ 的偏置电阻，RP$_1$ 按常规应接到电源，现 RP$_1$ 接到功放管的发射极 M 点，使 RP$_1$ 具有交直流负反馈作用。RP$_2$ 为 VT$_2$ 和 VT$_3$ 的偏置电阻，它和 VD$_1$、VD$_2$ 为 VT$_2$ 和 VT$_3$ 提供甲乙类静态工作电流，以消除交越失真。C_1 是输入耦合电容；C_2 是 VT$_1$ 发射极旁路电容，它可减小信号的损耗；C_3 是输出耦合电容，并充当 VT$_3$ 回路的直流电源，容量较大，通常选在几百至几千微法之间；R_4、C_4 组成"自举电路"；R_L 为负载。为保持对称，功放管的发射极 M 点（中点）的电位必须为 $\frac{1}{2} V_{CC}$。M 点的电位由 RP$_1$ 进行调整。

功率放大工作过程：当输入为正半周信号时，经 VT$_1$ 反相放大后，VT$_1$ 的集电极输出负半周信号，此时 VT$_3$ 导通，VT$_2$ 截止，C_3 经 VT$_3$ 和 R_L 放电，使负载 R_L 获得负半周信号电流 i_3，如图 5-19 中虚线所示；当输入为负半周信号时，经 VT$_1$ 反相放大后，VT$_1$ 的集电极输出正半周信号，此时 VT$_2$ 导通，VT$_3$ 截止，电源经 VT$_2$ 和 R_L 给 C_3 充电，使负载 R_L 获得正半周信号电流 i_2，如图 5-19 中实线所示。

自举升压原理：C_4 和 R_4 构成自举升压电路，C_4 称为自举升压电容，其容量较大，相当于一个电源；R_4 为隔离电阻，其阻值很小，直流压降也很小，故 C_4 两端电压近似等于 $\frac{1}{2} V_{CC}$。如果没有自举电路，在 VT$_2$ 导通时（输入信号 u_i 负半周），随着输入电压 u_i 的增大，输出电流 i_2 增大，输出电压 u_o 增大，中点 M 电位 u_M 增大，而 VT$_2$ 基极电位不变，于是，u_{BE2} 相对下降，从而限制了 i_2 的进一步增大，在负载上形成正半周信号顶部失真，如图 5-20（a）所示。

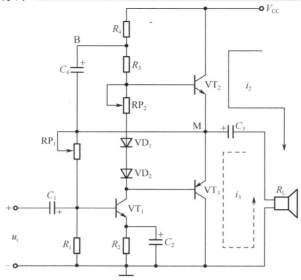

图 5-19　带自举电路的 OTL 功率放大电路

当电路接入 C_4 和 R_4，C_4 两端充有接近于 $\frac{1}{2}V_{CC}$ 的直流电压，在 VT$_2$ 导通时（输入信号 u_i 负半周），M 点电位升高，B 点电位也跟随着升高（因为 $U_B = U_M + U_{C4}$），B 点电位将超过电源。B 点电位的提高，也就使其集电极电流随输入信号的上升而上升，从而消除了输出电压正半周信号上的顶部失真，如图 5-20（b）所示。

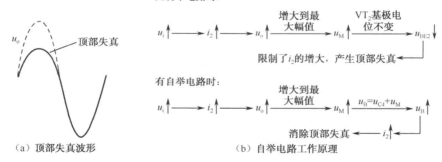

（a）顶部失真波形　　　　　　　（b）自举电路工作原理

图 5-20　输出信号顶部失真及自举电路工作原理

3. 输出功率和效率的计算

现以图 5-21 所示的 OCL 功率放大电路为例，介绍输出功率、效率及管耗的计算。

1）输出功率的计算

在图 5-21 所示的 OCL 功率放大电路中，在输入信号的正半周，u_i 从零逐渐增大时，VT$_2$ 截止，VT$_1$ 电流也逐渐增大，VT$_1$ 的管压降逐渐减小。当管压降减小到饱和压降 U_{CES1} 时，输出电压达到最大幅值 U_{om}，其值为 $V_{CC}-U_{CES1}$。同理，在输入信号的负半周，VT$_1$ 截止，VT$_2$ 导通，当 VT$_2$ 的管压降减小到饱和压降 U_{CES2} 时，输出电压达到最大幅值，其值为 $V_{CC}-U_{CES2}$。因此，最大不失真输出电压幅值为

$$U_{\mathrm{om}} = V_{\mathrm{CC}} - U_{\mathrm{CES}} \tag{5-3}$$

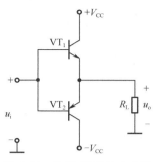

图 5-21 OCL 功率放大电路

最大不失真输出功率为

$$P_{\mathrm{om}} = \frac{U_{\mathrm{om}}}{\sqrt{2}} \times \frac{I_{\mathrm{om}}}{\sqrt{2}} = \frac{1}{2} U_{\mathrm{om}} I_{\mathrm{om}} = \frac{U_{\mathrm{om}}^2}{2R_{\mathrm{L}}} = \frac{(V_{\mathrm{CC}} - U_{\mathrm{CES}})^2}{2R_{\mathrm{L}}} \tag{5-4}$$

在饱和管压降 U_{CES} 可以忽略的情况下，有

$$P_{\mathrm{om}} \approx \frac{V_{\mathrm{CC}}^2}{2R_{\mathrm{L}}} \tag{5-5}$$

2）电源提供功率的计算

对于图 5-21 所示的电路，在忽略基极电流的情况下，令 I_{CM} 为管子的电流峰值（代表信号大小），则正负电源提供的平均电流为 $\frac{2}{\pi} I_{\mathrm{CM}}$，如图 5-22 所示。正负电源提供的功率为

$$P_{\mathrm{DC}} = \frac{2}{\pi} V_{\mathrm{CC}} I_{\mathrm{CM}} \tag{5-6}$$

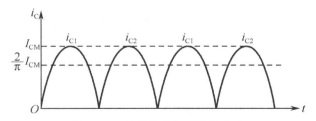

图 5-22 峰值电流与平均值电流

上式表明，信号越大，电源提供的功率也越大。当输出达到最大不失真输出时，即

$$I_{\mathrm{CM}} = \frac{V_{\mathrm{CC}} - U_{\mathrm{CES}}}{R_{\mathrm{L}}} \approx \frac{V_{\mathrm{CC}}}{R_{\mathrm{L}}}$$

代入式（5-6）后得电源提供的最大功率

$$P_{\mathrm{DCm}} \approx \frac{2}{\pi} \frac{V_{\mathrm{CC}}^2}{R_{\mathrm{L}}} \tag{5-7}$$

3）效率的计算

令 I_{CM} 为管子的电流峰值（代表信号大小），根据效率的定义，有

$$\eta = \frac{P_o}{P_{DC}} = \frac{\frac{1}{2}I_{CM}^2 R_L}{\frac{2}{\pi}V_{CC}I_{CM}} = \frac{\pi}{4} \times \frac{I_{CM}R_L}{V_{CC}} \qquad (5-8)$$

上式表明，信号越大，效率越高。当输出达到最大不失真输出时，即将 $I_{CM} = (V_{CC} - U_{CES})/R_L$ 代入式（5-8），则有

$$\eta = \frac{\pi}{4} \times \frac{V_{CC} - U_{CES}}{V_{CC}} \qquad (5-9)$$

在理想情况下，即功率放大管的饱和压降 U_{CES} 忽略不计时，有

$$\eta = \frac{\pi}{4} = 78.5\% \qquad (5-10)$$

对于图 5-15 所示的 OTL 功率放大电路，分析计算方法和 OCL 相同，由于 OTL 功率放大电路采用单电源供电，VT_1、VT_2 两管的实际工作电压仅为 $\frac{1}{2}V_{CC}$，故其指标估算只要将 OCL 计算公式中的 V_{CC} 替换成 $\frac{1}{2}V_{CC}$ 即可。得到 OTL 功率放大电路的最大不失真功率为

$$P_{om} \approx \frac{V_{CC}^2}{8R_L} \qquad (5-11)$$

电源提供的最大功率为

$$P_{DCm} \approx \frac{1}{2\pi}\frac{V_{CC}^2}{R_L} \qquad (5-12)$$

理想效率为

$$\eta = \frac{\pi}{4} = 78.5\% \qquad (5-13)$$

实例 5-1 在图 5-23 所示的 OCL 电路中，已知 $V_{CC}=12\,V$，$R_L=4\,\Omega$，放大管 $U_{CES}=2\,V$。

① 求最大不失真输出功率和效率。

② 若输入正弦波电压的有效值为 6 V，求负载上获得的功率。

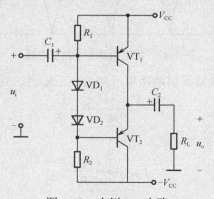

图 5-23　实例 5-1 电路

解： ① 根据式（5-4）和式（5-9）得

$$P_{om} = \frac{(V_{CC} - U_{CES})^2}{2R_L} = \frac{(12\,V - 2\,V)^2}{2 \times 4\,\Omega} = 12.5\,\ W$$

$$\eta = \frac{\pi}{4} \times \frac{V_{CC} - U_{CES}}{V_{CC}} = 78.5\% \times \frac{12\,V - 2\,V}{12\,V} = 65.4\%$$

② 由于电路的电压放大倍数近似为 1，因此 $U_o \approx U_i = 6\,V$，输出功率为

$$P_o = \frac{U_o^2}{R_L} = \frac{(6\,V)^2}{4\,\Omega} = 9W$$

注意： 图 5-23 中 VD_1、VD_2 加在 VT_1、VT_2 基极之间，用于供给 VT_1、VT_2 一定的偏压。在工程估算中，由于静态电流较小，所以这种电路仍可以用乙类互补对称电路的有关公式来估算电路的输出功率和效率等性能指标。

4. 功率放大管的选择

1）最大管压降

从 OCL 电路的工作原理分析可知，当管子截止时将承受最大的管压降。例如，当输入正半周信号时，VT_1 导通，当 VT_1 的管压降下降为饱和压降时，VT_2 管承受的管压降为最大。同理，当输入负半周信号时，VT_2 导通，VT_1 管将承受最大的管压降。于是有

$$U_{CEm} = 2V_{CC} - U_{CES} \approx 2V_{CC} \tag{5-14}$$

在查阅手册时，应使 OCL 电路中的三极管的极限参数

$$U_{CEO} > 2V_{CC} \tag{5-15}$$

2）集电极最大电流

由于三极管的发射极电流就是负载电流，因此当负载上的最大电压达到 $V_{CC} - U_{CES}$ 时，集电极的电流将达到最大，即有

$$I_{Cm} \approx I_{Em} = \frac{V_{CC} - U_{CES}}{R_L} \approx \frac{V_{CC}}{R_L} \tag{5-16}$$

在查阅手册时，应使三极管的极限参数

$$I_{CM} > \frac{V_{CC}}{R_L} \tag{5-17}$$

3）集电极最大功耗

在功率放大电路中，电源提供的功率 P_{DC} 除了转换成输出功率 P_o 外，其余都成为放大管的集电极损耗 P_C。可以认为，放大管的集电极功耗为 $P_C = P_{DC} - P_o$。当输入信号很小时，由于集电极的电流很小，故管子的损耗也很小；当输入信号很大时，由于放大管的管压降很小，故管子的损耗也不会大。由此可见，最大管耗既不会在输入信号很小时发生，也不会在输入信号很大时发生。

令 I_{cM} 为管子的电流峰值（代表信号大小），则有

$$P_C = P_{DC} - P_o = \frac{2}{\pi} V_{CC} I_{cM} - \frac{1}{2} I_{cM}^2 R_L \tag{5-18}$$

令 $\frac{dP_C}{dI_{cM}} = 0$，当 $I_{cM} = \frac{2V_{CC}}{\pi R_L}$ 时，得两管集电极的功耗为最大，即有

$$P_{Cm} = \frac{2V_{CC}^2}{\pi^2 R_L} = 0.2\frac{V_{CC}^2}{R_L} = 0.4P_{om} \tag{5-19}$$

以上是对两只功放管功耗的计算。如果是单只功放管，则有

$$P'_{Cm} = 0.2P_{om} \tag{5-20}$$

可见，三极管集电极的最大功耗仅为不失真最大输出功率的五分之一。在查阅手册时，应使三极管的极限参数

$$P_{CM} > 0.2P_{om} \tag{5-21}$$

同理，对于图 5-16 所示的 OTL 功率放大电路，在计算其极限参数时，只要将 OCL 的计算式中的 V_{CC} 替换成 $\frac{V_{CC}}{2}$ 即可，其功率放大管的最大管压降为 V_{CC}，集电极的最大电流为 $\frac{V_{CC}}{2R_L}$，单管集电极的最大功耗也是相应不失真最大输出功率的 0.2 倍。

实例 5-2　若采用图 5-18 所示乙类 OTL 功率放大电路，已知 $R_L = 4\ \Omega$，要求最大不失真输出功率达到 50 W，功率放大管的饱和压降可忽略不计，则

① 电源电压 V_{CC} 应选为多大？

② 如何选择功率放大管？

解：① 根据式（5-11）得

$$P_{om} \approx \frac{V_{CC}^2}{8R_L} = \frac{V_{CC}^2}{8\times4\Omega} = 50\ W$$

可以求得电源电压

$$V_{CC} = 40\ V$$

② 查阅三极管手册，每只功率放大管的极限参数应满足

$$U_{CEO} > V_{CC} = 40\ V$$

$$I_{CM} > V_{CC}/(2R_L) = 40V/(2\times4\ \Omega) = 5\ A$$

$$P_{CM} > 0.2P_{om} = 0.2\times50\ W = 10\ W$$

5.2.2 电路原理分析

前面介绍了功率放大电路的相关知识，下面再回到本项目制作并测试的 OTL 功率放大电路，如图 5-1 所示，具体分析其工作原理。为便于分析，我们将电路简化处理：输入端选择正弦小信号，输出端选择 51 Ω 水泥电阻作为负载。简化后的电路如图 5-24 所示。

该电路主要由前置电压放大、OTL 功率放大、交越失真消除电路、自举电路几部分组成。

（1）前置电压放大电路：三极管 VT_1 用于对输入信号进行电压放大，RP_1、R_1、R_2 是 VT_1 的基极偏置电阻，RP_1 从功率放大电路中点 M 引入静态电压，调节 RP_1 可改变基极静态偏压，RP_2、VD_1、VD_2 构成 VT_1 的集电极偏置电阻，其中 VD_1 和 VD_2 主要用于消除交越失真，RP_2 的大小会影响放大电路的集电极偏压，故调节 RP_2 也可改变前置电压放大电路的静态工作点，所以在整个电路静态调试时，RP_1 和 RP_2 的调节要交替进行，且要保证 M 点电位为 $\frac{1}{2}V_{CC}$，RP_3 用于调节输入信号大小，C_1 是输入耦合电容，有"隔直通交"的作用，R_3

是发射极偏置电阻，C_2 是发射极旁路电容。前置电压放大电路接成共发射极输出，通过项目 2 中单管放大电路知识的学习可知，共发射极放大电路的特点是电压放大倍数大，输入输出电压反相。

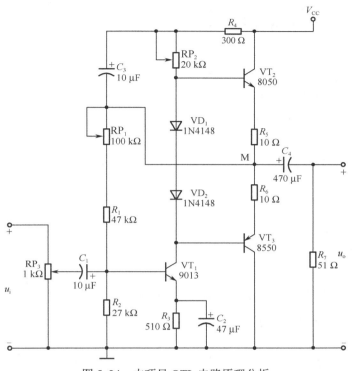

图 5-24　本项目 OTL 电路原理分析

（2）OTL 功率放大电路：VT_2 和 VT_3 是参数对称的"对管"，组成互补对称功放的输出电路，信号从基极输入，发射极输出，两管轮流导通，交替工作，每个三极管工作时都构成射极输出器，由项目 2 的知识可知，射极输出器的特点是电压放大倍数 $A_u \approx 1$，输入输出电压相位相同，其主要作用是电流放大。R_5、R_6 是 VT_2、VT_3 的发射极偏置电阻，阻值一定要相同，以保证电路对称，C_4 是输出端所接大电容，静态时 C_4 上的电压为 $\dfrac{1}{2} V_{CC}$，相当于一个恒压源，在 VT_3 导通时形成回路电流，C_4 还有"隔直通交"的作用，使输出信号为交流。R_7 为负载电阻，所测输出电压 u_o 即取自 R_7 两端。

（3）交越失真消除电路：VD_1、VD_2 构成交越失真消除电路，静态时，使功率放大管 VT_1、VT_2 的基极之间有一个小的偏压，从而使两管在静态时就处于"微导通"状态，从而克服"交越失真"。

（4）自举电路：R_4、C_3 构成自举电路，用于改善输出波形。C_3 容量较大，两端电压不变，当输出电压增大到最大幅值附近时，使 R_4 左端电压随 M 点电压的上升而上升，从而避免因输入电压 u_{BE2} 下降而造成的输出电压正半周顶部失真。

5.2.3 电路调试

本功率放大电路交流输入端有三种选择：正弦小信号输入、耳机输入、话筒输入，为了便于调测分析电路，以下进行的静态工作点调测和动态调测选择正弦小信号输入方式。具体可参考图 5-14 所示的电路功能测试电路连接方法。

1. 静态调试

为方便调试和分析，在前面制作的 OTL 功率放大电路原理图中设置一些测试点，包括 VT_1 的基极 B1，发射极 E1，集电极 C1，VT_2 的基极 B2，以及 VT_2 和 VT_3 构成的互补对称功率放大电路中点 M，如图 5-1 所示。

1）中点电压初调

不加交流输入信号，调节 RP_1 使图 5-25 中 M 点电压为直流电源电压的一半，即 $U_M = \dfrac{V_{CC}}{2} = 6\ V$。

2）调静态工作点

不加交流输入信号，调节 RP_2 使 U_{B2} 约为 6.5 V，使输出互补管 VT_2 和 VT_3 处于微导通状态。

注意：（1）前面已经调整中点 M 电压 $U_M = \dfrac{V_{CC}}{2} = 6\ V$，忽略 R_5 上的压降，则 VT_2 发射极电压约为 6 V，由于 $U_{BE} = 0.5\ V$ 时，VT_2 即处于微导通状态，由此估算 U_{B2} 电压约为 6.5 V。

（2）调节 RP_2 的同时要保证 $U_M = \dfrac{V_{CC}}{2}$ 不变，如果 U_M 发生改变，可再调 RP_1 使 U_M 保持不变。由于 VT_1、VT_2、VT_3 采用的是直接耦合方式，前后级静态工作点是相互影响的，一般两步调整应当反复进行，直到 U_M 和静态电流均达到指标值。

3）测量各管 U_C、U_B、U_C，将结果填入表 5-5 中。

表 5-5 静态工作点记录

三极管	U_C(V)	U_B(V)	U_E(V)	管型	三极管工作状态
前级放大管 VT_1					
输出管 VT_2					
输出管 VT_3					

2. 动态调试

1）前置电压电路放大倍数和输入输出波形测量

由 VT_1、RP_1、R_1、R_2、R_3、R_4、RP_2、R_4、VD_1、VD_2、C_1、C_2、C_3 构成前置电压放大电路，其输入信号为 u_i，输出信号为 VT_1 的集电极电压 u_{c1}。按照电路连接方式分类，前置电压放大电路是一个共_____（基极/集电极/发射极）放大电路。

RP_3 调节到最大值，使信号源电压全部送入放大电路。信号源接信号发生器，在放大电

路输入端输入一个频率为 1 kHz，峰-峰值为_____的正弦小信号，用示波器监测输入电压和电压放大电路输出端 C1 点的电压，如果输出波形失真，则调小输入信号，在输出电压不失真的情况下，记录此时的输入 u_i 和输出 u_{c1} 信号波形和大小，并计算电压放大倍数，将结果填入表 5-6。

表 5-6　前置电压放大电路动态调测

	输入信号 u_i	输出信号 u_{c1}	分析计算
波形			比较输出信号和输入信号相位_____（相同/相反）
大小（mV_{p-p}）			电压放大倍数 $A_u =$ _____

2）互补对称功率输出级电压放大倍数和输入输出波形测量

对于 VT$_2$、VT$_3$、R_5、R_6、C_4 构成的互补对称功率放大级来说，输入信号就是前置电压放大电路的输出 u_{c1}，输出信号是 u_o，保持上述前置电压放大级的调测状态不变，用示波器检测输入输出信号，记录比较互补对称功率放大级的输入 u_{c1} 和输出 u_o，将结果记录在表 5-7 中。

表 5-7　互补对称功率输出级动态调测

	输入信号 u_{c1}	输出信号 u_o	分析计算
波形			比较输出信号和输入信号相位_____（相同/相反）
大小（mV_{p-p}）			电压放大倍数 $A_u =$ _____

想一想，从放大电路结构来说，VT$_2$ 或 VT$_3$ 构成的放大电路是共_____（基极/集电极/发射极）放大电路，该类型放大电路有什么特点？

？ 从上面的分析和测量来看，互补对称功率放大电路是否可以实现功率放大？

3）交越失真及其消除方法

保持前面静态和动态的调试状态不变，再次确认"中点电压"为 $\dfrac{V_{CC}}{2}$，负载电阻为 51 Ω/5 W 的水泥电阻，短接 VT$_2$、VT$_3$ 基极偏置电路（直接用跳线连接 B2、C1 两点插针），观察输出电压 u_o 波形，分析交越失真的消除方法，将结果记录在表 5-8 中。

表5-8 交越失真及其消除方法

	输出管基极加偏置电压 （B2、C1 两点不短接）	输出管基极不加偏置电压 （B2、C1 两点短接）	交越失真的消除方法
输出信号 u_o 波形			

4）最大不失真输出功率的调测

要测电路最大不失真输出功率，需要测出电路最大不失真输出电压。用信号发生器提供频率为 1 kHz 的正弦信号，加到电路输入端，输出端接 51 Ω/5 W 的水泥电阻。增大输入信号的幅度，调节 RP_1 和 RP_2，使输出信号最大不失真，记录此时输出信号幅度 $U_{om}=$_____，代入公式：

$$P_{om} = \frac{U_{om}^2}{2R_L}$$

计算出电路的最大不失真输出功率。

注意：要保证输出电压最大且不失真，需要电路静态工作点选择合适，所以输入电压调节要和用于调节静态工作点的RP_1、RP_2配合进行，调节最大不失真的具体方法如下：

（1）输入一个小信号，使输出不失真；

（2）加大输入信号幅值，使输出信号出现顶部或底部失真；

（3）调节 RP_1、RP_2，使失真消除，同时要保证 M 点中点电压不变；

（4）加大输入信号，重复第 2、3 步，直到出现截顶失真；

（5）将输入信号稍微调小，使之回到不失真，此时即最大不失真。

5）自举电路调测

C_3 和 R_4 构成自举电路。保持上一步最大不失真输出功率调测结果，将 C_3 断开，观察输出波形变化，并将结果记录在表 5-9 中。

表5-9 自举电路调测

	C_3 接入电路	C_3 不接入电路	自举电路的作用
输出信号 u_o 波形			
最大不失真输出功率 P_{om}			

6）频率响应特性测量

放大电路的电压放大倍数相对于中频（1 kHz）下降 3 dB（即 $1/\sqrt{2} = 70.7\%$）时所对应的低音频率 f_L 和高音频率 f_H，称为放大电路的频率响应。放大电路的频率响应相关理论在项目 2 中已有介绍，在此不做赘述。

（1）调整频率为 1 kHz 的正弦输入信号大小，使输出信号不失真且大小适中。

（2）保持输入电压峰-峰值不变，改变输入信号的频率，分别调大和调小，使输出电压的幅值降到原来的 0.707 倍。记录此时信号频率值。将测量结果填入表 5-10 中。

表 5-10　频率响应特性测量

输入正弦信号 u_i/mV_{p-p}（峰-峰值）	输出信号 u_o/V	放大倍数 $A_u = u_o/u_i$	信号频率 f/Hz	频率响应范围 $(f_H - f_L)/Hz$
f=1 kHz，u_i=_____	u_o=_____		1k	
保持 u_i 不变，频率下调	0.707u_o		f_L =_____	
保持 u_i 不变，频率上调	0.707u_o		f_H =_____	

想一想，为什么放大电路在输入信号降低或上升到一定频率时，放大倍数会下降？

3. 耳机、话筒输入测试

1）耳机音频信号输入

电路输入选择耳机音频信号，输出端接扬声器，具体连接方法参考图 5-14。输入音频信号，测试音乐播放效果，调节音量电位器 RP₃，扬声器音量_____（是/不是）随之改变？

2）话筒输入测试

闭合开关 S₄，输入信号选择开关 S₁ 拨到话筒，输出端接扬声器，对着话筒吹气，看扬声器是否振动发声，为进一步验证电路效果，可将扬声器接延长线，使之与话筒相距 1 米以上，一人在话筒输入端说话，另一人在扬声器端试听播放效果，声音是否得到放大？调节输入音量调节电位器 RP₃，扬声器音量是否随之改变？

4. 常见故障及排除方法

1）问题：中点电压不可调

故障一般与电路供电电源、各三极管偏置电路、负载电阻及三极管本身有关，应重点检查电源是否良好、各电阻焊接是否良好、阻值是否正确、三极管引脚顺序是否焊接错误、三极管性能是否良好等。

（1）仔细检查、核对安装电路的元器件参数、电解电容的极性、三极管的引脚顺序，确认无误。

（2）采用直流电压分析法检测电路中各点电压，根据所测数据大小，分析、判断故障所在部位。

2）问题：加上输入，无信号输出

采用信号寻迹法，将信号加入被测设备输入端，用示波器从被测设备的前端或后端逐一检查，便于发现问题，如图 5-25 所示。

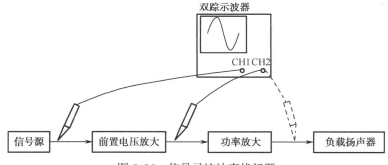

图 5-25　信号寻迹法查找问题

（1）在电路输入端输入一定频率和大小的正弦交流信号（1 kHz 左右），按照信号流向从前往后用示波器观测各点波形，把问题锁定在某一级电路：

① 示波器与信号发生器直连，示波器有波形吗？

② 示波器接 VT_1 集电极，有波形吗？

③ 示波器接 VT_2 发射极，有波形吗？

（2）问题锁定在某一级上后，再锁定到点：

① 三极管的基极无信号，检查基极的前面部分电路。

② 基极有信号，集电极无信号，检查线路是否连错，若无错，更换管子。

3）问题：静态工作点不正常

电位器 RP_1、RP_2 交替调节，首先保证中点电压满足要求。

4）问题：信号输出波形不正常

（1）断开输入，测量 470 μF 电容器的正极电压是否为 $\dfrac{V_{CC}}{2}$ ？

（2）二极管 VD_1、VD_2 是否连接错误？

5.3　集成音频功率放大电路

功率放大电路除了可以用前面介绍的分立器件实现以外，还可以采用集成功率放大器来实现。图 5-26 所示电路是集成功率放大器 TDA2030 的典型应用电路。图 5-27 为该电路制作完成的成品。

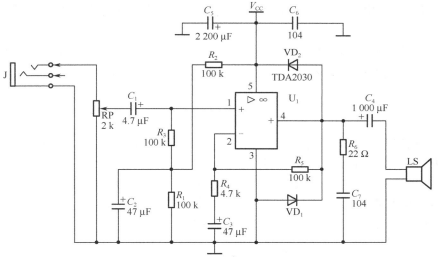

图 5-26　集成功率放大电路原理图

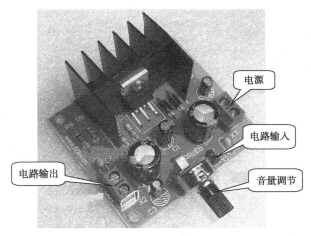

图 5-27　TDA2030 集成音频功率放大电路成品

5.3.1　电路工作原理

图 5-26 所示电路为典型的 OTL 集成音频功率放大器原理图，其中 TDA2030 是高保真集成功率放大器芯片，输出功率大于 10 W，频率响应为 10～1 400 Hz，输出电流峰值最大可达 3.5 A。其内部电路具有短路保护和过热保护，可确保电路工作安全可靠。TDA2030 使用方便，外围所需元器件少，一般不需要调试即可成功。

交流信号 u_i 从同相输入端输入集成功放，这是一个同相输入比例运算电路，R_4、R_5、C_3 构成交流电压串联负反馈，R_4、R_5 决定了该电路交流负反馈的强弱和闭环增益。该电路的闭环增益为

$$A_{uf} = 1 + \frac{R_5}{R_4} \approx 22$$

C_3 起隔直流作用，使电路为 100%直流负反馈，静态工作点稳定性好。

RP 是音量调节电位器，C_1 是输入耦合电容。电路采用单电源供电，C_4 是输出耦合电容。

R_1、R_2 构成分压网络，通过 R_3 向输入端提供直流偏置电压，TDA2030 的 4 号引脚（功放输出端）电位为 $\dfrac{V_{CC}}{2}$，在静态时，TDA2030 的同相、反向输入端以及输出端电位皆为 $\dfrac{V_{CC}}{2}$。

R_6、C_7 构成高频校正网络，在电路接有感性负载扬声器时，用以对感性负载喇叭进行相位补偿来消除自激，保证电路高频稳定性。

VD_1、VD_2 是保护二极管，放置输出电压峰值损坏集成块 TDA2030。

C_5、C_6 为电源滤波电容，防止电路产生自激振荡。

TDA2030 集成功率放大电路所需元器件见表 5-11。

表 5-11　TDA2030 集成功率放大电路元件清单

序号	器件	名称	型号参数	功能
1	U_1	集成功放	TDA2030	功率放大
2	R_1、R_2	电阻	100 kΩ	输入分压电路
3	R_3	电阻	100 kΩ	TDA2030A 同相输入电阻
4	R_4、R_5	电阻	4.7 kΩ、100 kΩ	决定交流负反馈的强弱及闭环增益 该电路闭环增益：$(R_4+R_5)/R_5\approx1$
5	C_7、R_6	电阻	22 Ω	在电路接有感性负载扬声器时，保证稳定性
6	RP	电位器	2 kΩ	调节输入信号大小，音量调节
7	C_1	电容	4.7 μF	输入耦合电容
8	C_3	电容	47 μF	隔直流，使电路直流为 100%负反馈
9	C_2	电容	47 μF	分压网络滤波电容
10	C_6	电容	104	电源高频旁路电容，防止自激振荡
11	C_5	电解电容	2 200 μF	电源滤波电容
12	C_4	电解电容	1 000 μF	输出耦合电容
13	VD_1、VD_2	二极管	1N4007	保护作用，防止输出电压峰值损坏集成块 TDA2030
14	J	耳机接口	3.5 mm	音频输入
15	LS	扬声器	8 Ω/1 W	音频播放

注意：在制作 OTL 集成功放电路时，要为 TDA2030 安装足够大的散热片。OTL 电路使用单电源供电，散热片可直接固定在金属板上与地线相通，无须绝缘，使用十分方便。

5.3.2　功率放大集成电路

功率放大集成电路是指单片集成电路，即包括功率管都做在一块芯片上。功率放大集成电路内部通常包括前置级、推动级和功率级等几部分电路，一般还包括消除噪声、短路保护等一些特殊功能的电路。

功率放大集成电路种类繁多，近年来市场上常见的主要有以下三家公司的产品。

（1）美国国家半导体公司（NSC）的产品，其代表芯片有 LM1875、LM1876、

LM3876、LM3886、LM4766、LM4860、LM386 等。

（2）荷兰飞利浦公司（PHILIPS）的产品，其代表芯片有 TDA15XX 系列，比较著名的有 TDA1514、TDA1521。

（3）意法微电子公司（SGS）的产品，其代表芯片有 TDA20XX 系列，以及 DMOS 管的 TDA7294、TDA7295、TDA7296 等。

TDA2030 是目前性价比比较高的一种集成功率放大器，与性能类似的其他功率放大器相比，它的引脚和外部元件都较少。

TDA2030 的电气性能稳定，能适应长时间连续工作。集成块内部的放大电路和集成运算放大器类似，但在内部集成了过载保护和热切断保护电路，若输出过载、输出短路及管心温度超过额定值时均能立即切断输出电路，起保护作用。其金属外壳与负电源引脚相连，所以在单电源使用时，金属外壳可直接固定在散热片上并与地线（金属机箱）相接，无须绝缘，使用很方便。

1. TDA2030 外形及内部结构

TDA2030 外形及引脚排列如图 5-28 所示。它是一款性价比较高的集成功放，其封装为 5 脚单列直插式，TDA2030 引脚从 1 到 5 交错排列，1 脚是同相输入端、2 脚是反相输入端、3 脚是负电源输入端、4 脚是功率输出端、5 脚是正电源输入端。与性能类似的其他产品相比，它的引脚数量最少，外部元件很少。TDA2030 还有一个"孪生"型号——TDA2030A，两者在引脚排列、IC 功能、典型电路方面均无太大差异，只是在耐压值、额定功率方面，TDA2030A 比 TDA2030 略高。

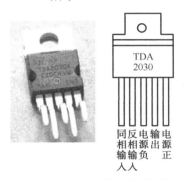

图 5-28　TDA2030 外观和引脚排列

要检测 TDA2030 元件的好坏，可将 500 型指针式万用表打在欧姆挡，在 TDA2030 未接上电路的情况下，分别测量各脚与 3 脚之间的电阻值。根据表 5-12 所列正常阻值，鉴别 TDA2030 的好坏。

表 5-12　TDA2030 各脚对③脚阻值

引　脚		①	②	③	④	⑤
阻值	黑表笔接③脚	4 kΩ	4 kΩ	0	3 kΩ	3 kΩ
	红表笔接③脚	∞	∞	0	18 kΩ	3 kΩ

TDA2030 集成功放电路的内部电路包含由恒流源差分放大电路构成的输入级、中间电

压放大级、复合互补对称式 OCL 电路构成的输出级、启动和偏置电路以及短路、过热保护电路等。其内部结构框图如图 5-29 所示。

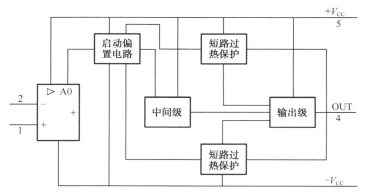

图 5-29　TDA2030 内部结构

2. TDA2030 性能指标

TDA2030 适用于在收录机和有源音箱中用做音频功率放大器，也可用做其他电子设备中的功率放大。因其内部采用的是直接耦合，亦可以用于直流放大。主要性能参数如下：

电源电压 V_{CC}　　　　　　±6～±18 V

输出峰值电流 I_O　　　　3.5 A

频带宽度 BW　　　　　0～140 kHz

静态电源电流 I_{CCQ}　　　<60 mA（测试条件：V_{CC}=±18 V）

谐波失真度 THD　　　　<0.5%

闭环电压增益 G_{VC}　　　30 dB

输入电阻 R_i　　　　　　>0.5 MΩ

在电源为 V_{CC}=±14 V、R_L=8 Ω时输出功率为 10 W。

3. TDA2030 的特点与使用注意事项

1）TDA2030 主要特点

① 外接元件非常少。

② 输出功率大。

③ 采用超小型封装（TO-220），可提高组装密度。

④ 开机冲击极小。

⑤ 内含各种保护电路，因此工作安全可靠。最主要保护电路有：短路保护、热保护、地线偶然开路、电源极性反接（U_{smax}=12 V）以及负载泄放电压反冲等。

⑥ TDA2030 能在最低±6 V、最高±18 V 的电压下工作，在±18 V、8 Ω 阻抗时能够输出16 W 的有效功率，THD≤0.1%。无疑，用它来做电脑有源音箱的功率放大部分或小型功放再合适不过了。

采用 TDA2030 设计音频功放外围电路简单，使用方便。在现有的各种功率集成电路中，它的引脚属于最少的一类，总共才 5 端，外形如同塑封大功率管，这就给使用带来不少方便。正是由于这些特性，TDA2030 在市场上的主流音箱产品中得到了广泛应用。

2）TDA2030 使用注意事项

① TDA2030 具有负载泄放电压反冲保护电路，如果电源电压峰值电压为 40 V 的话，那么在 5 脚和电源之间必须接入 LC 滤波器，以保证 5 脚上的脉冲串维持在规定的幅度内。

② 热保护：限热保护有以下优点，能够容易承受输出的过载（甚至是长时间的），或者环境温度超过时均起保护作用。

③ 与普通电路相比较，散热片可以有更小的安全系数。万一结温超过时，也不会对器件有所损害，如果发生这种情况，P_O（当然还有 P_{tot}）和 I_O 就被减少。

④ 印制电路板设计时必须较好地考虑地线与输出的去耦，因为这些线路有大的电流通过。

⑤ 装配时，引线长度应尽可能短，焊接温度不得超过 260 ℃。

⑥ 虽然 TDA2030 所需的元件很少，但所选的元件必须是品质有保障的元件。

⑦ TDA2030 输出功率较大，因此须加散热器，而芯片负电源引脚（3 脚）与散热器相连，所以在装散热器时要注意散热器与其他元件不能接触。

4. TDA2030 集成功放的典型应用

TDA2030 集成功放的典型应用除了采用单电源构成 OTL 功放形式应用外，也可以采用双电源构成 OCL 典型应用电路。电路如图 5-30 所示。

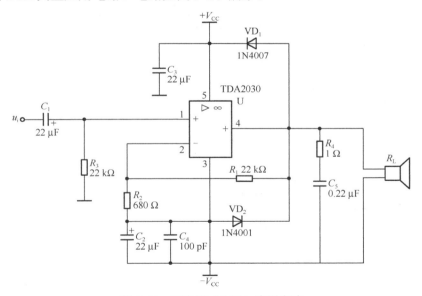

图 5-30 双电源（OCL）应用电路

图 5-30 所示电路是双电源时 TDA2030 的典型应用电路。它与前面介绍的 OTL 集成功放最大的不同就是电源采用$+V_{CC}$ 和$-V_{CC}$ 双电源供电，信号 u_i 由同相端输入，R_1、R_2、C_2 构成交流电压串联负反馈，因此闭环电压放大倍数为

$$A_{uf} = 1 + \frac{R_1}{R_2} = 33$$

为了保持两输入端直流电阻平衡，使输入级偏置电流相等，选择 $R_3 = R_1$。R_4、C_5 为高频校正网络，用以消除自激振荡。VD_1、VD_2 起保护作用，用来释放 R_L 产生的自感应电压，

将输出端的最大电压钳位在（V_{CC}+0.7 V）和（$-V_{CC}$-0.7 V）上。C_3、C_4 为退耦电容，用于减少电源内阻对交流信号的影响。C_1、C_2 为隔直、耦合电容。

项目评价与小结

1. 项目评价

考核类型	考核项目	评分内容与标准	分值	自评	教师考核
知识	电路特点	理解功率放大电路的特点	5		
	电路原理	掌握互补对称功率放大电路的结构和工作原理	5		
	应用电路	掌握集成功率放大器典型应用	5		
技能	元器件的识别与检测	能够识别和检测二极管、三极管、话筒、扬声器	5		
	焊接技能	按原理图组正确安装焊接电路，布局合理，无虚焊、漏焊，接线正确	5		
	仪器的使用	能够正确操作信号发生器产生要求的波形；能够正确使用示波器进行测试	5		
	调试技能	会调试 OTL 功率放大电路中点电压	5		
		会测量和调试前置电压放大级的静态工作点，并分析对波形的影响及原因	5		
		会调测前置电压放大级输入输出波形和电压放大倍数	5		
		会调测 OTL 功率输出级输入输出波形和电压放大倍数	5		
		掌握消除交越失真的方法	5		
		会调测 OTL 功率放大电路最大不失真功率	5		
		会调测 OTL 功率放大电路频率响应范围	5		
	故障排除技能	电路异常时制订调试计划；能够根据故障现象分析原因，并运用"观察法"、"循迹法"解决问题	5		
职业素养	安全规范	安全用电，规范操作	5		
	工作态度	积极参与完成项目，并能协助他人	5		
		不迟到，不缺课，不早退	5		
		整理工位，符合 6S 规范	5		
	项目报告	整理数据，分析现象结果	10		

2. 项目小结

（1）功率放大电路的任务是向负载提供符合要求的交流功率，因此主要考虑的是失真度要小，输出功率要大，三极管的损耗要小，效率要高。在功率放大电路中提高效率是十

分重要的，这不仅可以减小电源的能量消耗，同时对降低功率三极管管耗、提高功率放大电路工作的可靠性是十分有效的。因此，低频功率放大电路常用乙类或甲乙类工作状态来降低管耗，提高输出功率和效率。

（2）互补对称功率放大电路（OCL，OTL）是由两个管型相反的射极输出器组合而成，功率三极管工作在乙类，两管交替工作，分别对输入正、负半周信号放大，它们彼此互补、推挽放大一个完整的信号。为避免交越失真，可在两互补管基极加二极管或合适的电阻，使互补管工作在甲乙类状态，甲乙类互补对称功率放大电路由于其电路简单、输出功率大、效率高、频率特性好和适用于集成化等优点，被广泛应用。

（3）集成功率放大器是当前功率放大器的发展方向，应用日益广泛。集成功率放大器的种类很多，其内部电路都包含有前置级、中间激励级、功率输出级以及偏置电路等，有的还包含完整的保护电路，使集成电路具有较高的可靠性。集成功率放大器在使用时应注意查阅手册，按手册提供的典型应用电路连接外围元件。

（4）功率三极管的散热和保护十分重要，关系到功放电路能否输出足够的功率并且不损坏功放管等问题。

课后习题

1．判断题

（1）在功率放大电路中，输出功率越大，功放管的功耗越大。　　　　　　　　（　　）

（2）功率放大电路的最大输出功率是指在基本不失真情况下，负载上可能获得的最大交流功率。　　　　　　　　　　　　　　　　　　　　　　　　　　　　　　　　（　　）

（3）功率放大器为了正常工作需要在功率管上安装散热片，功率管的散热片接触面粗糙些好。　　　　　　　　　　　　　　　　　　　　　　　　　　　　　　　　　　（　　）

（4）当 OCL 电路的最大输出功率为 1 W 时，功放管的集电极最大耗散功率应大于 1 W。　　　　　　　　　　　　　　　　　　　　　　　　　　　　　　　　　　　　（　　）

（5）乙类推挽电路只可能存在交越失真，而不可能产生饱和或截止失真。　　（　　）

（6）功率放大电路，除要求其输出功率要大外，还要求功率损耗小，电源利用率高。
　　　　　　　　　　　　　　　　　　　　　　　　　　　　　　　　　　　　　（　　）

（7）乙类功放和甲类功放电路一样，输入信号愈大，失真愈严重，输入信号小时，不产生失真。　　　　　　　　　　　　　　　　　　　　　　　　　　　　　　　　　（　　）

（8）在功率放大电路中，电路的输出功率要大和非线性失真要小是对矛盾。　（　　）

2．填空题

（1）功率放大器的特点是：以＿＿＿＿＿＿＿＿为主要目的；大信号输入，动态工作范围＿＿＿＿＿＿；通常用＿＿＿＿＿＿分析法分析；分析的主要指标是＿＿＿＿＿、＿＿＿＿＿和＿＿＿＿＿＿等。

（2）功率放大器的基本要求是：①应有＿＿＿＿＿＿输出功率；②效率要＿＿＿＿＿＿；③非线性失真要＿＿＿＿＿；④放大管要采取＿＿＿＿＿＿等保护措施。

（3）功率放大器的主要性能指标有＿＿＿＿＿、＿＿＿＿＿、＿＿＿＿＿。

（4）功率放大器按功放管的 Q 点在交流负载线上的位置可分为_____类功率放大器、_____类功率放大器和_____类功率放大器。

（5）乙类互补对称功放的效率比甲类功放高得多，其关键是_____。

（6）由于功率放大电路中功放管常常处于极限工作状态，因此，在选择功放管时要特别注意_____、_____、_____。

（7）设计一个输出功率为 20 W 的扩音机电路，若用乙类 OCL 互补对称功率放大电路，则就选 P_{CM} 至少为_____W 的功放管两只。

3．选择题

（1）功率放大电路的转换效率是指（　　）。

    A．输出功率与三极管所消耗的功率之比

    B．输出功率与电源提供的平均功率之比

    C．三极管所消耗的功率与电源提供的平均功率之比

（2）乙类功率放大电路的输出电压信号波形存在（　　）。

    A．饱和失真　　　　　　B．交越失真　　　　　　C．截止失真

（3）乙类双电源互补对称功率放大电路中，若最大输出功率为 2 W，则电路中功放管的集电极最大功耗约为（　　）。

     A．0.1 W　　　　　　　B．0.4 W　　　　　　　C．0.2 W

（4）在选择功放电路中的三极管时，应当特别注意的参数有（　　）。

    A．β　　　　　　　B．I_{CM}　　　　　　　C．I_{CBO}

    D．$U_{(BR)CEO}$　　　　　E．P_{CM}

（5）乙类双电源互补对称功率放大电路的转换效率理论上最高可达到（　　）。

    A．25%　　　　　　　　B．50%　　　　　　　　C．78.5%

（6）乙类互补功放电路中的交越失真，实质上就是（　　）。

    A．线性失真　　　　　　B．饱和失真　　　　　　C．截止失真

（7）功放电路的能量转换效率主要与（　　）有关。

    A．电源供给的直流功率　　B．电路输出信号最大功率　　C．电路的类型

4．功率放大电路的主要任务是什么？与电压放大电路相比有哪些区别？

5．什么是交越失真？如何克服交越失真？

6．OTL 电路与 OCL 电路有哪些主要区别？使用中应注意哪些问题？

7．已知电路如图 5-31 所示，VT_1 和 VT_2 管的饱和管压降 $|U_{CES}|$ =3 V，V_{CC}=15 V，R_L=8 Ω，选择正确答案填入空内。

（1）电路中 VD_1 和 VD_2 管的作用是消除（　　）。

A．饱和失真　　　　　　　B．截止失真　　　　　　C．交越失真

（2）静态时，三极管发射极电位 U_{EQ}（　　）。

A．大于 0　　　　　　　　B．等于 0　　　　　　　C．小于 0

（3）最大输出功率 P_{om}（　　）。

A．约等于 28 W　　　　　　B．等于 18 W　　　　　　C．等于 9 W

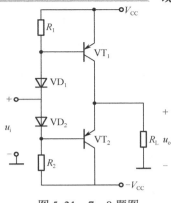

图 5-31 7、8 题图

8．在图 5-31 所示电路中，已知 $V_{CC}=16$ V，$R_L=4$ Ω，VT_1 和 VT_2 管的饱和管压降 $|U_{CES}|=2$ V，输入电压足够大。试问：

（1）最大输出功率 P_{om} 和效率 η 各为多少？

（2）三极管的最大功耗 P_{Tmax} 为多少？

（3）为了使输出功率达到 P_{om}，输入电压的有效值约为多少？

9．在图 5-32 所示电路中，已知 $V_{CC}=15$ V，VT_1 和 VT_2 管的饱和管压降 $|U_{CES}|=2$ V，输入电压足够大。

（1）最大不失真输出电压的有效值是多少？

（2）负载电阻 R_L 上电流的最大值是多少？

（3）最大输出功率 P_{om} 和效率 η 是多少？

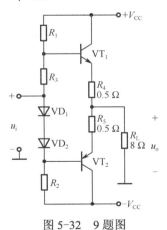

图 5-32 9 题图

10．双电源互补对称电路如图 5-33 所示，已知电源电压 12 V，负载电阻 10 Ω，输入信号为正弦波。

求：（1）在三极管 U_{CES} 忽略不计的情况下，负载上可以得到的最大输出功率。

（2）每个功放管上允许的管耗是多少？

（3）功放管的耐压是多少？

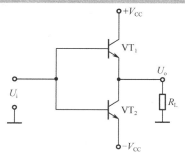

图 5-33　10 题图

11. 一乙类单电源互补对称（OTL）电路如图 5-34（a）所示，设 VT_1 和 VT_2 的特性完全对称，u_i 为正弦波，$R_L=8\ \Omega$。

（1）静态时，电容 C 两端的电压应是多少？

（2）若管子的饱和压降 U_{CES} 可以忽略不计。忽略交越失真，当最大不失真输出功率可达到 9 W 时，电源电压 V_{CC} 至少应为多少？

（3）为了消除该电路的交越失真，电路修改为图 5-34（b）所示，若此修改电路实际运行中还存在交越失真，应调整哪一个电阻？如何调？

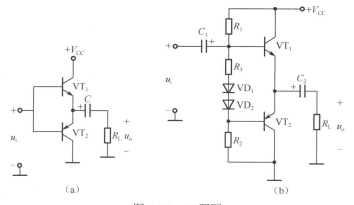

（a）   （b）

图 5-34　11 题图

项目 6 正弦波振荡电路分析与调试

教学导航

教	知识重点	1. 正弦波振荡电路振荡的条件及主要性能参数 2. RC 正弦波振荡电路的组成及工作原理 3. LC 正弦波振荡电路的原理及应用 4. 石英晶体正弦波振荡电路的应用
	知识难点	1. RC 正弦波振荡电路的原理及应用 2. LC 正弦波振荡电路的原理及应用
	推荐教学方式	将工作任务分解，关联各个知识点，先制作电路，然后通过对波形发生电路的测试，引入问题思考，然后利用多媒体演示结合讲授，边测量边分析讲授，让学生逐步了解正弦波振荡电路的工作原理，掌握 RC 桥式正弦波振荡电路的制作与调试
	建议学时	14 学时
学	推荐学习方法	以实验测试观察法为主，结合分析法，通过电路测试，分析现象，思考原因，再联系理论知识的学习，逐步理解 RC 正弦波振荡电路的组成和工作原理，掌握正弦波振荡电路的制作与调试
	必须掌握的理论知识	1. RC 正弦波振荡电路的组成和工作原理 2. LC 正弦波振荡电路的工作原理及应用
	必须掌握的技能	1. 熟悉电阻、电容、集成运放的识别与检测 2. 熟悉毫伏表、万用表、示波器的使用方法 3. 掌握正弦波振荡电路输出波形的幅度、频率测量方法 4. 掌握正弦波振荡电路的安装、调试、检测及故障排除

项目描述

本项目实践电路为 RC 正弦波振荡电路，这个电路能产生所需要的正弦波信号。RC 正弦波振荡电路原理图如图 6-1 所示，制作完成的电路如图 6-2 所示。

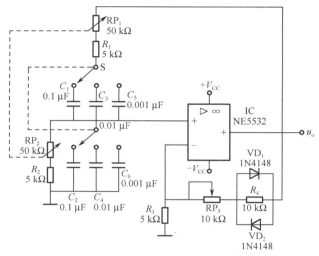

图 6-1　正弦波振荡电路产生电路

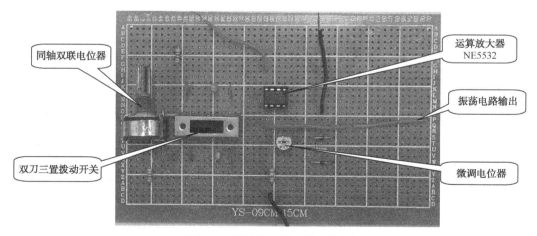

图 6-2　正弦波振荡电路实物图

项目所用元器件清单见表 6-1。

表 6-1　正弦波振荡电路元件清单

序号	元件	名　称	型号参数	功　　能
1	R_1	电阻器	5 kΩ	R_1 与 C_1 组成串联正反馈网络，起反馈、选频作用
2	R_2	电阻器	5 kΩ	R_2 与 C_2 组成并联正反馈网络，起反馈、选频作用
3	R_3	电阻器	5 kΩ	R_3，R_4、RP_3 组成负反馈网络，与 RP_3 配合决定放大量

续表

序号	元件	名　称	型号参数	功　　能
4	R_4	电阻器	10 kΩ	R_4 与 VD_1、VD_2 配合起稳幅作用
5	RP_1 RP_2	同轴双联 电位器	50 kΩ	同轴双联电位器可以对振荡电路的频率进行细调
6	RP_3	微调电位器	10 kΩ	R_3，R_4、RP_3 组成负反馈网络，与 R_3 配合决定放大量
7	C_1	电容器	0.1 μF	R_1 与 C_1 组成串联正反馈网络，起反馈、选频作用
8	C_2	电容器	0.1 μF	R_2 与 C_2 组成并联正反馈网络，起反馈、选频作用
9	C_3	电容器	0.01 μF	R_1 与 C_3 组成串联正反馈网络，起反馈、选频作用
10	C_4	电容器	0.01 μF	R_2 与 C_4 组成并联正反馈网络，起反馈、选频作用
11	C_5	电容器	0.001 μF	R_1 与 C_5 组成串联正反馈网络，起反馈、选频作用
12	C_6	电容器	0.001 μF	R_2 与 C_6 组成并联正反馈网络，起反馈、选频作用
13	VD_1	二极管	1N4148	VD_1、VD_2 与 R_4 配合起稳幅作用
14	VD_2	二极管	1N4148	VD_1、VD_2 与 R_4 配合起稳幅作用
15	S	拨动开关	2P3T	双刀三置拨动开关，主要起频段转换作用
16	IC	集成运放	NE5532	高性能低噪声双运算放大器，起信号放大作用
17	$+V_{CC}$	直流电源	+12 V、0.5 A	供电，为振荡电路工作提供工作电流
18	$-V_{CC}$	直流电源	−12 V、0.5 A	供电，为振荡电路工作提供工作电流

◆ **项目分析**

本项目的任务主要是制作并调试正弦波振荡电路，使电路输出一个正弦波信号。要完成这个电路的安装调试，先要掌握正弦波振荡电路的起振条件以及稳幅振荡条件。正弦波振荡电路一般由基本放大电路、反馈网络、选频网络和稳幅环节等部分组成，要能正确识别各部分电路，判断电路能否产生振荡。

通过对 RC 正弦波振荡电路的分析与调试，掌握电路产生正弦波振荡的条件，然后再对其他形式正弦波振荡电路进行分析。

◆ **知识目标**

（1）熟悉正弦波振荡电路振荡的条件及主要性能参数。
（2）掌握 RC 正弦波振荡电路的组成及工作原理。
（3）掌握 LC 正弦波振荡电路的原理及应用。
（4）了解石英晶体正弦波振荡电路的特点及应用。

◆ **能力目标**

（1）能识别与检测 RC 振荡电路的电阻、电容及集成运放。
（2）会使用毫伏表、万用表、示波器。
（3）掌握正弦波振荡电路输出波形的幅度、频率的测量方法。
（4）掌握正弦波振荡电路的安装、调试、检测及故障排除。

6.1 RC 正弦波振荡电路安装与调试

6.1.1 电路安装与测试内容

电路如图 6-3 所示。

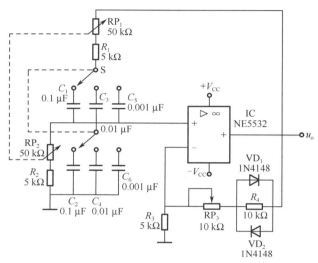

图 6-3 正弦波振荡电路电路整体结构图

1. 元器件识别与检测

（1）检测运算放大器 NE5532，在表 6-2 中记录各引脚功能，并用万用表测量运放各引脚对地之间的电阻，与好的 NE5532 集成电路比较，判断元件的好坏。

表 6-2 集成电路检测结果

NE5532	1	2	3	4	5	6	7	8	标出引脚排列顺序
功能									
电阻									

（2）检测双刀三置拨动开关，并在表 6-3 中记录结果。

表 6-3 拨动开关检测结果

名　称	型　号	万用表检测触点间的电阻	图　形
拨动开关			

（3）检测电位器，并在表 6-4 中记录结果。

表 6-4　电位器检测结果

标识符	型号	最大阻值	标出引脚排列顺序	
RP₁、RP₂				
RP₃				

（4）按前面项目中介绍的方法检测电阻、电容、二极管等其他元器件。

2. 电路安装与测试

电路安装应遵循"先低后高、先内后外"的原则，参照图 6-3 将检测好的元器件焊接到 PCB 板上，焊板要保持清洁、布局合理，焊接质量可靠，焊点规范，一致性好，焊接过程中尽量少使用跳线（图 6-4）。

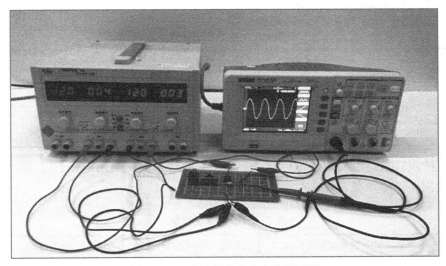

图 6-4　正弦波振荡电路电路测试图

（1）通电观察：电源接通之后观察有无异常现象，包括有无冒烟，是否闻到异常气味，手摸元件是否发烫，电源是否有短路现象等。如果出现异常，应立即关闭电源，待排除故障后方可重新通电。

（2）测试电路连接如图 6-4 所示。接入直流电源：$V_{CC} = 12$ V，$-V_{EE} = -12$ V，拨动开关置左边挡，此时 $C_1 = C_2 = 0.1\,\mu F$，输出端接上示波器，调节 RP₃ 使振荡电路起振，测试输出电压 U_o、输出波形频率 f_0，画出输出波形并填写表 6-5。

表 6-5　电路测试结果

C_1	C_2	输出电压 U_o/V	输出波形频率 f_0/Hz	输出波形
0.1 μF	0.1 μF			

（3）保持步骤 2，拨动开关置中间挡，电容 $C_5 = C_6 = 0.01\,\mu F$，测试输出电压 U_o、输出波形频率 f_0，画出输出波形并填写表 6-6。

表 6-6　电路测试结果

C_1	C_2	输出电压 U_o/V	输出波形频率 f_0/Hz	输出波形
0.01 μF	0.01 μF			

（4）保持步骤 2，拨动开关置右边挡，电容 $C_5 = C_6 = 0.001\,\mu F$，测试输出电压 U_o、输出波形频率 f_0，画出输出波形并填入表 6-7。

表 6-7　电路测试结果

C_1	C_2	输出电压 U_o/V	输出波形频率 f_0/Hz	输出波形
0.001 μF	0.001 μF			

（5）保持步骤 2，改变双联电位器 RP_1、RP_2 的值，测试输出电压 U_o、输出波形频率 f_0，画出输出波形并填写表 6-8。

表 6-8　电路测试结果

C_1	C_2	输出电压 U_o/V	输出波形频率 f_0/Hz	输出波形
0.1 μF	0.1 μF			

? 思考：
　　电路没有输入信号，为什么会有输出波形产生？

6.1.2　RC 正弦波振荡电路相关知识

根据安装测试电路我们知道：这个电路没有外加输入信号，就能在输出端获得正弦交流信号输出。这种现象，我们称为自激振荡，把具有这种特点的电路称为正弦波振荡电路。

正弦波振荡电路用途十分广泛，它是无线电发送、接收设备的重要组成部分。例如，在广播、电视和通信设备的发射机中，正弦波振荡器被用来产生载波信号；在超外差接收机中，正弦波振荡器被用来产生本地振荡信号；在各种电子测量仪器（如信号发生器、频率计）中作为信号源，在数字系统中作为时钟源等。但当放大电路产生自激振荡时（如音响放大电路中出现尖叫声），则是有害的，应当设法消除。

下面我们对这种电路进行分析。

1．正弦波振荡电路的基本原理

在进行具体的电路分析之前，我们先对正弦波振荡电路的有关基本原理进行讲述。

1）产生正弦波振荡的条件

图 6-5 所示为振荡电路的原理框图。

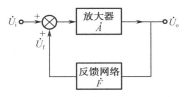

图 6-5　振荡电路的原理框图

在放大器的输入端外加一定频率和幅度的正弦波信号 $\dot{U}_i$，此信号经放大器放大后，输出信号为 $\dot{U}_o$，通过反馈网络产生反馈电压 $\dot{U}_f$。

若 $\dot{U}_f$ 和原来的输入信号 $\dot{U}_i$ 大小相等，且相位相同，去除外加信号，放大器的输出信号将保持不变。此时，由放大器和反馈网络组成的闭环系统，则在无外加输入信号的情况下，输出端仍维持稳定的信号 $\dot{U}_o$ 输出，即电路产生了正弦波振荡，所以，产生振荡的条件为

$$\dot{U}_f = \dot{U}_i$$

由图 6-5 可知 $\dot{U}_f = \dot{F}\dot{U}_o$，$\dot{U}_o = \dot{A}\dot{U}_i$，所以 $\dot{U}_f = \dot{A}\dot{F}\dot{U}_i$，因此，电路产生正弦波振荡的条件又可表示为

$$\dot{A}\dot{F} = 1 \tag{6-1}$$

式（6-1）可表示为

$$\dot{A}\dot{F} = AF\angle(\varphi_A + \varphi_F) = 1\angle(0° + 2n\pi)$$

所以，式（6-1）可分解为幅值和相位两个条件。

（1）幅值平衡条件

$$AF = 1 \tag{6-2}$$

幅值平衡条件的意义是：频率为 f_0（振荡信号的频率）的正弦波信号，沿放大器 $\dot{A}$ 和反

馈网络 $\dot{F}$ 一周以后，得到的反馈信号 $\dot{U}_f$ 的大小正好等于原输入信号 $\dot{U}_i$ 的大小。

（2）相位平衡条件

$$\varphi_A + \varphi_F = 2n\pi \qquad (n = 1, 2, 3, \cdots) \tag{6-3}$$

相位平衡条件的意义是：如果断开反馈信号至放大器的输入端的连线，在放大器的输入端加一个信号 $\dot{U}_i$，则经过放大器和反馈网络后，得到的反馈信号 $\dot{U}_f$ 必须和 $\dot{U}_i$ 是同相，此时，反馈信号使电路的净输入是增加的。所以，相位平衡条件即要求反馈网络引入的是正反馈。

2）起振和稳幅

实际的振荡电路并没有输入信号和开关，那么振荡电路是如何实现在没有外加输入信号的条件下，输出信号从无到有的呢？这是由于振荡电路在刚接通直流电源的瞬间，电路中存在着各种电扰动信号，这些电扰动信号包含了各种频率的谐波分量，这些谐波分量中只有与振荡器选频网络的固有频率相同的成分会产生较大的正弦电压 $\dot{U}_o$，此正弦电压经过反馈网络反馈到振荡器的输入端，作为放大器最初的激励信号 $\dot{U}_i$，若满足相位平衡条件，同时，$AF > 1$，则信号在经过"放大、选频、反馈"的多次循环后，输出信号将从无到有，越来越大，振荡器便振荡起来，这个过程称为振荡器的起振过程。

所以，电路起振的条件为

$$\dot{A}\dot{F} > 1 \tag{6-4}$$

满足相位平衡条件的同时，要求 $AF > 1$。

起振后，输出信号随着时间逐渐增大，当信号的幅值增大到一定程度时，由于放大器件进入非线性工作状态，放大倍数减小，或者由于电路其他稳幅措施，使得电路满足 $AF = 1$ 的条件，从而输出一个幅值稳定的正弦信号，这个过程称为稳幅。

3）正弦波振荡电路的组成

正弦波振荡器电路一般由以下四部分组成。

（1）放大电路

放大电路的作用是放大信号，没有放大电路，不可能产生正弦波振荡。

（2）选频网络

选频网络的作用是选出满足振荡条件的某一频率的信号，选频网络决定着振荡电路的振荡频率。

（3）反馈网络

反馈网络的作用是形成正反馈，以满足振荡的相位平衡条件。在很多振荡电路中，选频网络和反馈网络为同一网络。

（4）稳幅环节

稳幅环节用于稳定振荡器输出信号的幅度。可以利用放大电路自身元件的非线性，也可以采用热敏元件或其他自动限幅电路。

注意：在电路振荡的两个条件中，关键是相位平衡条件。如果电路不能满足正反馈的条件，则肯定不会振荡。至于幅值条件，可以在满足相位条件后，调节电路的参数达到。所以，当要求判断电路能否振荡时，主要是判断电路是否形成了正反馈，形成了正反馈，

电路就能产生振荡，否则，电路不能产生振荡。

2. RC 正弦波振荡电路

RC 正弦波振荡电路最常见的是 RC 桥式振荡电路，也称文氏桥式正弦波振荡电路。电路的主要特点是采用 RC 串并联网络作为选频和反馈网络。

RC 桥式振荡电路如图 6-6 所示，这个电路由两部分组成，即放大电路和反馈网络。

放大电路由集成运放 A 和电阻 R_f、R_1 构成集成运放同相输入放大电路。

反馈网络为 R、C 串联（阻抗为 Z_1）和 R、C 并联（阻抗为 Z_2）组成的串并网络。此反馈网络将放大电路的输出电压 $\dot{U}_o$ 经此 RC 串并网络送回到其输入端。该网络同时也是振荡电路的选频网络。由图可知：Z_1、Z_2 和 R_f、R_1 正好形成一个四臂电桥，电桥的对角线顶点接到放大电路的两个输入端，桥式振荡电路的名称即由此得来。

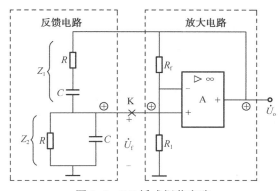

图 6-6 RC 桥式振荡电路

1）RC 串并联网络的选频特性

图 6-6 中用虚线框起来的反馈网络就是 RC 串并联网络，该网络的输入电压接自放大电路部分的输出电压 $\dot{U}_o$，该网络的输出电压 $\dot{U}_f$ 接到放大电路部分的输入端。

将串并联网络单独画成图 6-7，该网络的传输函数是其输出电压与输入电压之比，也就是反馈网络的反馈系数

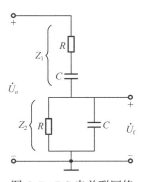

图 6-7 RC 串并联网络

$$\dot{F} = \frac{\dot{U}_f}{\dot{U}_o} = \frac{Z_2}{Z_1 + Z_2}$$

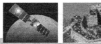

$$= \frac{R // \dfrac{1}{j\omega C}}{R + \dfrac{1}{j\omega C} + R // \dfrac{1}{j\omega C}}$$

$$= \frac{1}{3 + j\left(\omega RC - \dfrac{1}{\omega RC}\right)} \qquad (6-5)$$

令 $\omega_0 = \dfrac{1}{RC}$ ，则式（6-5）可写成：

$$\dot{F} = \frac{1}{3 + j\left(\dfrac{\omega}{\omega_0} - \dfrac{\omega_0}{\omega}\right)} \qquad (6-6)$$

由此可得 RC 串并联网络的幅频特性和相频特性分别为

$$F = \frac{1}{\sqrt{3^2 + j\left(\dfrac{\omega}{\omega_o} - \dfrac{\omega_o}{\omega}\right)^2}} \qquad (6-7)$$

$$\varphi_f = -\arctan \frac{\dfrac{\omega}{\omega_o} - \dfrac{\omega_o}{\omega}}{3} \qquad (6-8)$$

当角频率 $\omega = \omega_0 = \dfrac{1}{RC}$ ，即

$$f = f_0 = \frac{1}{2\pi RC} \qquad (6-9)$$

时，幅值最大，即

$$F_{max} = \frac{1}{3} \qquad (6-10)$$

而此时

$$\varphi_f = 0° \qquad (6-11)$$

根据式（6-6）和式（6-7）作出的幅频特性和相频特性曲线如图 6-8 所示。

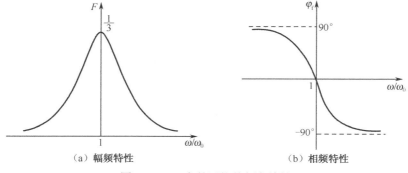

（a）幅频特性　　　　　　　　（b）相频特性

图 6-8　RC 串并网络的频率特性

由图 6-8 知，当 $\omega = \omega_0$，F 达到最大值，并等于 $\dfrac{1}{3}$，相移 φ_f 为 $0°$，$\dot{U}_f$ 与 $\dot{U}_o$ 同相，所以 RC 串并联网络具有选频特性。

2）RC 桥式振荡电路分析

（1）电路的相位条件

当 RC 串并联网络在 $\omega = \omega_0$ 时，即 $f = f_0$ 时，反馈网络引起的相移 φ_f 为 $0°$，因此，采用同相放大器就能满足相位平衡条件。在实际电路分析中，通常采用瞬时极性法来判断放大器和反馈网络是否构成正反馈电路来判断其是否满足相位平衡条件。

在反馈网络和放大电路输入端相连接的地方断开，如图 6-6 所示 K 点，假设从运算放大器的同相输入端输入一个瞬时极性为+的信号，则放大电路的输出端信号极性为+，输出信号经 RC 串并联电路反馈到同相输入端，当信号频率 $f = f_0$ 时，RC 串并联网络的相移 φ_f 为 $0°$，这时反馈信号的极性也为+，构成正反馈网络，满足相位平衡条件。

（2）电路起振和稳幅措施

当 $f = f_0$ 时，正反馈网络的反馈系数 $F = \dfrac{1}{3}$，根据起振条件，$AF > 1$，则要求放大电路的放大倍数

$$A > 3 \qquad\qquad (6\text{-}12)$$

放大电路部分是由运算放大器构成的同相输入放大电路，其闭环电压放大倍数为

$$A_u = 1 + \frac{R_f}{R_1} > 3$$

所以，只要满足 $R_f > 2R_1$，电路就能顺利起振。

电路起振后，振荡幅度迅速增大，使放大器工作在非线性区，以至放大倍数下降，直至 $AF = 1$，达到稳幅目的，这种稳幅方式称为内稳幅。这种稳幅措施通过工作到放大器非线性区来实现，波形易出现失真。

为了改善振荡信号波形，还可以采用其他一些外稳幅措施，例如图 6-6 电路中的 R_f 采用负温度系数热敏电阻，就能达到实现自动稳幅的目的。起振时，R_f 阻值较大，$R_f > 2R_1$，使放大倍数大于 3，很快起振，随着振荡幅度的不断增长，流过 R_f 的电流增大，使 R_f 的温度升高，阻值减小，放大倍数下降，最后达到 $AF = 1$ 的振幅平衡条件。

本项目安装测试的电路中采用的起振稳幅措施如图 6-9 所示。

本项目采用微调电位器来调节正弦波振荡电路的起振，采用二极管稳幅电路来实现正弦波振荡电路的稳幅。电路不起振，可以通过调节微调电位器 RP_3 来使电路起振，电路起振后，振荡幅度迅速增大，使放大器工作在非线性区，采用两个二极管（1N4148）和电阻 R_4 组成的稳幅电路来实现正弦波振荡电路的稳幅，如图 6-9 中虚线框内电路所示。

当电路没有起振时，VD_1、VD_2 是截止的，此时的闭环放大倍数为

$$A_{uf} = 1 + \frac{RP_3 + R_4}{R_3}$$

调节 RP_3 使放大倍数略大于 3，电路起振。

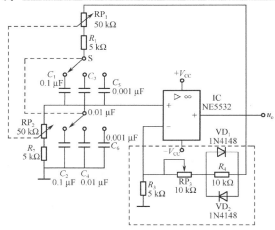

图 6-9　本项目电路的起振稳幅部分

当电路起振后，VD_1、VD_2 开始导通，此时的闭环放大倍数为

$$A_{uf} = 1 + \frac{RP_3 + R_4 // r_d}{R_3}$$

式中 r_d 是二极管的动态等效电阻。随着振幅的增长，二极管的动态等效电阻减小，电路的放大倍数减小，达到 $AF = 1$ 的振幅平衡条件时，电路输出一个稳定的正弦信号。

（3）电路的振荡频率

电路的振荡频率 f_0 由相位平衡条件决定，在 RC 桥式振荡电路中，由相位平衡条件的分析知：只有 $f = f_0$ 的信号才能满足相位平衡条件，所以，电路的振荡频率

$$f_0 = \frac{\omega_0}{2\pi} = \frac{1}{2\pi RC}$$

采用双联可变电位器或双联可调电容器，即可方便地调节振荡频率。在常用的 RC 振荡器中，一般采用切换高稳定度的电容来进行频段的转换（频率粗调），再采用双联可变电位器进行频率的细调。

本项目安装测试的电路中调频方案如图 6-10 所示。

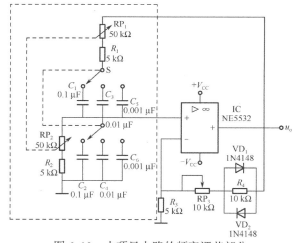

图 6-10　本项目电路的频率调节部分

本项目采用拨动开关和双联可调电位器来调节正弦波振荡电路的振荡频率，如图 6-10 中虚线框内电路所示。电路中采用拨动开关切换电容（C_1、C_2，C_3、C_4，C_5、C_6）来进行频段的转换（频率粗调），再采用双联可调电位器（RP_1、RP_2）进行频率的细调。根据项目中提供的参数，我们可以计算出制作的正弦波振荡电路的振荡频率。

① 当拨动开关切换到 0.1 μF 时。

调节双联电位器（RP_1、RP_2），使其阻值为零，则

$$f_{11} = \frac{1}{2\pi RC} = \frac{1}{2\pi R_1 C_1} = \frac{1}{2\times 3.14 \times 5\times 10^3 \times 0.1\times 10^{-6}} = 318\ \text{Hz}$$

调节双联电位器（RP_1、RP_2），使其阻值最大，则

$$f_{12} = \frac{1}{2\pi RC} = \frac{1}{2\pi(R_1 + RP)C_1} = \frac{1}{2\times 3.14 \times (5+50)\times 10^3 \times 0.1\times 10^{-6}} = 29\ \text{Hz}$$

说明：$RP_1 = RP_2 = RP$

所以，当开关切换到 0.1 μF 时，调节电位器，电路的振荡频率范围为 29～318 Hz。

② 当拨动开关切换到 0.01 μF 时。

调节双联电位器（RP_1、RP_2），使其阻值为零，则

$$f_{21} = \frac{1}{2\pi RC} = \frac{1}{2\pi R_1 C_3} = \frac{1}{2\times 3.14 \times 5\times 10^3 \times 0.01\times 10^{-6}} = 3.18\ \text{kHz}$$

调节双联电位器（RP_1、RP_2），使其阻值最大，则

$$f_{22} = \frac{1}{2\pi RC} = \frac{1}{2\pi(R_1 + RP)C_3} = \frac{1}{2\times 3.14 \times (5+50)\times 10^3 \times 0.01\times 10^{-6}} = 290\ \text{Hz}$$

所以，当开关切换到 0.01 μF 时，调节电位器，电路的振荡频率范围为 290 Hz～3.18 kHz。

③ 当拨动开关切换到 0.001 μF 时。

调节双联电位器（RP_1、RP_2），使其阻值为零，则

$$f_{31} = \frac{1}{2\pi RC} = \frac{1}{2\pi R_1 C_1} = \frac{1}{2\times 3.14 \times 5\times 10^3 \times 0.001\times 10^{-6}} = 31.8\ \text{kHz}$$

调节双联电位器（RP_1、RP_2），使其阻值最大，则

$$f_{32} = \frac{1}{2\pi RC} = \frac{1}{2\pi(R_1 + RP)C_1} = \frac{1}{2\times 3.14 \times (5+50)\times 10^3 \times 0.001\times 10^{-6}} = 2.9\ \text{kHz}$$

所以，当开关切换到 0.001 μF 时，调节电位器，电路的振荡频率范围为 2.9～31.8 kHz。

6.1.3 电路故障分析与排除方法

按 6.1.1 节中电路测试内容对电路进行调试，调试电路是一个综合应用理论知识和实践知识的过程，在调试电路的过程中要自己学会测试电路，根据所学理论知识判断测试结果是否正确，如果不正确，会判断故障、排除故障，直至电路正常工作（图 6-11、图 6-12）。

1. 电路不起振

只要采用合格的元器件，焊接无误，一般都能获得正弦波输出，在调试和检修中应重点注意 RP_3 的调节，以满足各频段电路的起振条件，同时保证各频段均能输出完好的正弦

波波形。若电路不起振而无正弦波输出应检测以下几点。

首先判断它是否符合振荡的相位条件，判断能否产生正弦波振荡的步骤如下。

（1）检查电路的基本组成，一般应包含放大电路、反馈网络、选频网络和稳幅电路等。

（2）检查放大电路是否工作在放大状态。

（3）检查电路是否满足振荡产生的条件，一般情况下，幅度平衡条件容易满足，重点检查是否满足相位起振条件。

判断电路是否满足相位条件采用瞬时极性法，沿着放大和反馈环路判断反馈的性质，如果是正反馈则满足相位条件，否则不满足相位条件。具体判断步骤如下。

（1）首先断开反馈支路与放大电路输入端的连接点；其次在断点处的放大电路输入端加信号 u_i，并设其极性为正（对地），然后按照先放大支路，后反馈支路的顺序，逐次推断电路有关各点的电位极性，从而确定 u_i 和 u_f 的相位关系；最后如果在某一频率下同相，电路满足相位起振条件，否则，不满足相位起振条件。

（2）检查器件是否焊接良好，电阻值参数是否正确，检查 ±12 V 电源输入是否正常接入。

（3）检查正负反馈是否接反，调节 RP_3 使电路起振。

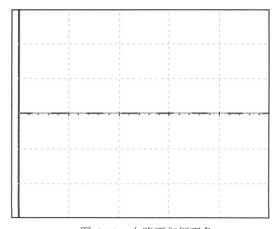

图 6-11　电路不起振现象

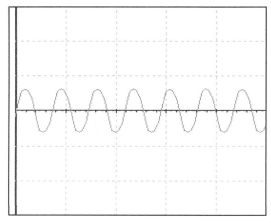

图 6-12　正常起振的正弦波信号

2. 输出正弦波频率和理论值相差比较大

因为电路的振荡频率 $f_0 = \dfrac{1}{2\pi RC}$，所以采用双联可变电位器或双联可调电容器，即可方便地调节振荡频率。在常用的 RC 振荡电路中，一般采用切换高稳定度的电容来进行频段的转换（频率粗调），再采用双联可变电位器进行频率的细调。出现输出正弦波频率和理论值偏差比较大的情况，一般是由双联电位器和可变电容引起的（图 6-13、图 6-14），应检查以下几点。

1）检查同轴双联电位器

电位器的好坏可直接观看引线是否折断、电阻体是否烧焦等做出判断，阻值可用万用表合适的电阻挡进行测量，测量时应避免测量误差。

选取指针式万用表合适的电阻挡，用表笔连接电位器的两固定端，测出的阻值即为电位器的标称阻值；然后将两表笔分别接电位器的固定端和活动端，缓慢转动电位器的轴

柄，电阻值平稳地变化，如发现有断续或跳跃现象，说明电位器接触不良，应该更换一个新的同轴双联电位器。

2）检查固定电容器

① 检测 10 pF 以下的小电容。因 10 pF 以下的固定电容器容量太小，用万用表进行测量，只能定性地检查其是否有漏电、内部短路或击穿现象。测量时，可选用万用表 $R\times 10$k 挡，用两表笔分别任意接电容的两个引脚，阻值应为无穷大。若测出阻值为零（指针向右摆动），则说明电容漏电损坏或内部击穿。

② 检测 10 pF～0.01 μF 固定电容器。通过是否有充电现象，进而判断其好坏，万用表选用 $R\times 1$k 挡。两只三极管的 β 值均为 100 以上，且穿透电流要小。可选用 3DG6 等型号硅三极管组成复合管。万用表的红和黑表笔分别与复合管的发射极 e 和集电极 c 相接。由于复合三极管的放大作用，把被测电容的充放电过程予以放大，使万用表指针摆幅加大，从而便于观察。应注意的是：在测试操作时，特别是在测较小容量的电容时，要反复调换被测电容引脚，才能明显地看到万用表指针的摆动。

③ 检测 0.01 μF 以上的固定电容。可用万用表的 $R\times 10$ k 挡直接测试电容器有无充电过程以及有无内部短路或漏电，并可根据指针向右摆动的幅度大小估计出电容器的容量。

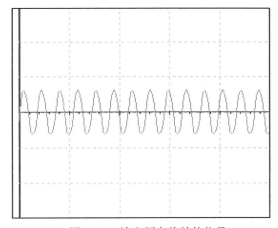

图 6-13　输出频率偏差的信号

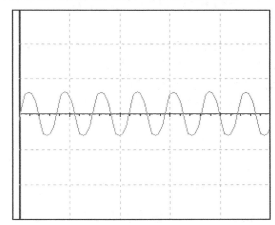

图 6-14　输出正常正弦波信号

3. 输出波形出现失真

频率可调的正弦波振荡电路很容易出现非线性失真，引起非线性失真的原因可能是放大倍数太大了，使放大器处于非线性放大区；也可能是反馈的电位器阻值太小引起的（图 6-15、图 6-16）。

（1）放大倍数太大，可能是电路静态工作点没有调好，先用万用表测量运放（NE5532）第 3 脚的直流电压，正常应为运放第 8 脚电源电压的一半，若有偏差，可采用调节分压偏置电路电阻的方法实现。

（2）微调电位器 RP_3 调节问题，微调电位器 RP_3 和稳幅电路串接在负反馈回路中，当起振时，由于输出电压小，通过二极管的电流也很小，二极管的等效电阻很大，则电路中的反馈电阻较大，满足起振条件，很快建立起振荡。随着振荡幅度的增大，输出电压增大，不论输出信号是正半周期还是负半周期，总有一个二极管导通，其等效电阻逐渐下降，则反馈电阻减小，直到电路达到振幅平衡，如果反馈电阻太小，就可能出现波形的非线性失真，所以我们采用微调电位器 RP_3 来调节电路的反馈电阻。

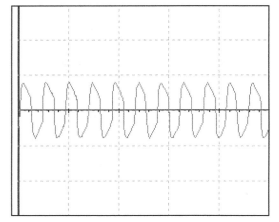

图 6-15　输出失真正弦波信号　　　　图 6-16　输出正常正弦波信号

6.2　其他形式正弦振荡电路分析

根据选频网络的不同，正弦波振荡电路主要有 RC 振荡电路、LC 振荡电路和石英晶体振荡电路。RC 振荡电路主要用来产生低频正弦波信号，LC 振荡电路主要用来产生高频正弦波信号，在要求频率稳定度高的场合，采用石英晶体振荡电路。前面通过对 RC 振荡电路的安装调试，掌握了分析振荡电路的方法，下面对 LC 振荡电路和石英晶体振荡电路进行分析。

以 LC 谐振回路作为选频网络的正弦波振荡器统称 LC 振荡电路，它可以用来产生几十千赫兹到几百兆赫兹的正弦波信号。LC 振荡电路按反馈网络不同，可分为变压器反馈、电感反馈和电容反馈三种形式的振荡电路。

6.2.1　LC 并联谐振回路的选频特性

LC 并联回路如图 6-17 所示。图中 R 是电感及回路其他损耗总等效电阻。

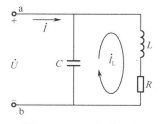

图 6-17　LC 并联回路

该回路 a、b 两点间的阻抗 Z 为

$$Z = \frac{\dot{U}}{\dot{I}} = (R + j\omega L) // \frac{1}{j\omega C} = \frac{(R + j\omega L)\left(\dfrac{1}{j\omega C}\right)}{R + j\left(\omega L - \dfrac{1}{\omega C}\right)} \tag{6-13}$$

通常电路中 $\omega L \gg R$，故式（6-13）可简化为

$$Z = \frac{\dfrac{L}{C}}{R + j\left(\omega L - \dfrac{1}{\omega C}\right)} \tag{6-14}$$

1. 谐振频率

当阻抗 Z 的虚部为零时，电流与电压同相，称此时电路发生了并联谐振。令谐振时的角频率为 ω_0，则有

$$\omega_0 L = \frac{1}{\omega_0 C}$$

求得谐振时角频率为

$$\omega_0 = \frac{1}{\sqrt{LC}}$$

即谐振频率

$$f_0 = \frac{1}{2\pi\sqrt{LC}} \tag{6-15}$$

2. 谐振时的阻抗

电路发生谐振时，a、b 端的阻抗，称为谐振阻抗。用 Z_0 表示。在式（6-14）中 ω 代入 ω_0 可求得谐振时的阻抗

$$Z_0 = \frac{L}{RC} \tag{6-16}$$

电路发生谐振时，LC 并联回路的等效阻抗呈纯电阻性，并且 Z 的值最大。

3. LC 回路的品质因数 Q 及其意义

Q 为回路中 L 或 C 在谐振时的电抗与回路中总损耗等效电阻 R 的比值，即

$$Q = \frac{\omega_0 L}{R} = \frac{1}{R\omega_0 C} = \frac{1}{R}\sqrt{\frac{L}{C}} \tag{6-17}$$

式（6-17）说明回路的品质因数 Q 只与回路元件参数及回路中总损耗等效电阻 R 有关。

比较式（6-16）和式（6-17），可得

$$Z_0 = \frac{L}{RC} = \frac{\omega_0 L}{R} \cdot \frac{1}{\omega_0 C} = \frac{1}{R\omega_0 C} \cdot \omega_0 L = Q\frac{1}{\omega_0 C} = Q\omega_0 L \tag{6-18}$$

式（6-18）说明，并联谐振时，回路的谐振阻抗 Z_0 比支路电抗 $\omega_0 L$ 或 $1/(\omega_0 C)$ 大 Q 倍，LC 回路的 Q 值越大，谐振阻抗 Z_0 也越大。由于并联谐振电路的电压相等，所以，LC 回路中流过电感和电容的电流 I_L 比总电流 I 大 Q 倍。所以，当电路发生谐振时，外界的影响忽略。在分析振荡电路时，LC 并联回路通常工作在谐振状态。

4. 选频特性

由式（6-14）LC 并联回路的阻抗表达式可以知道：阻抗 Z 是频率 ω（或 f）的函数。如图 6-18 所示。

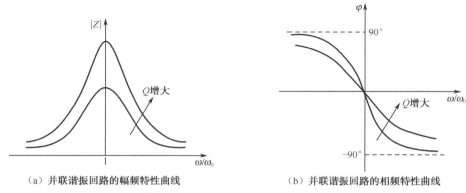

（a）并联谐振回路的幅频特性曲线　　　　（b）并联谐振回路的相频特性曲线

图 6-18　幅频特性与相频特性曲线

当 $f=f_0$ 时，电路发生谐振，阻抗最大，且为纯电阻。

从图 6-18（a）可以看出，Q 值越大，Z_0 越大，曲线越尖锐，通频带越窄，但选择 f_0 信号的能力越强。因此，回路的品质因素 Q 标志着 LC 回路的选择性，即选择 f_0 信号的能力。

在振荡电路中，我们正是利用电路的选频特性，将 f_0 信号选择出来。

6.2.2　变压器反馈式 LC 振荡电路

变压器反馈 LC 振荡电路如图 6-19 所示。它由三极管放大电路、变压器反馈电路和 LC 选频电路三部分构成。其中 L_1 和 C 构成并联回路作为三极管的集电极负载，起选频作用。反馈电压通过变压器副边绕组 L_2 来实现。R_{b1}、R_{b2}、R_e 为三极管 VT 提供合适的静态工作点，使三极管工作在放大状态。C_e 是射极旁路电容，C_b 是耦合电容。

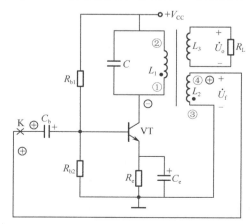

图 6-19　变压器反馈式 LC 振荡电路

1. 电路的相位条件

为了分析电路是否满足相位平衡条件，我们将图中的反馈在 K 点处（反馈网络和放大电路输入端相连接的地方）断开。对于 LC 并联电路的谐振频率 f_0，LC 并联电路呈纯阻性，因此，对于频率为 f_0 的信号，三极管集电极电压 $\dot{U}_c$ 与 $\dot{U}_i$ 的相位相差 180°（放大电路部分相当于一个共发射极电路）。而变压器原边绕组 L_1 和副边绕组 L_2 各有一端交流接地，其他两端的相位关系是：若为同名端，则相位相同；若为异名端，则相位相反。根据图中所表示的同名端可判断出 $\dot{U}_f$ 与 $\dot{U}_c$ 的相位相差 180°，使 $\dot{U}_f$ 与 $\dot{U}_i$ 同相，满足正弦波振荡的相位平衡条件。

我们通常用瞬时极性法来判断电路是否构成了了正反馈，来判断电路是否满足振荡的相位平衡条件。

假设在反馈断开处 K，输入一个瞬时极性为+的信号，经过放大电路时，只有频率为 f_0 的信号使得 LC 电路发生谐振，集电极电压 $\dot{U}_c$ 与输入电压反相，变压器①端瞬时极性为−。图中变压器①端和③端为同名端，相位相同，而①端和④端为异名端，相位相反，故在变压器的④端瞬时极性标+，即 $\dot{U}_f$ 为+，若反馈接上，此时反馈电压与输入电压同相，反馈信号使得净输入增加，变压器引入的是正反馈，满足振荡的相位平衡条件。

LC 振荡电路构成的一般原则简述为："射同它异"，即连接于三极管射极的两个电抗元件性质必须是相同的，而连接于三极管基极和集电极的那个电抗元件性质必须是相异的。同样，对于由场效应管或运算放大器构成三点式振荡电路的一般原则也可简述为："源（指源极）同它异"或"同（指同相端）同它异"。

2. 电路的起振与稳幅

电源接通后，只要偏置电路正常，三极管 VT 很快导通，集电极电流在 LC 回路中激起电磁振荡，只有频率为 f_0 的分量振幅最大，能满足 $\dot{A}\dot{F} > 1$ 的起振条件，通过变压器正反馈到输入端，这个信号再被放大、反馈，不断循环下去，迅速增长成为频率为 f_0 的正弦电压输出，完成起振。

稳幅的过程采用内稳幅，随着信号的增大，三极管工作在非线性区，放大倍数减小，当减小到 $AF=1$ 时，电路就能稳幅振荡。通常三极管工作到非线性区时，波形都会出现失真。但由于 LC 选频电路的作用，将频率为 f_0 的信号选择出来，所以，振荡电路输出波形仍然为正弦波。

3. 电路的振荡频率 f_0

只有使得 LC 并联回路谐振的频率信号，才能满足相位平衡，才能产生振荡。所以，电路的振荡频率就是 LC 并联电路的谐振频率。

$$f_0 = \frac{1}{2\pi\sqrt{L_1 C}} \qquad\qquad (6\text{-}19)$$

4. 电路的特点

变压器反馈式 LC 振荡电路结构简单，容易起振，输出电压的波形失真不大，应用范围广泛。缺点是变压器耦合存在漏感，使得工作频率不太高。同时在连接时要考虑同名端的极性，不可接反，否则不能形成正反馈，电路不能振荡。改进的电路是电感反馈式振荡电路。

实例6-1 用瞬时极性法判断变压器反馈式LC振荡电路（图6-20）是否满足电路的相位条件？并画出其交流通路。

解：

（1）设三极管的基极为 $\oplus$ 。

（2）集电极极性则为 $\ominus$ 。

（3）L_1 同名端的极性则为 $\oplus$ 。

（4）反馈线圈同名端的瞬时极性为 $\oplus$ 。

所以，电路是正反馈，满足相位条件，交流通路如图6-21所示。

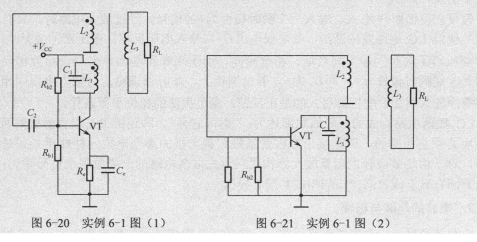

图6-20　实例6-1图（1）　　　　图6-21　实例6-1图（2）

6.2.3　电感反馈式 LC 振荡电路

电感反馈式 LC 振荡电路，其原理电路如图 6-22（a）所示，图 6-22（b）是其交流等效电路，可以看出谐振回路的三个端点分别与三极管的三个电极相连,所以又称电感三点式 LC 振荡电路。图中，R_{b1}、R_{b2} 和 R_e 为分压式偏置电阻；C_b 和 C_e 分别为隔直流电容和旁路电容；L_1、L_2 和 C 组成并联谐振回路，作为集电极交流负载。

1. 电路的振荡条件

假设在反馈断开处 K，输入一个瞬时极性为+的信号，经过放大电路时，集电极瞬时极性为-，在 LC 并联回路中，①端对"地"为负，③端对"地"为正，$\dot{U}_f$ 为+，故为正反馈，满足振荡的相位平衡条件。

振荡的幅值条件可以通过调整放大电路的放大倍数 A_u 和 L_2 上的反馈量来实现。

2. 电路的振荡频率 f_0

该电路的振荡频率基本上由LC并联谐振回路决定。

$$f_0 \approx \frac{1}{2\pi\sqrt{LC}}$$

（6-20）

式中，$L = L_1 + L_2 + 2M$ ，其中 M 为电感 L_1 和电感 L_2 之间的互感。

3. 电路的特点

电感三点式 LC 振荡电路，由于由一个线圈绕制而成，耦合紧密，因而容易起振，并且振荡幅度和调频范围大，使得高次谐波反馈较多，容易引起输出波形的高次谐波含量增大，导致输出波形质量较差。

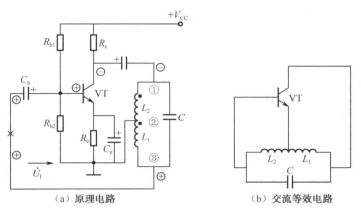

（a）原理电路　　　　　　（b）交流等效电路

图 6-22　电感三点式 LC 振荡电路

6.2.4　电容反馈式 LC 振荡电路

电容反馈式 LC 振荡电路又称电容三点式 LC 振荡电路，其原理电路如图 6-23（a）所示，图 6-23（b）是它的交流等效电路。图 6-23（a）中，R_{b1}、R_{b2} 和 R_e 组成分压式偏置电路；C_e 为旁路电容；C_b、C_c 为隔直流电容；电容 C_1、C_2 和电感 L 组成选频网络，该网络的三个端点分别与三极管的三个电极相连。

1. 电路的振荡条件

假设在反馈断开处 K，输入一个瞬时极性为+的信号，经过放大电路时，集电极瞬时极性为-，在 LC 并联回路中，①端对"地"为负，③端对"地"为正，$\dot{U}_f$ 为+，故为正反馈，满足振荡的相位平衡条件。振荡的幅值条件可以通过调整放大电路的放大倍数 A_u 和 C_2 上的反馈量来实现，该电路的振荡频率基本上由 LC 并联谐振回路决定。

2. 电路的振荡频率 f_0

$$f_0 = \frac{1}{2\pi\sqrt{LC_\Sigma}} = \frac{1}{2\pi\sqrt{L\left(\dfrac{C_1 C_2}{C_1 + C_2}\right)}} \tag{6-21}$$

3. 电路的特点

由于反馈电压取自电容 C_2，电容对高次谐波容抗小，反馈中谐波分量少，振荡产生的正弦波形较好，但这种电路调频不方便，因为改变 C_1、C_2 调频的同时，也改变了反馈系数。由于极间电容 C_1、C_2 对反馈振荡电路的回路电抗有影响，所以对振荡电路频率也会有影响，而极间电容 C_1、C_2 受环境温度、电源电压等因素的影响较大，所以电容三点式 LC 振荡电路的频率稳定度不高。

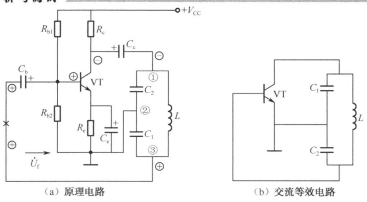

（a）原理电路　　　　（b）交流等效电路

图 6-23　电容反馈式 LC 振荡电路

为了提高 LC 振荡电路的频率稳定度，可采用改进型电容反馈式 LC 振荡电路。改进型电容反馈式 LC 振荡电路是在电容反馈式振荡电路的基础上进行改进的，可分为电容串联改进型 LC 振荡电路和电容并联改进型 LC 振荡电路，其中电容串联改进型 LC 振荡电路又称克拉波振荡电路，电容并联改进型 LC 振荡电路又称西勒振荡电路。

1）电容串联改进型 LC 振荡电路

电容串联改进型 LC 振荡电路又称克拉泼振荡电路，图 6-24（a）为电容串联型改进型 LC 振荡电路，图 6-24（b）为其交流等效电路。它的特点是在前述的电容三点式 LC 振荡谐振回路电感支路中串联了一个小容量的可调电容 C_3，其取值比较小，通常要求满足 $C_3 \ll C_1$，$C_3 \ll C_2$。根据三点式 LC 振荡电路的组成原则很容易知道，电感 L 和小电容 C_3 串联支路的总电抗性质应呈感性。

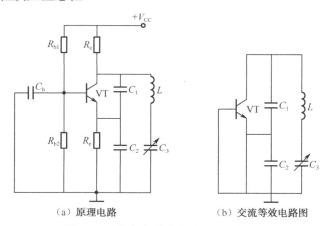

（a）原理电路　　　　（b）交流等效电路图

图 6-24　电容串联改进型 LC 振荡电路

先不考虑各极间电容的影响，这时谐振回路的总电容量 C_Σ 为 C_1、C_2 和 C_3 的串联，即

$$C_\Sigma = \frac{1}{\dfrac{1}{C_1} + \dfrac{1}{C_2} + \dfrac{1}{C_3}} \approx C_4 \qquad (6\text{-}22)$$

于是，振荡频率为

$$f_0 \approx \frac{1}{2\pi\sqrt{LC_\Sigma}} \approx \frac{1}{2\pi\sqrt{LC_4}} \qquad (6\text{-}23)$$

使式(6-22)成立的条件是 C_1 和 C_2 都要选得比较大，由此可见，C_1、C_2 对振荡频率的影响显著减小，那么与 C_1、C_2 并接的三极管极间电容的影响也就很小了，提高了振荡频率的稳定度。

反馈系数为

$$\dot{F} = -\frac{C_1}{C_2}$$

由此可见，克拉波振荡电路的振荡频率主要由电感 L 和电容 C_3 决定，通过调整 C_3 来改变振荡频率时，反馈系数不受影响。但值得注意的是：小电容 C_3 的接入，减小了三极管和选频网络之间的接入系数，减小了三极管的极间分布电容对选频网络的影响，提高了振荡电路的频率稳定度。但 C_3 取值过小，会使选频网络与放大器之间的接入系数过小，且使振荡电路的输出电压过小而导致反馈电压过小，则振荡电路因而无法满足起振条件而停振。

2）电容并联改进型 LC 振荡电路

电容并联改进型 LC 振荡电路又称西勒振荡电路，图 6-25（a）为电容并联改进型 LC 振荡电路，图 6-25（b）为其交流等效电路。西勒振荡电路是在克拉波振荡电路选频网络的电感支路再并联一个小容量的可调电容 C_4（一般与 C_3 同数量级），用来调整振荡频率。C_3 采用固定电容，且满足 $C_3 \ll C_1$，$C_3 \ll C_2$。

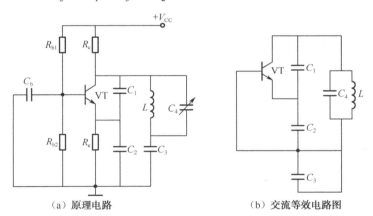

（a）原理电路　　　　　　　（b）交流等效电路图

图 6-25　电容并联改进型 LC 振荡电路

$$C_\Sigma = C_4 + \frac{1}{\dfrac{1}{C_1} + \dfrac{1}{C_2} + \dfrac{1}{C_3}} \approx C_3 + C_4 \qquad (6\text{-}24)$$

所以振荡频率

$$f_0 \approx \frac{1}{2\pi\sqrt{LC_\Sigma}} \approx \frac{1}{2\pi\sqrt{L(C_3 + C_4)}} \qquad (6\text{-}25)$$

反馈系数为

$$\dot{F} = -\frac{C_1}{C_2}$$

与克拉波振荡电路相比，西勒振荡电路不仅频率稳定度高，输出幅度稳定，频率调节方便，而且振荡频率范围宽，振荡频率高，是应用较为广泛的一种三点式LC振荡电路。

6.2.5 石英晶体振荡电路

石英晶体振荡电路是以石英晶体取代LC振荡电路的电感、电容元件所组成的正弦波振荡电路。LC振荡电路中因LC回路的Q值不高，仅在200以下，频率的稳定度很难突破10^{-5}数量级，而石英晶体作为振荡回路的Q值高达10^4以上，使石英晶体振荡电路的稳定度可达10^{-10}数量级，所以，石英晶体振荡电路是一种振荡频率非常稳定的正弦波振荡电路。

1. 石英晶体谐振器

1）石英晶体的压电效应

石英晶体是从石英晶体柱上按一定方位切割下来的薄片，也称晶体，可以是正方形、矩形或圆形等，给石英晶片两侧加电压时，石英晶片将产生形变，当给石英晶片两侧施加外力时，石英晶片两侧将产生电压，这种现象称为压电效应。

2）石英晶片的压电谐振

当给石英晶片两侧加交流电压时，石英晶体会产生与所加交流电压同频率的机械振动，同时，机械振动又会使晶片产生交变电压，在外电路形成交变电流，当外加交变电压的频率与晶片的固有振动频率相等时，晶片发生共振，此时机械振动幅度最大，晶片回路中的交变电流最大，类似于回路的谐振现象，称为压电谐振。这一频率称为谐振频率，它只与晶片的几何尺寸有关，具有很高的稳定性，而且可以做得很精确。所以，用石英晶体可以构成十分理想的谐振系统。

3）石英谐振器

（1）结构

在石英晶片的两侧喷涂金属层作为电极，加上引线后封装，就构成一个石英晶体谐振器，如图6-26（a）所示，其电路符号如图6-26（b）所示。

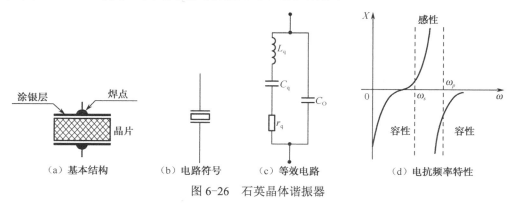

（a）基本结构　　（b）电路符号　　（c）等效电路　　（d）电抗频率特性

图6-26　石英晶体谐振器

（2）石英谐振器的等效电路

石英晶体的等效电路如图 6-26(c)所示，C_o 称为静态电容，L_q 和 C_q 分别为动态电感和动态电容，r_q 为晶体振动时的摩擦损坏电阻（可忽略不计），由于 L_q 较大，C_q 很小，所以具有很高的品质因素 Q，可高达 10^5，石英谐振器取代一般回路构成振荡电路时，具有很高的频率稳定度。

（3）石英谐振器的频率

从石英谐振器的等效电路可以看出，它有两个谐振频率，一个是串联谐振频率 f_s，一个是并联谐振频率 f_p。

当 L_q、C_q、r_q 支路发生串联谐振时：

$$f_s \approx \frac{1}{2\pi\sqrt{L_q C_q}} \tag{6-26}$$

当频率高于 f_s 时，L_q、C_q 呈电感性，电路发生并联谐振时：

$$f_p = \frac{1}{2\pi\sqrt{L_q \dfrac{C_q C_o}{C_q + C_o}}} = f_s \frac{1}{\sqrt{1 + \dfrac{C_q}{C_o}}} \tag{6-27}$$

由于 C_o 远大于 C_q，所以，f_s 与 f_p 相差很小。

（4）石英谐振器的电抗—频率特性

当 $f = f_s$ 时，电路的等效阻抗最小（约等于零），可直接用于选频；当 $f_s < f < f_p$ 时，电路呈感性，即相当于一个电感器；其他区域，石英晶体谐振器呈容性，谐振器相当于一个电容器。

2. 石英晶体振荡电路

1）串联型石英晶体振荡电路

石英晶体振荡电路有串联型和并联型两种，串联型石英晶体振荡电路是利用石英晶体工作在串联谐振时阻抗最小、为纯电阻性、相移为零的特点来组成的，并联型石英晶体振荡电路是利用石英晶体可等效成一个电感来组成的。串联型石英晶体振荡电路如图 6-27 所示。

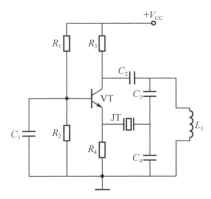

图 6-27　串联型石英晶体振荡电路

判断石英晶体振荡电路是否满足相位振荡条件，可以用三点式相位平衡条件判定法则来判断。在串联型石英晶体振荡电路中，振荡频率为 f_s，在 f_s 以外的频率上石英晶体呈容性或感性，电路不能产生谐振。在石英晶体支路也可串接电容对振荡频率进行微调，不过，振荡频率将略高于 f_s。

2）并联型石英晶体振荡电路

并联型石英晶体振荡电路如图 6-28 所示。

电路中晶体工作在略高于呈感性的频段内，石英晶体代替改进型电容三点式振荡电路中的电感。图 6-28 中三极管接成共基极电路，C_1、C_2 串接后与石英晶体并联为晶体负载电容。若 C_1、C_2 的等效电容值等于晶体规定的负载电容值，那么振荡电路的振荡频率就是晶体的标称频率。但考虑到生产工艺的不一致性及石英晶体老化等因素，在实际应用时，设置微调电容 C_c，对振荡频率进行微调，以满足对频率准确度的要求。

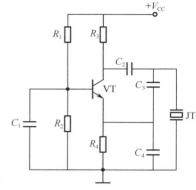

图 6-28　并联型石英晶体振荡电路

项目评价与小结

1. 项目评价

考核类型	考核项目	评分内容与标准	分值	自评	教师考核
技能	元器件的识别与检测	能够识别和检测电阻、电容、电位器	10		
		能够识别和检测集成运放	10		
	仪器的使用	能够正确操作信号源产生要求的波形	5		
		能够正确使用示波器进行测试	5		
		能够正确使用万用表测试	5		
知识	理论知识	产生正弦波振荡的条件，RC 桥式正弦波振荡电路的工作原理，振荡电路的主要性能参数	10		
		能计算正弦波振荡电路输出电压	10		
		集成运放的分类与选择	5		
	调试知识	能够根据异常现象制订调试计划	5		
		能够根据错误分析原因	10		
职业素养	装配与工艺	器件布局合理	5		
		焊点光滑无虚焊	5		
		器件安装遵循工艺要求	5		
	工作态度	积极主动、协助他人、遵循 6S 规范	10		

2. 项目小结

（1）要使正弦波振荡电路产生振荡，既要使电路满足幅度起振条件，又要满足相位起振条件。

（2）正弦波振荡电路一般由基本放大电路、反馈网络、选频网络和稳幅环节等部分组成。正弦波振荡电路按选频网络不同，主要分为 RC 振荡电路、LC 振荡电路、石英晶体振荡电路。改变选频网络的电参数，可以改变电路的振荡频率。

（3）RC 正弦波振荡电路属于低频振荡，其振荡频率为 $f_0 = \dfrac{1}{2\pi RC}$ ，为减小波形失真，通常引入负反馈的外稳幅电路。

（4）RC 振荡电路的振荡频率不高，通常在 1 MHz 以下，用做低频和中频正弦波发生电路。文氏桥式 RC 振荡电路常用在频带宽且要求连续可调的场合。

（5）LC 振荡电路有变压器反馈式、电感三点式、电容三点式三种，其中电容三点式改进型电路频率稳定性高，它们的振荡频率愈大，所需 L、C 值愈小，因此常用做几十千赫以上的高频信号源。

（6）石英晶体振荡电路是利用石英谐振器的压电效应来选频的，它与 LC 振荡电路相比，Q 值要高得多，主要用于要求频率稳定度高的场合。

课后习题

1．填空题

（1）根据正弦波振荡电路选频网络的不同，正弦波振荡电路可分为_____、_____和_____。

（2）正弦波振荡电路由_____、_____、_____和_____四部分组成。

（3）正弦波振荡电路的幅度起振条件为_____，相位起振条件为_____。

（4）根据反馈形式的不同，LC 振荡电路可分为_____、_____和_____三种典型电路。

（5）串联型石英晶体振荡电路中，晶体等效为_____；并联型石英晶体振荡电路中，晶体等效为_____。

（6）根据石英晶体的电抗频率特性，当 $f = f_s$ 时，石英晶体呈_____性，当 $f_s < f < f_p$ 时，石英晶体呈_____性，当 $f < f_s$ 或 $f > f_p$ 时，石英晶体呈_____性。

2．判断题

（1）串联型石英晶体振荡电路中，石英晶体相当于一个电感。　　　　　（　　）

（2）电感三点式振荡电路的输出波形比电容三点式振荡电路好。　　　　（　　）

（3）反馈式振荡电路只要满足振幅条件就可以振荡。　　　　　　　　　（　　）

（4）串联型石英晶体振荡电路中，石英晶体相当于一个电感而起作用。　（　　）

（5）放大器必须同时满足相位平衡条件和振幅条件才能产生自激振荡。　（　　）

（6）正弦振荡电路必须输入正弦信号。　　　　　　　　　　　　　　　（　　）

（7）LC 振荡电路是靠负反馈来稳定振幅的。　　　　　　　　　　　　（　　）

（8）正弦波振荡电路中如果没有选频网络，就不能引起自激振荡。　　　（　　）

（9）反馈式正弦波振荡电路是正反馈的一个重要应用。 （ ）

（10）LC 正弦波振荡电路的振荡频率由反馈网络决定。 （ ）

（11）振荡电路与放大器的主要区别之一是：放大器的输出信号与输入信号频率相同，而振荡器一般不需要输入信号。 （ ）

（12）若某电路满足相位条件（正反馈），则一定能产生正弦波振荡。 （ ）

（13）正弦波振荡电路输出波形的振幅随着反馈系数 F 的增加而减小。 （ ）

（14）电路只要存在正反馈，就一定产生正弦波振荡。 （ ）

（15）当信号频率在石英晶体的串联谐振和并联谐振之间时石英晶体呈电阻性。 （ ）

3．选择题

（1）振荡电路的振荡频率取决于（ ）。

    A．供电电源   B．选频网络   C．晶体管的参数   D．外界环境

（2）为提高振荡频率的稳定度，高频正弦波振荡电路一般选用（ ）。

    A．LC 正弦波振荡电路

    B．晶体振荡电路

    C．RC 正弦波振荡电路

（3）设计振荡频率可调的高频高稳定度的振荡电路，可采用（ ）。

    A．RC 振荡电路   B．石英晶体振荡电路

    C．互感耦合振荡电路   D．并联改进型电容三点式振荡电路

（4）串联型晶体振荡电路中，晶体在电路中的作用等效于（ ）。

    A．电容元件   B．电感元件   C．大电阻元件   D．短路线

（5）振荡电路是根据（ ）反馈原理来实现的，（ ）反馈振荡电路的波形相对较好。

    A．正、电感   B．正、电容   C．负、电感   D．负、电容

（6）（ ）振荡电路的频率稳定度高。

    A．互感反馈   B．克拉泼电路   C．西勒电路   D．石英晶体

（7）石英晶体振荡电路的频率稳定度很高是因为（ ）。

    A．低的 Q 值   B．高的 Q 值   C．小的接入系数   D．大的电阻

（8）正弦波振荡电路中正反馈网络的作用是（ ）。

    A．保证产生自激振荡的相位条件

    B．提高放大器的放大倍数，使输出信号足够大

    C．产生单一频率的正弦波

    D．以上说法都不对

（9）在讨论振荡电路的相位稳定条件时，并联谐振贿赂的 Q 值越高，值 $\frac{\partial \varphi}{\partial \omega}$ 越大，其相位稳定性（ ）。

    A．越好   B．越差   C．不变   D．无法确定

（10）并联型晶体振荡电路中，晶体在电路中的作用等效于（ ）。

    A．电容元件   B．电感元件   C．电阻元件   D．短路线

（11）克拉拨振荡电路属于（ ）。

A．RC 振荡电路　　　　　　　　　B．电感三点式振荡电路

C．互感耦合振荡电路　　　　　　　D．电容三点式振荡电路

（12）振荡电路与放大器的区别是（　　）。

A．振荡电路比放大器电源电压高

B．振荡电路比放大器失真小

C．振荡电路无须外加激励信号，放大器需要外加激励信号

D．振荡电路需要外加激励信号，放大器无须外加激励信号

（13）如图 6-29 所示电路，以下说法正确的是（　　）。

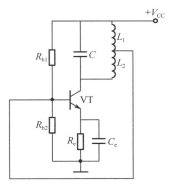

图 6-29　3-13 题图

A．该电路由于放大器不能正常工作，不能产生正弦波振荡

B．该电路由于无选频网络，不能产生正弦波振荡

C．该电路由于不满足相位平衡条件，不能产生正弦波振荡

D．该电路满足相位平衡条件，可能产生正弦波振荡

（14）改进型电容三点式振荡电路的主要优点是（　　）。

A．容易起振　　　B．振幅稳定　　　　　C．频率稳定度较高　　D．减小谐波分量

（15）在自激振荡电路中，下列说法正确的是（　　）。

A．LC 振荡电路、RC 振荡电路一定产生正弦波

B．石英晶体振荡电路不能产生正弦波

C．电感三点式振荡电路产生的正弦波失真较大

D．电容三点式振荡电路的频率不高

（16）利用石英晶体的电抗频率特性构成的振荡电路是（　　）。

A．$f=f_s$ 时，石英晶体呈感性，可构成串联型晶体振荡电路

B．$f=f_s$ 时，石英晶体呈阻性，可构成串联型晶体振荡电路

C．$f_s<f<f_p$ 时，石英晶体呈阻性，可构成串联型晶体振荡电路

D．$f_s<f<f_p$ 时，石英晶体呈感性，可构成串联型晶体振荡电路

4．简答题

（1）正弦波振荡电路产生自激振荡的条件是什么？

（2）正弦波振荡电路一般由哪几个功能模块组成？

（3）LC 振荡电路的静态工作点应如何选择？根据是什么？

（4）为什么三极管 LC 振荡电路总是采用固定偏置与自生偏置混合的偏置电路？

（5）振荡电路与谐振放大器有什么区别？

（6）电容三点式和电感三点式振荡电路各自的特点是什么？

5．如图 6-30 所示电路中，$R_1 = R_2 = 1\text{k}\Omega$，$C_1 = C_2 = 0.02\,\mu\text{F}$，试求振荡频率。

6．如图 6-31 所示电路是没有画完整的 RC 正弦波振荡电路，请完成以下各项：

（1）各节点的连接。

（2）选择电阻 R_4 的阻值。

（3）计算电路的振荡频率 $f_0 = ?$

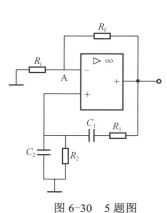

图 6-30　5 题图

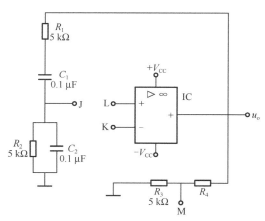

图 6-31　6 题图

7．分析图 6-32 所示的振荡电路：

（1）判断振荡电路的类型。

（2）求振荡电路的振荡频率 $f_0 = ?$

（3）确定反馈电阻 R_f 的数值。

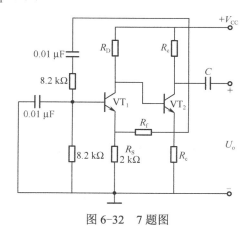

图 6-32　7 题图

8．标出图 6-33 所示电路中的同名端，并描述使其满足振荡的相位条件。

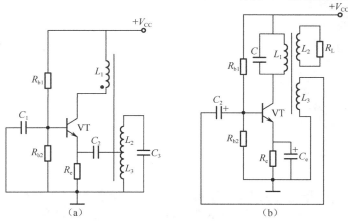

图 6-33　8 题图

9．在图 6-34 所示的三个振荡电路中，C_B、C_C、C_E 的电容量足够大，对于交流来说可以视为短路，试判断图中哪些电路有可能产生自激振荡？若不能振荡，请加以改正。

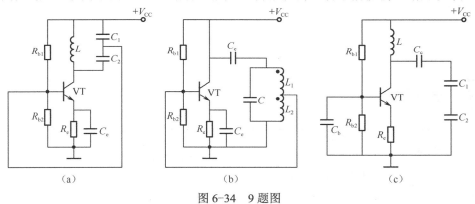

图 6-34　9 题图

10．如图 6-35 所示振荡电路，电路中 C_B 为旁路电容，C_C 为隔直电容，L_1 为高频扼流圈。

（1）这两个振荡电路是什么类型的振荡电路？

（2）根据相位平衡条件判断它们是否有可能产生振荡。

（3）画出这两个电路的交流通路。

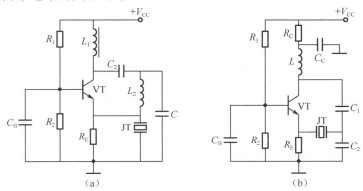

图 6-35　10 题图

项目 7
音响放大电路分析与调试

教	知识重点	1. 音响电路的结构和各部分功能 2. 音调控制原理及典型音调控制电路的结构和工作原理
	知识难点	典型音调控制电路的工作原理
	推荐教学方式	在前面各项目的电路分析和调试经验的基础上,先进行直流稳压电源、前置电压放大、音调控制、集成功放等电路的制作和调试,再系统联调,注重学生综合分析、调试能力的培养
	建议学时	20 学时（或 1 周）
学	推荐学习方法	从实践项目入手,并结合前面学习过的模拟电路知识和项目分析调试经验,先分模块调试电路,再系统联调,掌握音响电路的工作原理和复杂电路系统的分析调试方法
	必须掌握的理论知识	1. 音响电路的结构和各部分功能 2. 音调控制原理及典型音调控制电路的结构和工作原理
	必须掌握的技能	1. 会利用各种仪器仪表完成音响电路各模块电路调试 2. 能够综合运用前面所学知识完成音响电路系统联调

项目描述

本项目是一个能够实现高、中、低音音调控制的双声道音响放大电路，电路由三部分组成：±12 V 直流稳压电源电路，如图 7-1（a）所示；高、中、低音音调控制电路，如图 7-1（b）所示；双声道音频功率放大电路，如图 7-1（c）所示。三部分电路的输入输出端都留有接线端子，输入端可选择连接信号发生器或耳机接头，输出端可接数字示波器或扬声器，各部分电路之间可以用导线连接，进行各部分电路的功能调试和系统联调。系统电路实物连接如图 7-2 所示。

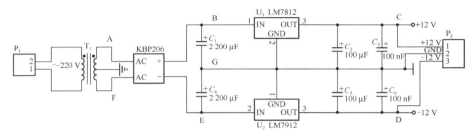

（a）±12 V 直流稳压电源电路

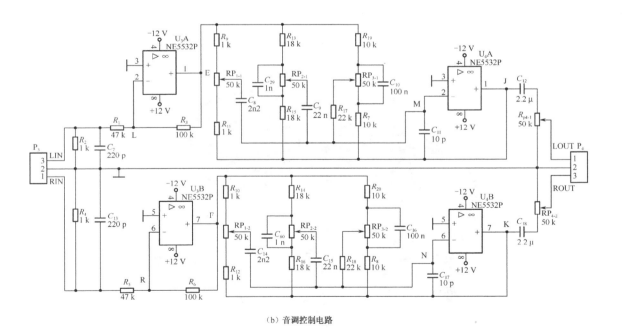

（b）音调控制电路

图 7-1 音响放大电路

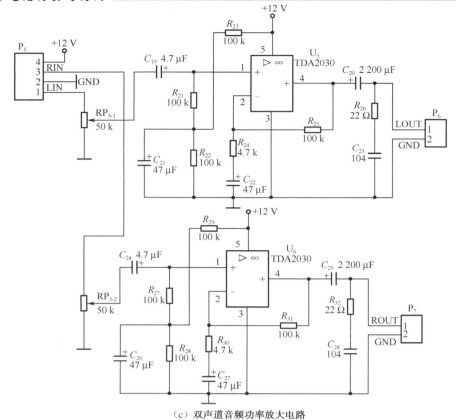

（c）双声道音频功率放大电路

图 7-1　音响放大电路（续）

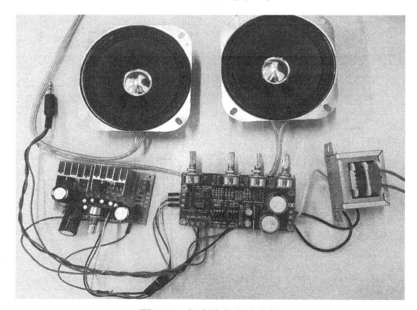

图 7-2　音响放大电路实物

表 7-1　音频功率放大电路元件清单

	器　件	名　称	型号参数	功　能
直流稳压电源部分	T_1	变压器	220 V/14 V	变压：220 V 交流转双 14 V 交流
	KBP206	整流桥	KBP206	整流：变交流为脉动直流信号
	C_1、C_4	电解电容	2 200 μF/ 25 V	滤波：变脉动直流为直流纹波信号
	U_1	三端稳压器	LM7812	稳压：输出 +12 V 电压
	U_2	三端稳压器	LM7912	稳压：输出 -12 V 电压
	C_2、C_5	电解电容	100 μF	滤波电容
	C_3、C_6	瓷介电容	100 nF	滤波电容
音调调节部分	U_3	集成运放	NE5532P	前置电压放大
	U_4	集成运放	NE5532P	后级放大：弥补音调控制电路的增益损失
	C_7、C_{13}	瓷介电容	220 pF	滤波电容
	R_2、R_4	电阻	1 kΩ	输入阻抗匹配
	R_1、R_5	电阻	47 kΩ	前置放大级反向比例运算输入电阻
	R_3、R_6	电阻	100 kΩ	前置放大级反向比例运算反馈电阻
	R_9、R_{10}	电阻	1 kΩ	高频段输入电阻
	R_{11}、R_{12}	电阻	1 kΩ	高频段反馈电阻
	RP_1	双联电位器	50 kΩ	高音音量调节
	C_8、C_{14}	瓷介电容	2.2 nF	小电容：中、低音时开路
	R_{13}、R_{14}	电阻	18 kΩ	中频段输入电阻
	R_{15}、R_{16}	电阻	18 kΩ	中频段反馈电阻
	RP_2	双联电位器	50 kΩ	中音音量调节
	C_9、C_{15}	瓷介电容	22 nF	中频段滤波电容
	R_{17}、R_{18}	电阻	22 kΩ	中低频段输入/反馈电阻
	R_7、R_8	电阻	10 kΩ	低频段反馈电阻
	R_{19}、R_{20}	电阻	10 kΩ	低频段输入电阻
	C_{10}、C_{16}	瓷介电容	100 nF	大电容：高频段短路
	C_{29}、C_{30}	瓷介电容	1 nF	用于中音调节
	RP_3	双联电位器	50 kΩ	低音音量调节
	C_{11}、C_{17}	瓷介电容	10 pF	消振电容
	C_{12}、C_{18}	电解电容	2.2 μF	输出电容
	RP_4	双联电位器	50 kΩ	音调板输出音量调节
左右声道功率放大部分	RP_5	双联电位器	50 kΩ	功放板输入信号大小调节，音量调节
	C_{19}、C_{24}	电解电容	4.7 μF	输入耦合电容
	R_{22}、R_{23}、R_{28}、R_{29}	电阻	100 kΩ	同相输入偏置
	R_{21}、R_{27}	电阻	100 kΩ	TDA2030 同相输入电阻
	R_{24}、R_{30}、R_{25}、R_{31}	电阻	4.7 kΩ、100 kΩ	决定交流负反馈的强弱及闭环增益 该电路闭环增益：$(R_{24}+R_{25})/R_{25}≈1$；$(R_{30}+R_{31})/R_{31}≈1$
	R_{26}、R_{32}	电阻	22 Ω	在电路接有感性负载扬声器时，保证稳定性

续表

	器　件	名　称	型号参数	功　能
左右声道功率放大部分	C_{22}、C_{27}	电解电容	47 μF	隔直流，使电路直流为100%负反馈
	C_{21}、C_{26}	电解电容	47 μF	电源高频旁路电容，防止自激振荡
	C_{23}、C_{28}	瓷介电容	10 4	电源高频旁路电容，防止自激振荡
	C_{20}、C_{25}	电解电容	2 200 μF	输出耦合电容
	P_6、P_7	接线端		左、右声道音频输出，接喇叭
	P_5	接线端		音频输入，与音调板输出相连接

◆ **项目分析**

本音响放大电路是一个综合性的项目，电路结构如图 7-3 所示，系统主要包括直流稳压电源、前置电压放大、音调控制、功率放大电路几部分。其中直流稳压电源可将 220 V 交流电转换成 ±12 V 直流电压，为其他模块电路提供直流工作电压；前置电压放大和音调控制电路制作在同一块电路板，可以实现 5～10 倍的电压放大和高、中、低音音调控制；功率放大电路采用 TDA2030 集成功放实现双声道的功率放大。

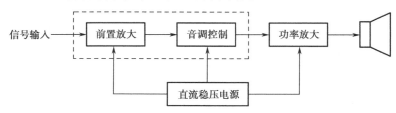

图 7-3　音响放大电路结构框图

要完成这个项目电路的制作和调试，需要学生了解音响电路的功能特点，综合运用项目 1（直流稳压电源的制作和调试）、项目 4（集成运放的制作和调试）、项目 5（功率放大电路的制作和分析）等知识技能，并能将各个模块电路联合起来分析调试，解决实际操作中遇到的问题。

◆ **知识目标**

（1）了解音响电路的一般功能和特点。
（2）理解音响电路的结构和各部分功能。
（3）理解音调控制电路的工作原理。

◆ **能力目标**

（1）能够读懂音响电路各组成模块电路图。
（2）能够正确完成电路安装焊接。
（3）会利用各种仪器仪表完成音响电路各模块电路调试。
（4）能够综合运用前面所学知识完成音响电路系统联调。

7.1　音响放大电路工作原理分析

7.1.1　音响电路概述

1. 什么是音响系统

　　声音是传递信息的媒介，当物体振动时，其周围的空气质点也随之振动而成为声音。声音以声波的形式传播，声波所波及的范围称为声场。声波传到了人的耳朵，人便有声音的感觉，不同的声音具有大小不同的音量、高低不同的音调和发音体所特有的音色。如果把声音作为振动信号来研究，则音量就是振动幅度的反映，音调是振动频率的反映，而音色由振动波形决定。人耳能敏锐地判断声音的强度和时差，从而识别各种特定的音响。不仅如此，人对声音还有方位感，根据两耳所听到声音的强度和时差，就能判断出各个声源的位置。只要重放的声音保持原来的音位，便会使听者获得身临其境的感觉。这种连音位也能反映出来的声音信号就称为立体声，能把声音信号加以放大并如实地重放出来的电声设备称为音响系统。

2. 音响系统的一般结构

　　一套完整的音响系统应由音频信号源、前置放大、音调控制、功率放大和音箱组成，声音信号传输的过程是：音源（话筒、CD 等）→前级放大（调音台、前级放大器等）→周边处理（均衡、压限、反馈抑制等，现在用数字处理的很多）→后级音频功率放大器→音箱扬声器。工作原理就是声→电→声。其中音频功率放大器是音响系统设备的核心。由音频信号源输出的各种节目信号，经音频功率放大器加工并放大至足够的功率，去推动扬声器工作，然后由扬声器发出与音源相同但响亮得多的声音。只有适当选择电源电路和音频功率放大电路，并保证元件质量良好、线路布局合理、安装调试正确，才有可能得到满意的音质。

7.1.2　本音响电路工作原理

1. 系统结构和功能

　　本项目要制作的音响电路结构如图 7-4 所示，电路包含左右两个声道，每个声道包括信号源、前置放大、音调控制、功率放大和扬声器，直流稳压电源提供电路工作电压。下面以一个声道为例，介绍电路各个功能模块的作用。

　　1）信号源
　　可以选择信号发生器送入正弦小信号，或者耳机接口输入音频信号。

　　2）前置放大
　　将微弱的信号进行放大，给后级提供一定的信号电压。增益的大小由电路设计参数决定。

　　3）音调电路
　　高音、中音、低音分别连续可调，实现对高、低音的提升和衰减。电路由运算放大器及其外接电路组成，频响的好坏由电路设计参数决定。

4）功放电路

将前置放大器送来的信号进行放大，使之具有较大的功率输出，来推动扬声器发声，功率的大小由电路设计参数决定。

5）扬声器

本项目采用 8 Ω/4 W 的扬声器。要更好体现音频信号的音质，输出更加优美动听的音乐，可以采用专门的音箱。

6）直流稳压电源

给电路提供直流工作电压，本项目电源可以提供 ±12 V 的直流电压。

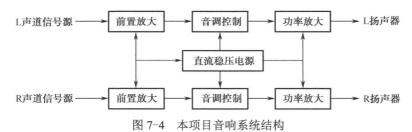

图 7-4　本项目音响系统结构

2. 前置电压放大电路原理分析

外部音源信号由较长的导线输入，并且信号源可能存在较高的内阻，电流输出能力不强，因此需要将其转换为低内阻的信号源，以便驱动后级电路。

对于音频信号，一般考虑为电压信号，因此"缓冲"电路应当采用高输入电阻、低输出电阻的结构。通常外部音源信号的内阻不会超过几千欧，故而前置放大器的输入电阻如果有数十千欧的话，已经足够"高"了。另外，具有一定的中频电压放大倍数，以达到对整机电压增益的要求。

音频信号是交流信号，放大器只需要放大交流，因此输入端通常采用电容耦合形式，以避免输入信号源中可能存在的直流分量的影响。输入耦合电容容量一般较大，在音频放大电路中可以采用低成本的铝电解电容。

在本设计中选取了反相比例放大器作为前置放大级，具体电路设计如图 7-5 所示。

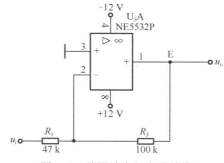

图 7-5　前置放大级电路结构

这是一个反相比例放大电路，输入电阻就是电阻 R_1 的值值，同时反馈电阻 R_3 和 R_1 的

比值就是放大倍数。 $A_\mathrm{u}=-\dfrac{R_3}{R_1}$

减小 R_1 的值可以提高放大倍数，但同时也降低了输入电阻，因此在实际电路设计中，放大倍数、电阻 R_1 和 R_3 的取值需要折中考虑。

本电路中 R_1=47 kΩ，R_3=100 kΩ，可知放大倍数为 2.1，输入电阻为 47 kΩ，针对外部音源的输入信号来说，可以满足输入电阻足够"高"的条件。

3. 音调控制电路原理分析

1）什么是音调控制

所谓音调控制就是人为地改变信号里高、低频成分的比重，以满足听者的爱好、渲染某种气氛、达到某种效果或补偿扬声器系统及放音场所的音响不足。这个控制过程其实并没有改变节目里各种声音的音调（频率），所谓 "音调控制"只是个习惯叫法，实际上是"高、低音控制"或"音色调节"。

一个良好的音调控制电路，要有足够的高、低音调节范围，但又同时要求高、低音从最强到最弱的整个调节过程里，中音信号（通常指 1 kHz）不发生明显的幅度变化，以保证音量大致不变。

2）音调控制器原理

音调控制幅频特性曲线如图 7-6 所示，以 f_0=1 kHz 为音响的中音频率，设其增益为 0 dB；f_{L1} 为低音转折频率（截止频率），其增益为±17 dB；f_{L2} 为低音频区中音转折频率，其增益为±3 dB；f_{H1} 为高音频区中音转折频率，其增益为±3 dB；f_{H2} 为高音转折频率（截止频率），其增益为±17 dB。

由图 7-6 可见音调控制器只对低音频与高音频的增益进行提升与衰减，所谓提升或衰减高、低音，都是相对于中音而言的，先把中音做一个固定衰减（或加深负反馈），然后让高音或低音衰减小一些（或负反馈轻一些），就算是得到提升，中音频的增益保持 0 dB 不变。音调控制器的电路可由低通滤波器与高通滤波器构成。同时，为了弥补音调控制电路的增益损失，常须增加一到两级放大电路。

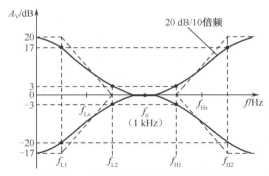

图 7-6　音调控制器的幅频特性曲线

3）音调控制器典型电路分析

实现上述音调控制特性的电路有三种：RC 衰减式电路、负反馈式电路和衰减负反馈式电路。

衰减式音调控制电路的调节范围可以做得较宽，但因中音电平要做很大衰减，并且在调节过程中整个电路的阻抗也在变，所以噪声和失真大一些。负反馈式音调控制电路的噪声和失真较小，但调节范围受最大负反馈量的限制，所以实际的电路常和输入衰减联合使用，称为衰减负反馈式。本项目采用第三种衰减负反馈式电路，它通过不同的负反馈网络和输入衰减网络造成放大器闭环放大倍数随信号频率不同而改变，从而达到对音调的控制。衰减负反馈式典型电路如图 7-7 所示。

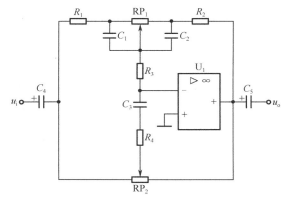

图 7-7　衰减负反馈式典型电路

电路中各元件参数一般满足下列关系 $RP_1=RP_2$，$R_1=R_2=R_3$，RP_1 比 R_1 大很多，$C_1=C_2 \gg C_3$。在中、低音频区，C_3 可视为开路，在中、高音频区，C_1、C_2 可视为短路。

中音信号输入时：C_3 视为开路，C_1、C_2 可视为短路。可绘出中音频区的音调控制器等效电路如图 7-8 所示，其电压增益 $A_u= 20\lg（R_2/R_1）=0$ dB。

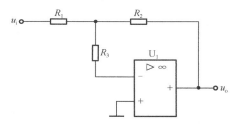

图 7-8　中音频区音调控制等效电路

低音信号输入时：C_3 视为开路，音调控制等效电路如图 7-9 所示。低音输入衰减网络由 R_1、R_3、RP_1 左臂、C_1 组成，低音负反馈网络由 R_2、R_3、RP_1 右臂、C_2 组成。低音调节时，当 RP_1 滑臂到最左端时，低音信号经 R_1、R_3（C_1 被短接）接入运放，此时输入串联网络阻抗最小，对输入信号衰减最小，同时负反馈信号经 $R_2 \to$（RP_1 并联 C_2）$\to R_3$ 送入运放，负反馈阻抗最大，放大倍数最大，低音提升量达到最大；反之，当 RP_1 滑臂滑到最右端时，输入信号中的低频信号经 $R_1 \to RP_1$ 全部阻值 $\to R_3$ 加到运放，此时输入网络阻抗最大，对输入信号衰减最大，同时，运放输出端负反馈信号经 R_2（C_2 被短接）$\to R_3$ 送入运放，此时负反馈网络阻抗最小，放大倍数最小，低音信号的衰减量达到最大。

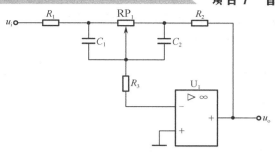

图 7-9　低音频区音调控制等效电路

高音信号输入时：C_1、C_2 视为短路，音调控制等效电路如图 7-10 所示。高音输入衰减网络由 R_1、R_3、C_3、R_4、RP_2 左臂组成，高音负反馈网络由 R_2、RP_2 右臂、R_4、C_3 组成。当高音电位器 RP_2 的滑臂滑到最左端时，输入信号中的高频成分经[（C_3 串联 R_4）并联 R_1]→R_3 加到运放输入端，此时输入信号衰减量最小，反馈信号经（R_2 并联 RP_2 全部阻值）→R_3 到运放，负反馈量小，高音达到最大；反之当滑动臂滑到最右端时，输入信号中的高频信号经（R_1 并联 RP_2 全部阻值）→R_3 加到运放输入端，反馈信号经 [R_2 并联（C_3 串联 R_4）]→R_3 到运放，负反馈网络阻抗最小，放大倍数最小，高音符的衰减量随 RP_2 右滑而逐渐增大。

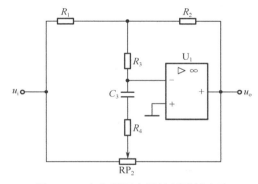

图 7-10　高音频区音调控制等效电路

注意：为了使电路获得满意性能，下述条件必须具备。

（1）信号源的内阻（即前一级的输出阻抗）不大。

（2）用来实现音调控制的放大电路本身有足够高的开环增益。

（3）C_1、C_2 的容量要适当，其容抗跟有关电阻相比，在低频时足够大，在中、高频时又足够小；而 C_3 的选择却要使它的容抗在低、中频时足够大，在高频时足够小。粗略地说，就是 C_1、C_2 能让中、高频信号顺利通过而不让低频信号通过，C_3 则让高频信号顺利通过而不让中、低频信号通过。

（4）RP_1、RP_2 的阻值均远大于 R_1、R_2、R_3、R_4。当 $R_1=R_2$ 时，该音调电路的中音频电压增益约等于1。

4）本项目音调控制电路分析

图 7-11 为本项目左声道音调控制电路部分，电路采用前面分析的衰减负反馈式音调控制电路，E 点信号 u_E 是经前置放大的信号，此处作为音调控制电路的输入信号；电路根据

典型衰减负反馈式音调控制电路工作原理选取合适的用于选频和负反馈的电阻电容值，使得 RP_{1-1}、RP_{2-1}、RP_{3-1} 分别控制高、中、低音音量。

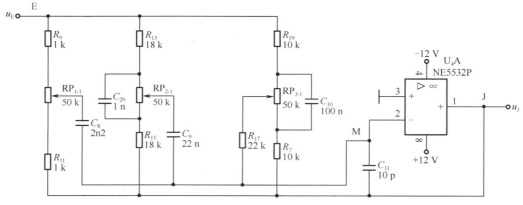

图 7-11　左声道音调控制电路

4. 集成功率放大电路原理分析

本项目选择集成功率放大器 TDA2030 实现左、右声道功率放大，两个声道电路结构及工作原理一致。下面以左声道为例介绍其工作原理，音响系统左声道功放电路如图 7-12 所示。

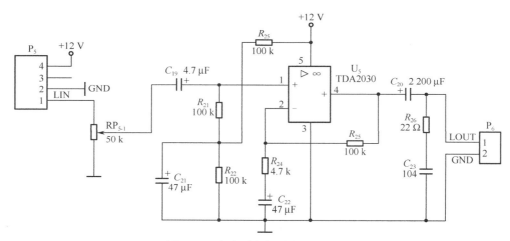

图 7-12　左声道音频功率放大电路

图中 LIN 接线端为左声道输入信号，即前级音调控制电路的左声道输出信号，RP_{5-1} 用于调节音量大小，输入信号经输入耦合电容 C_{19} 到 TDA2030 同相输入端，R_{24}、R_{25}、C_{22} 构成交流电压串联负反馈，R_{24}、R_{25} 决定了该电路交流负反馈的强弱和闭环增益。该电路的闭环增益为

$$A_{uf} = 1 + \frac{R_{25}}{R_{24}} \approx 22$$

C_{22} 起隔直流作用，使电路为 100%直流负反馈，电路采用单电源供电，C_4 是输出耦合电容。

R_{28}、R_{29} 构成分压网络，通过 R_{27} 向同相输入端提供直流偏置电压，TDA2030 的 4 号引脚（功放输出端）电位为 $\frac{V_{CC}}{2}$，在静态时，TDA2030 的同相、反向输入端以及输出端电位皆为 $\frac{V_{CC}}{2}$。R_{32}、C_{28} 构成高频校正网络，在电路接有感性负载扬声器时，用以对感性负载喇叭进行相位补偿来消除自激，保证电路高频稳定性。

7.2　±12 V 直流稳压电源的制作与调试

7.2.1　电路制作

1. 元器件识别与检测

根据表 7-1 中"直流稳压电源"元器件型号参数，识别和检测元件。在项目 1 中已经详细介绍了+12 V 直流稳压电源的元件特性和电路制作过程，此处针对之前未介绍的元件简要介绍。

1）220 V 电源插头线的检测

变压器 220 V 侧接两芯电源插头线，本项目选用中国国家标准的两芯电源插头，其外观如图 7-13 所示，插头端为两片扁插式，尾部裸线用来连接电源变压器，规格为 2×0.75（内 24 股 0.2 铜丝），长度为 1.2 米，电流为 6 A，电压为 250 V。

2）整流桥 KBP206 的检测

KBP206 是 600 V/2 A 的整流桥，其内部包含四只二极管，中间两只引脚为交流输入，两边的引脚较长一些的为直流输出的正极，另一个为直流的负极。注意观察桥堆引脚旁边应该印有符号。其外观如图 7-14 所示。

图 7-13　电源插头　　　　　　　图 7-14　整流桥 KBP206

2. 元件安装和电路焊接

（1）电路安装仍旧要求遵循"先低后高"的原则。

（2）在图 7-1（a）中测试点 A、B、C、G 安装插针，便于后续调测电路。

（3）在图 7-1（a）中直流电压输出端 P_2 安装接线端。便于和其他模块连接导线。

（4）电路板检查：上电测试之前，先仔细检查电路，看有没有漏焊，短路，电源变压器接线是否正确，电解电容有没有接反，三端稳压器引脚是否接对。

（5）上电测试：接上插头，观察通电情况，是否有异味、是否冒烟，电源变压器有无发烫变形，电容是否爆裂等，一旦发现异常情况，立即断电检查。

7.2.2 电路调试

确保电路通电正常后，选择数字式万用表的直流电压挡，测量正电压输出端（C 点）到地（G 点）之间的电压 $U_{CG}=$＿＿＿＿＿ V，负电压输出端（D 点）到地（G 点）之间的电压 $U_{DG}=$＿＿＿＿＿ V。

为进一步验证电路功能的正确性，采用示波器测量图 7-1（a）中正负直流电压产生电路的变压（A、F 点）、整流滤波（B、E 点）、稳压（C、D 点）后的电压大小和波形，填写表 7-2。

表 7-2 ±12 V 直流稳压电源电路测试

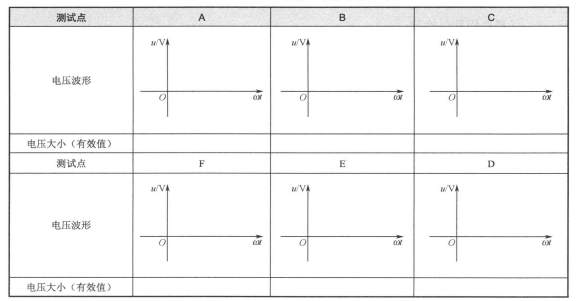

测试点	A	B	C
电压波形			
电压大小（有效值）			
测试点	F	E	D
电压波形			
电压大小（有效值）			

项目 1 中已经对+12 V 直流稳压电源的调试方法做了详细的阐述，本电路结构在+12 V 直流稳压电源基础上，对称地增加了-12 V 直流稳压电源电路部分，电路调试流程和常见问题解决方法与前面类似，在此不做赘述。

7.3 前置放大和音调控制电路的制作与调试

7.3.1 电路制作

1. 元器件识别与检测

表 7-1 给出了"音调控制电路"元器件清单，查阅资料，如芯片手册，识别和检测电路所需各元器件。该电路中用到集成运放 NE5532P，选择 DIP 封装形式，其外观如图 7-15 所示，电路左右声道对称，采用双联多圈电位器联动控制左、右声道的高、中、低音和音量大小，所用电位器外观如图 7-16 所示。其他元件为常用元件，在此不做详细介绍。

图 7-15　NE5532P 外观　　　　　图 7-16　双联电位器外观

2．元件安装和电路焊接

（1）电路安装仍旧要求遵循"先低后高"的原则，注意集成块的引脚排列。

（2）按照图 7-1（b）中测试点 L、R、E、F、M、N、J、K 安装插针，便于后续调测电路。

（3）在图 7-1（b）中的输入端 P3、输出端 P4 安装接线端。便于和其他模块连接导线。

（4）电路检查：上电测试之前，先仔细检查电路，看有没有漏焊、虚焊，集成块有没有放反，电位器是否安装正确。

（5）上电测试：检查电路之后，接上±12 V 直流稳压电源，观察电路通电情况，是否有异味、是否冒烟，芯片是否发烫，一旦发现异常情况，立即断电检查。

7.3.2　电路调试

1．前置电压放大电路调试

此处以左声道前置电压放大电路为例介绍调试方法，右声道前置电压放大电路调试方法与此一致。本项目左声道前置放大电路部分电路如图 7-17 所示。

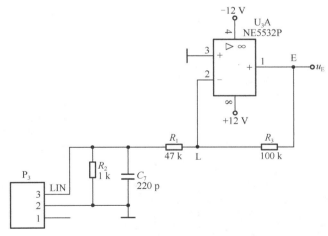

图 7-17　左声道前置电压放大电路

（1）仔细检查焊接的电路，核对安装的元件参数、电解电容的极性、集成电路的安装方向、引脚的连接，确认无误后，在电源端接上±12 V 的直流电源，注意电源的正、负端的连接。

（2）测试集成运放的输入脚 2 脚、3 脚，输出脚 1 脚的直流电位并记录：

$U_3=$_____；$U_2=$_____；$U_1=$_____。

（3）调试信号发生器，在输入端 LIN 输入 $u_{LIN}=30\text{mV}_{P-P}$（峰–峰值），$f=1$ kHz 的交流信号，用示波器测试图 7-17 中 LIN、L、E 点信号并记录数据，填写表 7-3。

表 7-3　左声道前置电压放大电路测试

	大　　小	频　　率	波　　形
输入信号 $u_{LIN(P-P)}$ （LIN 点）	30 mV$_{P-P}$	1 kHz	
运放输入 $u_{L(P-P)}$ （L 点）			
输出信号 $u_{E(P-P)}$ （E 点）			

（4）计算电路电压放大倍数 $A_u=$_____。

2. 音调控制电路调试

图 7-18 为音调控制电路正弦小信号调试连接示意图，按图连接电路，注意正负电源、地的正确连接。

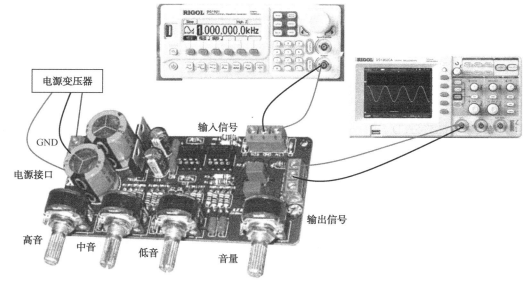

图 7-18　音调控制电路正弦小信号测试

测试内容及步骤如下：

（1）使 RP_1、RP_2、RP_3 可调电阻器滑臂均置中间位置。

（2）中频音调特性测量：将 f=100 Hz，u_i=100 mV_{p-p}（峰-峰值）的正弦波信号加入音调控制器的输入端，用示波器监测输出信号 u_o 的波形和幅值，调节 RP_2，观察输出信号 u_o 的大小和波形是否发生变化。

（3）低频音调特性测量：将高、中音电位器 RP_1、RP_2 滑臂居中，将低音电位器 RP_3 滑臂置于最左端，保持 u_i=100 mV_{p-p}，调节信号频率 f 从 40 Hz 增大到 1 kHz，观察相应的低音提升输出信号 u_o 的波形和幅值，将低音电位器 RP_3 滑臂置于最右端，重复上述测量过程，测量其相应的低音衰减输出信号波形和幅值。

（4）高频音调特性测量：将中、低音电位器 RP_2、RP_3 滑臂居中，将高音电位器 RP_1 的滑臂分别置于最左端和最右端，保持 u_i=100 mV_{p-p}，测量方法同（3），调节输入信号频率从 1～20 kHz，观察输出信号 u_o 的幅值和波形变化。

7.4 双声道音频功率放大电路的制作与调试

7.4.1 电路制作

1. 元器件识别与检测

根据图 7-1（c）所示音频功率放大电路以及表 7-1 中"音频功率放大电路"的元件清单，查阅资料，如芯片手册，识别检测各元件。该电路中用到集成运放 TDA2030，其封装和特性在项目 5 中已经介绍过，其识别和检测方法参考 5.3.2 节相关内容。

2. 元件安装和电路焊接

（1）电路安装仍旧要求遵循"先低后高"的原则。

（2）为 TDA2030 安装足够大的散热片。

（3）电路检查：上电测试之前，先仔细检查电路，看有没有漏焊、虚焊，集成块有没有放反，电位器是否安装正确。

（4）上电测试：检查电路之后，接上±12 V 直流稳压电源，观察电路通电情况，是否有异味、是否冒烟，芯片是否发烫，一旦发现异常情况，立即断电检查。

7.4.2 电路调试

下面以左声道功率放大电路为例介绍电路调试方法，右声道功率放大电路调试方法与左声道一致。

1. 输入小信号测试

（1）调节信号发生器，使其产生一个频率为 1 kHz，大小为 20mV_{p-p}（峰-峰值）的正弦小信号，接到功率放大电路的输入端，即图 7-1（c）中 LIN 点。

（2）用示波器的 1 通道和 2 通道分别监测功率放大电路输入端和输出端的信号，在输出电压不失真的情况下，记录此时的输入 u_{LIN} 和输出 u_{LOUT} 信号波形和大小，并计算电压放大倍数 A_u，将结果填入表 7-4。

表 7-4　左声道功率放大电路测试结果

	输入信号 u_{LIN}	输出信号 u_{LOUT}	分 析 计 算
波形			电压放大倍数 $A_u =$ _____
大小 （mV_{p-p}）			

2. 输入音频信号测试

输入端接入音乐源，试听电路播放音乐的效果，是否有杂音，调节音量电位器 RP_{5-1} 是否能够改变音量的大小。

7.5 音响放大电路系统联调

7.5.1 音响电路系统连接

按照图 7-19 连接整个音响系统电路，其中直流稳压电源部分电路制作在音调控制电路上，只要在输入端接入 14 V 左右的电源变压器即可，输入信号选择从手机接口接入音频信号，音频信号经音调控制板调节高中低音后按左右声道送入 TDA2030 双声道功放电路，最后音频输出接两个喇叭。

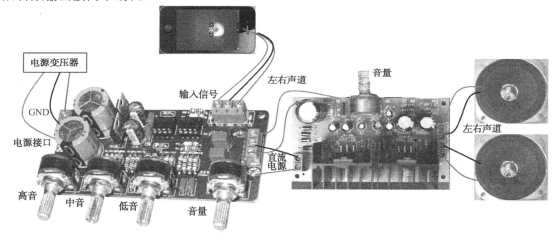

图 7-19　音响系统电路连接示意图

7.5.2 系统功能联调

1. 通电前检查

焊装好的电路板主板应清洁、无锡渣，无明显的错焊、漏焊、虚焊和短路。检查器件焊接是否正确，比如：电解电容、二极管是否焊反。参数是否按清单提供的标号位置焊接，芯片方向是否正确，保险管是否装入等。

2. 空载调试与检测（未接扬声器，接匹配电阻）

1）左声道电路测试

在输入端输入 U_i=40 mV（有效值）、频率为 1 kHz 的正弦波，检测 U_5 的 4 脚（左声道

TDA2030 输出）波形，如无失真，则放大电路无异常，否则检查放大电路，检查方法见故障的查找与排除。

2）右声道电路测试

在输入端输入 $U_i=40$ mV（有效值）、频率为 1 kHz 的正弦波，检测图 U_6 的 4 脚（右声道 TDA2030 输出）波形，如无失真，则放大电路无异常，否则检查放大电路，检查方法见故障的查找与排除。

3）电路参数测试

在 220 V 的电压源下，在 20 Hz～20 kHz 音频带宽下，在最大不失真输入信号下，调试检测输出信号波形、放大倍数、输出功率、频率响应等（以左声道为例），将测量结果填入表 7-5。

表 7-5 音响系统电路参数测量

参 数 名 称	测 量 值
输出电压（输入 $U_o=40$ mV 时）	
电压放大倍数 A_u	
额定功率 P_o	
带宽 BW	

（1）额定功率

音频放大器输出失真度小于某一数值（如<5%）时的最大功率称为额定功率，其表达式为 $P_o=\dfrac{U_o^2}{R_L}$。R_L 为额定负载阻抗；U_o（有效值）为 R_L 两端的最大不失真电压。U_o 常用来选定电源电压 V_{CC}：$V_{CC} \geqslant 2\sqrt{2}U_o$

测量 P_o 的条件如下：

音频放大器的输入信号的频率 $f_{in}=1$ kHz，电压 $U_i=40$ mV（有效值），音调控制器的电位器置于中间位置，音量控制电位器置于最大值，用双踪示波器观测 U_i 及 U_o 的波形，波形失真尽量小。用示波器测量功能测输出 U_o。

注意：在最大输出电压测量完成后应迅速减小 U_i，或减小音量，否则会因测量时间太久而损坏功率放大器。

（2）频率响应

放大器的电压增益相对于中音频率 f_o（1 kHz）的电压增益下降 3 dB 时对应低音频截止频率 f_L 和高音频截止频率 f_H，称 f_L～f_H 为放大器的频率响应。

测量条件上，调节音量控制 RP_4 和 RP_5 使输出电压约为最大输出电压的 50%。

测量步骤：

音响放大器的输入端接 $U_i=40$ mV，音调调节电位器置于中间，使信号发生器的输出频率 f_i 从 20 Hz 至 50 kHz 变化（保持 $U_i=40$ mV 不变），测出负载电阻 R_L 上对应的输出电压 Uo，在保证输入信号 Ui 大小不变的条件下，改变低频信号发生器的频率。用交流毫伏表测出 Uo=0.707Uom 时，所对应的放大器上限截止频率 fH 和下限截止频率 fL，算出频带宽度 BW。

参考值：$f_L \approx 25$ Hz，$f_H \approx 20$ kHz，BW=$f_H-f_L \approx 20$ kHz。

（3）放大倍数

音频放大器的输入信号的频率 $f_{in}=1$ kHz，电压 $U_i=40$ mV（有效值），输出负载电阻为 10 Ω，用双踪示波器观测 U_i 及 U_o 的波形，用示波器测量功能测输出 U_o，并根据 $A_u = \dfrac{U_o}{U_i}$ 计算电压放大倍数。

3. 接扬声器调试与检测

1）左声道测试

接入音乐源，试听音调、音量电路对音乐的调节效果，保证音调电位器的变化能听到高低音调，音量电位器的变化能听到大小音量的明显提升和衰减，同时，高音无衰减提升，基本上没有出现破音。否则检查电路板。

2）右声道测试

接入音乐源，试听音调、音量电路对音乐的调节效果，保证音调电位器的变化能听到高低音调，音量电位器的变化能听到大小音量的明显提升和衰减，同时，高音无衰减提升，基本上没有出现破音。否则检查电路板。

3）整体测试

接入音乐源，选择有强劲低频的录音，如大鼓、低音 BASS、低音伸缩号、低音单簧管、图巴号、法国号等，将音量加到足够大，然后逐步减少，在任何音量的情况下，如能听到干净、低沉、适度的低频，则电路效果良好（音响效果取决于功放，同时与音源质量、音响优劣有很大关系，此处无绝对标准）。

7.5.3 常见问题及解决方法

音响系统电路结构相对复杂，是一个综合性较强的项目。另外，功率放大器由于工作在高电压、大信号状态下，故障发生率比较高。采用集成芯片构成的集成功放虽然使用简单、方便，但也可能有各种故障发生，我们在查找和解决故障时，可以利用前面介绍的"循迹法"，沿着信号流向查找问题，根据本系统的电路结构，"循迹法"可按照图 7-20 所示进行。

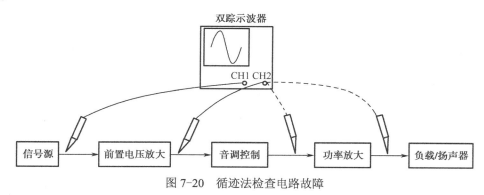

图 7-20 循迹法检查电路故障

下面列举几种常见的故障及其解决方法。

1. 无声故障

1）完全无声故障

完全无声故障是指音箱中无任何信号和噪声。

检测方法：首先，通过视听确定为完全无声故障，此时对电路多采用电压法检测（图 7-21）。

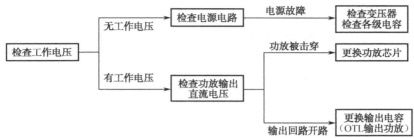

图 7-21　无声故障的检测

2）无信号声故障

无信号声故障是指扬声器中无信号声，但有噪声或电流声，这说明功放电路直流工作电压基本正常，并且功放输出回路没有开路。

检测方法：通电后开大音量电位器，音箱中无响声便说明故障出在功率放大器电路中。这一故障可以表现为左右声道无声或只有一个声道无声（图 7-22）。

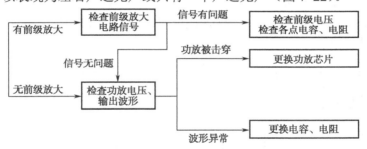

图 7-22　无信号声故障的检测

2. 信号声音轻故障

信号声音轻故障的判断方法同前面介绍的无声故障判别方法一样（图 7-23），即在干扰音量电位器动片时，音箱中声音较轻，便说明故障出在功率放大器电路中。这一故障也分成左右声道轻和只有一个声道轻两种。

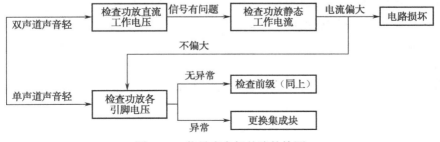

图 7-23　信号声音轻故障的检测

3. 信号音质差故障

"音质差"是个很抽象的概念，对于功放是指声音经功放放大并重放出来后产生了失真，如我们平时所指的声音发破、发硬、发沙、发闷、发尖、发干、发木以及层次不清等现象。影响音质的因素很多，如信号源及扬声器的质量不好、听音场所的声学结构欠佳、功放出现故障或调整不当以及扬声器的安放位置不对等。

自制功放的音质不好主要体现在三个方面，如图7-24所示。

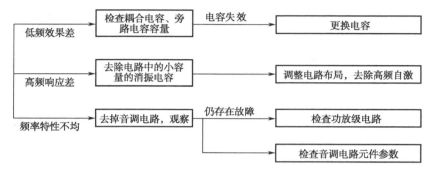

图7-24 信号音质差故障的检测

4. 噪声大故障

功放工作时不可避免地存在噪声，但当放大器输出的噪声比较大时，就会影响正常的信号输出，导致信号的信噪比下降，影响正常的听音，这种现象就是噪声大。自制功放中噪声现象原因通常为放大电路元件质量问题、电路跳火、焊接不良、电源质量差、存在较强电磁干扰等（图7-25）。

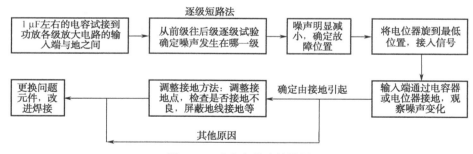

图7-25 噪声大故障的检测

5. 输出端中点直流电压失常

对 OCL、OTL 等形式的单推挽式电路来说，其输出端中点的直流电压 U_o 为一稳定值。单电源供电时，U_o 为电源电压的一半；而双电源对称供电时，U_o 为 0 V。若 U_o 偏离上述值，就说明电路工作失常，若偏离得太多，轻则会使声音失真，重则使三极管损坏，甚至烧毁扬声器。

输出端中点直流电压失常的原因是电路工作点未调好，或三极管在使用一段时间后参数发生了变化。遇到这种情况，可从以下两方面来检修。

① 重调放大器的工作点，使 U_o 恢复正常（图7-26）。

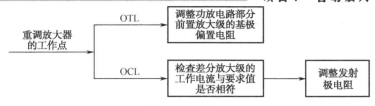

图 7-26　方法一

② 更换电路元件，功放使用一段时间后，电路元件的参数将会发生变化，最常见的是三极管特性变坏，或由于供电电压波动太大，造成个别的电阻、电容及三极管损坏（图 7-27）。

图 7-27　方法二

6. 元件发热发烫

电路元件接错、元件参数不符合要求、电路自激、调整不当等原因，都会使功放电路产生大电流，从而使有关元件发热或烧毁（图 7-28）。

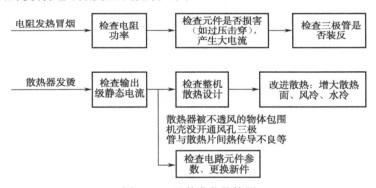

图 7-28　元件发热的检测

项目评价与小结

1. 项目评价

考核类型	考核项目	评分内容与标准	分值	自评	教师考核
知识	系统结构	理解音响电路的结构和各部分功能	5		
	原理理解	掌握音调控制典型电路的工作原理	5		
技能	元器件的识别与检测	能够识别和检测电源变压器、双联电位器、整流桥 KBP206、集成运放 NE5532、集成功放 TDA2030 以及其他元件	5		
	制板和焊接技能	会正确安装焊接电路，布局合理，无虚焊、漏焊，接线正确	10		

续表

考核类型	考核项目	评分内容与标准	分值	自评	教师考核
技能	仪器的使用	能够正确操作信号发生器产生要求的波形，能够正确使用示波器、万用表进行测试	5		
	调试技能	会调试±12 V直流稳压电源	5		
		会测量和调试反向比例运算构成的前置电压放大级的输入输出波形和电压放大倍数	5		
		会调测音调控制电路幅频特性：输出信号随输入信号频率的改变而改变	10		
		会调测集成运放构成的双声道 OTL 功率输出级的输入输出电压波形和电压放大倍数	10		
	故障排除技能	电路异常时制定调试计划，能够根据故障现象分析原因，并运用"观察法"、"循迹法"解决	10		
职业素养	安全规范	安全用电，规范操作	5		
	工作态度	积极参与完成项目，并能协助他人	5		
		不迟到，不缺课，不早退	5		
		整理工位，符合 6S 规范	5		
	项目报告	整理数据，分析现象结果	10		

2. 项目小结

（1）音响放大电路一般由直流稳压电源、前置电压放大、音调控制、功率放大几部分构成。各部分功能：直流稳压电源为其他电路模块提供直流电源，负责将 220 V 交流电转换成电路需要的直流电压；音调控制电路用于调节电路高、中、低音的大小；由于音调控制的过程会造成信号源一定程度的衰减，为补偿这种衰减，一般会给音调控制前级加上前置电压放大电路；最后，功率放大电路实现音频信号的功率放大。

（2）"音调的控制"其实是将高音信号或低音信号进行一定的衰减或提升，这种衰减和提升都是相对于中音信号（1 kHz）而言的。音调控制电路实质上由高通滤波器和低通滤波器构成，利用合适的衰减网络和负反馈使得信号的高频、低频成分根据需要而改变。

（3）本项目是一个综合性的项目，要求学生在了解音响电路基本特点和结构的基础上，综合运用项目 1（直流稳压电源的制作和调试）、项目 4（集成运放的制作和调试）、项目 5（功率放大电路的制作和分析）等介绍的知识技能，并能将各个模块电路联合起来分析调试，解决实际操作中遇到的问题。

参 考 文 献

[1] 邓木生，等. 模拟电子电路分析与应用[M]. 北京：高等教育出版社，2008.

[2] 华永平. 模拟电子技术与应用[M]. 北京：电子工业出版社，2010.

[3] 金薇，等. 模拟电子技术项目教程[M]. 北京：清华大学出版社，2013.

[4] 付植桐. 电子技术（第二版）[M]. 北京：高等教育出版社，2008.

[5] 余红娟，杨承毅. 电子电路分析与调试[M]. 北京：人民邮电出版社，2010.

[6] 朱彩莲. Multisim 电子电路仿真教程. 西安：西安电子科技大学出版社，2010.

[7] 刘淑英. 模拟电子技术与实践[M]. 北京：电子工业出版社，2014.

[8] 杨承毅. 电子技能实训基础（第二版）[M]. 北京：人民邮电出版社，2007.

[9] 康华光. 电子技术基础（模拟部分）（第五版）[M]. 北京：高等教育出版社，2006.

[10] 童诗白. 模拟电子技术基础（第二版）[M]. 北京：高等教育出版社，1988.

[11] 谢兰清. 电子应用技术项目教程（第二版）[M]. 北京：电子工业出版社，2013.

[12] 胡宴如. 模拟电子技术（第三版）[M]. 北京：高等教育出版社，2009.

[13] 徐旻. 电子技术及技能训练（第二版）[M]. 北京：电子工业出版社，2012.

[14] 余红娟. 模拟电子技术[M]. 北京：高等教育出版社，2013.

[15] [美]赛尔吉欧·佛朗哥. 基于运算放大器和模拟集成电路的电路设计[M]. 西安：西安交通大学出版社，2010.